スラブ・ユーラシア叢書 11

環オホーツク海地域の環境と経済

田畑伸一郎・江淵直人 [編著]

北海道大学出版会

口絵1：砕氷巡視船『そうや』より　　木村詞明氏撮影

口絵2：オホーツク海（紋別）におけるカラフトマスの水揚げ
［出典］北海道の漁業図鑑（北海道水産業改良普及職員協議会編）

口絵3：曳航式サイドスキャンソナー（SSS）探査機器　　庄子仁撮影

口絵4：オハ油田の発見井Zotov-1号井（木で囲った部分）　　本村真澄撮影

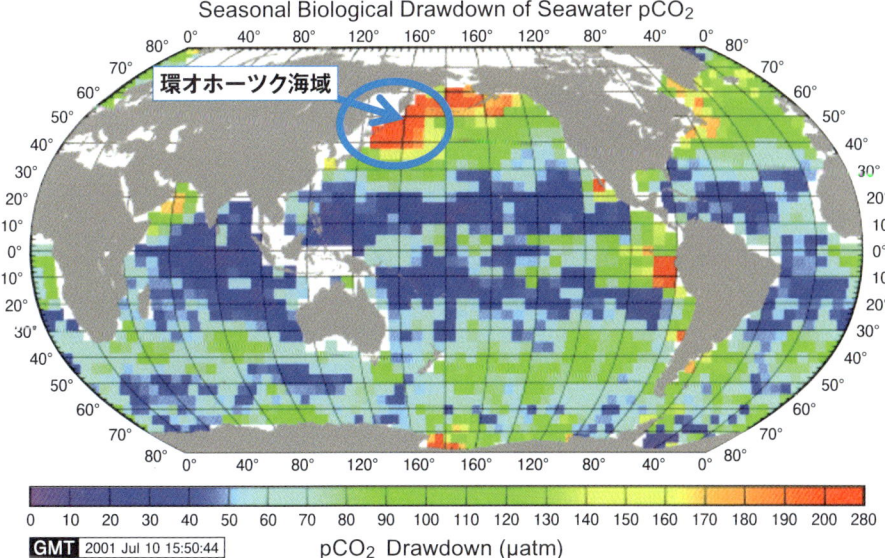

口絵5：生物活動による二酸化炭素分圧の季節的増減量

[出典] Takahashi et al., (2002) Global sea-air CO2 flux based on climatological surface ocean pCO2, and seasonal biological and temperature effects, *Deep-Sea Research II*, Vol. 49に加筆

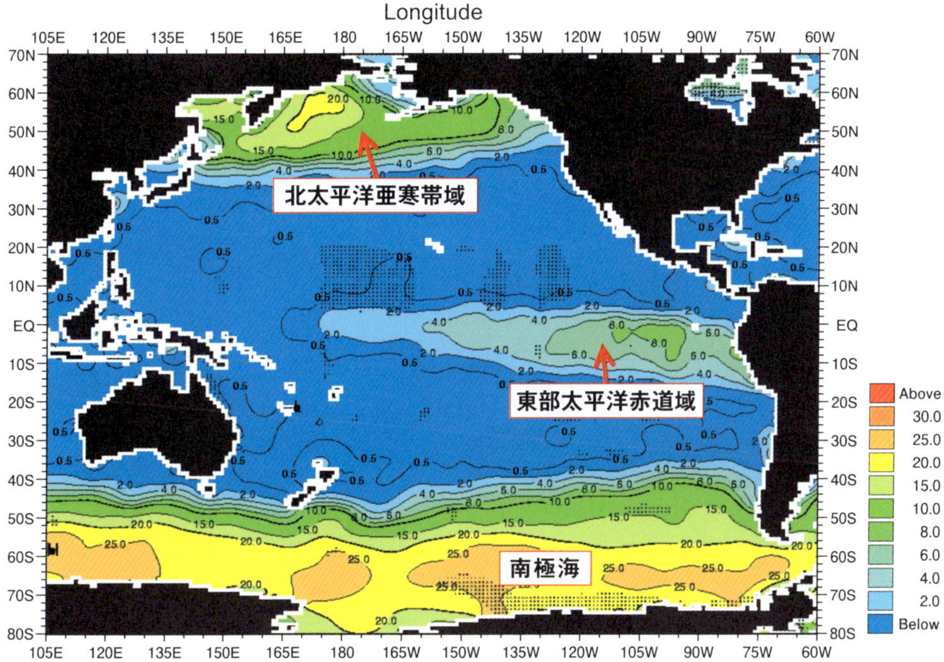

口絵6：太平洋および南極海における硝酸塩濃度（年平均値）
北太平洋亜寒帯域，東部太平洋赤道域，南極海には周年を通じて高い濃度で硝酸塩が残存する
[出典] World Ocean Atlas (1998) [http://www.nodc.noaa.gov/]より引用

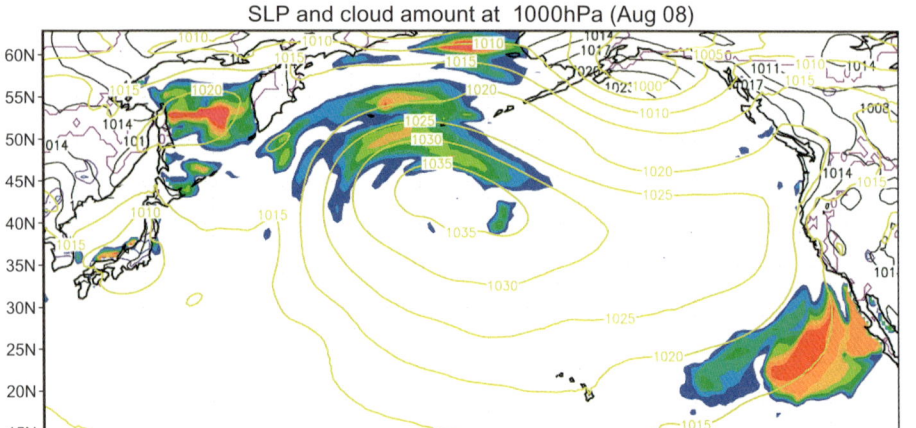

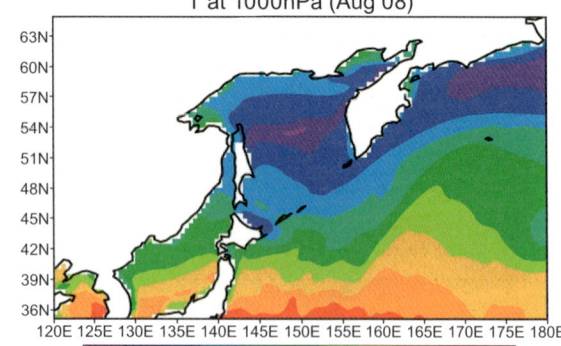

口絵7：（上）結合モデルで再現された夏季の下層雲
（下）それに対応する海面気温
［出典］中村知裕・三寺史夫（2006）「環オホーツク領域モデル構築に向けて」『低温科学』，第65巻より引用

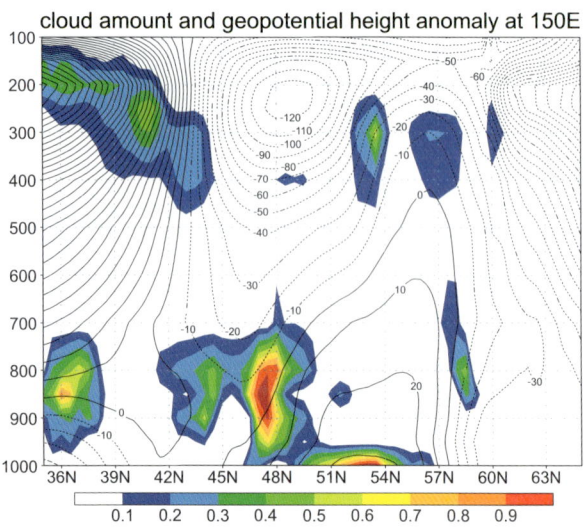

口絵8：結合モデルで得られた，オホーツク高気圧発生時のジオポテンシャル高度偏差（p.85 注1）と雲量

縦軸は大気圧で，1000hPaは地表面に近く，また200hPaあたりに対流圏と成層圏の境界がある。北緯50度から57度付近にジオポテンシャル高度偏差が正の領域があり，オホーツク海高気圧に対応している
［出典］口絵7に同じ

目　次

序　章 ……………………………………田畑伸一郎・江淵直人…… 1

第1部　オホーツク海のエコシステム

第1章　オホーツク海の海洋循環・海氷生成と温暖化の影響
………………………………………………………大島慶一郎…… 13

1.1　はじめに　13
1.2　北半球の海氷域の南限　13
1.3　北太平洋の心臓，オホーツク海　16
1.4　海氷の生産工場，ポリニヤ　20
1.5　温暖化で変わるオホーツク海　22
1.6　オホーツク海内の循環——明らかになった東樺太海流　27
1.7　おわりに　34

第2章　環オホーツク海域の豊かな生態系を生み出す鉄供給システム …………………………………西岡　純…… 39

2.1　環オホーツク海域の重要性　39
2.2　海洋における植物プランクトンの増殖と鉄　40
2.3　自然界の植物プランクトン生産を生み出す鉄供給システム　44
2.4　環オホーツク生態系システムの将来の予測と保全　55

第3章　数値モデルを用いた環オホーツク地域の環境研究
——将来予測へ向けて ……………………三寺史夫・中村知裕…… 61

3.1　はじめに——環オホーツク地域について　61

3.2　オホーツク海高気圧　64
　3.3　海氷の形成とオホーツク海の中層循環　69
　3.4　オホーツク海・親潮域の物質循環　77
　3.5　海氷変動と環オホーツク気候システム　82

第4章　オホーツク海のメタンシープとメタンハイドレート
　　　　　………………………庄子　仁・南　尚嗣・八久保晶弘……89
　4.1　はじめに　89
　4.2　音波を利用してメタンシープを探す　97
　4.3　海底表層コアの採取と解析　107
　4.4　おわりに　113

第5章　オホーツク海の命運を握るアムール川
　　　　　………………………………………………白岩孝行……117
　5.1　アムール川と日本人　117
　5.2　アムール川とその流域　119
　5.3　魚附林とは何か　122
　5.4　アムール川が運ぶ溶存鉄　124
　5.5　鉄を生み出すアムール川流域の湿地　128
　5.6　森は海の恋人か？　129
　5.7　顕在化する人為的影響　133
　5.8　残された課題　134

第2部　環オホーツク海地域の資源開発と経済

第6章　環オホーツク海地域の経済発展………………田畑伸一郎……141
　6.1　はじめに　141
　6.2　環オホーツク海地域の経済の概要　142
　6.3　2000年代におけるロシア極東経済発展の契機　151
　6.4　2000年代におけるロシア極東経済の変化　154
　6.5　持続的経済発展の可能性　161

目　次　iii

第 7 章　ロシア極東・東シベリアにおけるエネルギー開発
　　　　　　……………………………………………本村眞澄……167

　7.1　は じ め に　167
　7.2　サハリンの石油開発の歴史　168
　7.3　ESPO 原油の北東アジアでの波紋　176
　7.4　北東アジアでの天然ガス・パイプライン敷設計画　184
　7.5　日本との関係　190
　7.6　カムチャツカ半島西方の探鉱　191
　7.7　お わ り に　193

第 8 章　オホーツク海の水産資源と漁業………………西内修一……195

　8.1　オホーツク海の漁場と漁業の特徴　195
　8.2　オホーツク海における漁業生産　198
　8.3　オホーツク海の主要な水産資源　201
　8.4　オホーツク海の水産資源の持続的利用に向けた課題　214

第 9 章　環オホーツク海地域における木材の生産と貿易
　　　　　　……………………………………………封　安全……221

　9.1　は じ め に　221
　9.2　ロシア極東の森林資源と林業　222
　9.3　黒竜江省の森林資源と木材生産　227
　9.4　ロシア極東地域の木材生産と輸出　230
　9.5　ロシア極東地域の森林産業に存在する問題点　234
　9.6　ロシア極東地域の森林産業の潜在力と今後の発展趨勢　238

第 10 章　ロシア極東の人口減少問題……………田畑朋子……245

　10.1　は じ め に　245
　10.2　極東の人口構成・人口動態の概要　246
　10.3　1990 年代以降における人口減少とその要因分析　251
　10.4　雇用動態と就業構造の変化　259

10.5　おわりに　266

終　　章 …………………………………………白岩孝行・庄子　仁…… 269

索　引　275

執筆者紹介　279

序　章

　　　　　　　　　　　　　　　　　　　　　　　　田畑伸一郎・江淵直人

　本書は，オホーツク海の環境を守ることが環オホーツク海地域だけでなく，太平洋をはじめとする地球規模での環境保全にとっても重要であるというメカニズムを解説するものである。そして，オホーツク海の環境保全のためには，アムール川流域を含む周辺地域全体の環境保全に向けた取り組みが必要であることを説く。また，環オホーツク海地域における社会・経済活動の現状を描き出し，その活動の持続的発展の問題を考察する。

　本書は，北海道大学の低温科学研究所(低温研)とスラブ研究センター(スラ研)，北見工業大学未利用エネルギー研究センターが2007年度から行ってきた学際的共同研究「環オホーツク環境研究ネットワークの構築」の成果の1つとして刊行されるものである。このプロジェクトでは，オホーツク海に関わる自然科学的な研究とロシア極東に関わる社会科学的な研究が，ロシアや中国などの研究者との国際的な連携のもとに行われてきた。オホーツク海を取り囲む地域についてこのような学際的，国際的なプロジェクトが行われたのはおそらく初めてのことであろう。本書は，このプロジェクトによってこれまでに何が達成されたのか，何が残されているのかを明確にするために企画された。このように中間的な成果発表ではあるが，この地域における今後の研究にとっては一定の意味があると考えた。はじめに，このプロジェクトの狙いやそれによる主要な研究活動について説明しておこう。

3機関の共同プロジェクトの始まり

　このプロジェクトは，2007～2011年度の文部科学省特別教育研究経費の

連携融合事業として始められ，上記3機関とロシア極東のいくつかの研究機関との国際的な共同研究として実施された。このプロジェクトは，理系と文系の分野の全く異なる研究機関によって行われたわけであるが，その立ち上げのきっかけとしては，次の2つが重要であった。1つは，以前に北海道大学の理系と文系の研究者が共同で，サハリン大陸棚における石油・ガス開発の環境への影響を考察するというプロジェクトを行ったことである。これは，スラ研の故村上隆教授が中心となり，低温研からも複数の研究者が参加して実施したものである(村上，2003)。これは学問的に興味深い結果をもたらしただけでなく，切実になりつつあったサハリン沖の油田開発と，それが環境に及ぼすインパクトという現実的な問題を扱った，社会的にも意義の大きいプロジェクトであった。

　もう1つは，フィールドワークの現場となっているロシアの情勢の変化である。1991年末にソ連が崩壊した後，これまで外国の研究者が入ることのできなかったオホーツク海やロシア極東でフィールドワークなどの調査研究を行うことができるようになった。そのような中で，たとえば，低温研の白岩は1995年からロシアのカムチャツカ半島を中心に共同研究を始めた。また，低温研では1998年からロシア船を用いたオホーツク海の共同観測を開始した。5年間ほどは比較的順調に進んだが，2000年前後を境にして共同研究が少しずつ難しくなっていった。その理由の1つは，ロシア側がサンプルの持ち出しを厳しくするなど，様々な規制を強めてきたことにあった。また，北見工大未利用エネルギー研究センターでは，2003年からサハリン沖の海洋調査をロシア，韓国との共同研究という形で行ってきたが，この調査をどのように継続的に行うかという点で困難に遭遇していた。ロシアからの傭船問題は低温研にとっても悩みの種であった。このような情勢変化の中で，個々の研究機関が個別に対応するのではなく，連携することによって情報を共有することのメリットが見えてきたのが2000年代半ばの状況であった。

　このプロジェクトは2007年に正式に発足したが，京都の総合地球環境学研究所(地球研)においても，2005年から地球研と低温研の連携のもとに，白岩を代表者としてアムール・オホーツクプロジェクトが開始されていた

(詳しくは，白岩，2011 参照)。そして，陸・海・大気という圏を結ぶような，また，物理・化学・生物・水産という分野を超えた，学際的な研究を行うために，2004 年には低温研の中に環オホーツク観測研究センターが設立された。

共同プロジェクトの狙いとその進展

　このプロジェクトは，財源の性格による制約もあって，何か具体的な研究を行うというのではなく，今後の研究のための基盤を整備することに重点が置かれていた。すなわち，環オホーツク海における定点観測のためのモニタリング・サイトを決めてしまおうというのが具体的な目標であった。低温研は海洋の調査，未利用エネルギー研究センターは海底の調査，スラ研は社会・経済活動の調査の面で，そのようなモニタリング・サイトを探す活動を行うことになっていた。そのためには，ロシアのカウンターパートをきちんと決めて，一緒に仕事ができるようなネットワークを構築することが必要であった。

　低温研は，このプロジェクトの中では，カウンターパートとしてロシア極東水文気象研究所と提携を結び，同研究所が保有するクロモフ号という大きな観測船で共同航海を行って，オホーツク海の観測を行うことが主要な活動となった。白岩が中心となって実施してきた地球研のプロジェクトではアムール川と海域とのつながりが主要な部分を占めていたので，両方のプロジェクトが車の両輪のように動くことにより，陸からオホーツク海を通って北太平洋の親潮域へとつながる鉄輸送のメカニズムと，それが生物生産に対してどのような影響をもたらしているかが徐々に明らかになっていった。

　未利用エネルギー研究センターでは，このプロジェクトにより，ロシア科学アカデミーが所有するラヴレンチエフ号を使って，ロシアと共同でオホーツク海の海底の調査を毎年行った。以前は，10×20 km くらいのサイズでしかきちんと調べることができなかったが，このプロジェクトの中では，30×100 km くらいのサイズで調べられるようになった。北の端の方から始めて，1 箇所だけずっと広げるというよりは，途中の場所もできるだけ調べ

るようにして，対象が南に広がっているという状態である。

スラ研では，環オホーツク海地域の社会・経済活動について詳細な調査を行い，たとえば，この地域で汚染などの問題が生じた時に，どこの都市あるいは企業がその汚染源であるのか特定できるようなところまで細かく調査することが目標とされた。ウラジオストク，ハバロフスク，ユジノサハリンスクなどで現地調査を行い，また，それらの地域から研究者を招いて多くのワークショップを開催した。さらに，ハルビンの黒竜江省社会科学院と協定を結び，中国東北部の経済や中ロ貿易についての共同研究を行ってきた。

このように，これまでの研究活動は基本的には3つの研究機関がそれぞれのカウンターパートとの間で展開するという形で行われてきた。しかし，このプロジェクトが始まる前と大きく変わった点は，この3つの研究機関の間で，研究会に相互に参加し合ったり，さらには，共同のセミナーを開いたりする機会が格段に増えたことである。そのような機会を通じて，それぞれの研究機関あるいは研究者がどのような問題関心で研究を行っているのかをよく知ることができた。そうしたことは，各自の専門とする研究の中でも何らかの形で反映されたのではないかと思われる。この共同研究によって，文理融合というところまで到達したわけではないが，文理の連携がスタートしたということは言えるであろう。

また，オホーツク海の観測という面では，このプロジェクトはロシアと共同で毎年航海を行ったという点だけでも，特筆すべきではないかと考えられる。ロシアというカウンターパートの特殊性を考慮すると，このようなことを行えるのは，低温研のグループと北見工大のグループだけであろうと自負するものである。粘り強く信頼関係を築いたことの成果であり，今後のオホーツク海観測のための国際的なネットワークの基礎ができたと言えるであろう。

第1部：オホーツク海のエコシステム

以上に述べたようなこれまでの研究活動を反映して，本書は主として理系の研究者が執筆した第1部と，主として文系の研究者が執筆した第2部の2

部構成となっている。

　第1部では，オホーツク海やそれを取り巻く陸域が，世界的に見ても非常にユニークな場所であることが明らかにされる。オホーツク海は，北半球で海氷ができる海，すなわち，凍る海の中では，世界の中で最も南にある。オホーツク海は，その外側の親潮域を含めて，水産資源が非常に豊富である。その水産資源とそれを支えている生物生産がどのようなメカニズムで成り立っているのか，また，氷の生成とどのようにつながっているのか，こうした点が第1部の主要テーマである。

　オホーツク海が太平洋に対してどのような役割を果たしているのかについて考えると，海水は温度が下がるか塩分が増えるかによって密度が重くならないと沈まないが，太平洋の周辺で密度の重い水が作られるのはオホーツク海しかない。これはせいぜい水深1000mくらいまでで，それより下には南極の方から来るもっと重い密度の水があるが，少なくとも太平洋全体に向かって海洋循環を作り出す心臓あるいはポンプの役割を果たしているのは，オホーツク海であることが分かってきた。第1章の大島論文はこの点を説明するものである。

　アムール川から流れてくる鉄がその海洋循環に乗ってオホーツク海や北太平洋親潮域へ輸送されることにより，この海域の生物生産・水産資源に重要な意味を持っていることを明らかにするのが第2章の西岡論文である。結局のところ，オホーツク海や親潮域の豊かな生態系を支えているのは，アムール川から運ばれてくる鉄なのだという驚くべき事実が明らかにされる。さらに，オホーツク海のような小さなところで北太平洋全体の中層に広がるような大量の中層水を作ることができるかという疑問に対して，定量的な実証で答えているのが第3章の三寺・中村論文である。そこでは，オホーツク海における中層循環のメカニズムが，これまでの低温研による調査とそれに基づくシミュレーションにより説明される。

　オホーツク海のサハリン沖には，メタンシープと呼ばれる海底からのメタンガスの湧き出しが密集している。そして，そこに，メタンハイドレートと呼ばれる，内部に大量のメタンを含む氷状の結晶固体が集積している。オ

ホーツク海におけるメタンハイドレートの採取は1986年に初めてパラムシル島の沖合いでロシアによって行われ，1991年にサハリン沖でも採られた。オホーツク海は世界のメタンハイドレート研究の先駆けのような存在になったのである。メタンハイドレートやメタンシープには，エネルギー源としての側面と，温室効果ガスの排出源としての側面がある。現実には，これをエネルギーとして使うような段階にはどこの国でも至っていない。実用化するにはまだ時間がかかるわけであるが，その理由の1つは，まだよく調べられていないのでよく分かっていない点が多いということにある。第4章の庄子・南・八久保論文では，北見工大で行ってきたオホーツク海におけるメタンシープとメタンハイドレートの調査のこれまでの成果をまとめている。

以上のようなオホーツク海におけるこれまでの調査で分かってきたことを総括したのが第5章の白岩論文である。特に，オホーツク海にとってのアムール川の重要性が描かれており，さらに，アムール川流域の社会・経済活動がオホーツク海に大きく影響することが説明されている。この議論は，アムール川流域を含む環オホーツク海地域のエコシステムを研究するためには，自然科学の研究と人文社会科学の研究をつなぎ合わせる必要があるという主張を導き出す。白岩論文は，本書の第1部と第2部を結び付ける論文であり，この主張は，終章でさらに展開される。

第2部：環オホーツク海地域の資源開発と経済

第2部では，環オホーツク海地域の経済発展の問題が持続性という観点から考察される。オホーツク海にとってのアムール川の死活的重要性が第1部における結論の1つであったことから，オホーツク海を囲む地域(北海道，サハリン州，ハバロフスク地方，マガダン州，カムチャツカ地方)の社会・経済活動だけでなく，アムール川流域の沿海地方，アムール州，ユダヤ自治州や，アムール川支流の松花江が流れる中国東北部の黒竜江省，吉林省も視野に入れられている(表見返し参照)[1]。環オホーツク海地域では，鉱物資源，水産資源，森林資源をはじめとする資源開発が経済発展を担ってきたことから，これらの資源開発の問題について，それぞれ1章ずつを当てている。

ロシア極東，中国東北部，北海道は，それぞれの国において後発の開拓地域であると見なされるが，上述の資源開発を中心として，それぞれの国の経済発展において重要な役割を担ってきた。1991年末のソ連崩壊は，ロシア極東経済に大きなダメージを与えただけでなく，中国東北部や北海道にも様々な影響を及ぼすこととなった。しかし，2000年代に入って，ロシア経済が高成長を遂げる中で，ロシア極東の経済にも活性化の兆しが出てきており，それがまた中国や日本の隣接地域にも大きな影響を与えている。第6章の田畑(伸)論文では，2000年代においてロシア極東がこれまでなかったようなダイナミックな発展を始めている諸相を描写し，このような経済発展の持続可能性について考察している。

　2000年代におけるロシア極東経済の活性化は，極東からの石油・ガスの生産や輸出の増加によるところが大きい。ロシアにおける石油・ガス開発は重心が東方にシフトしてきているのである。このエネルギー開発の問題を扱ったのが，第7章の本村論文である。同章では，サハリン沖や東シベリアにおける石油・ガス開発の現状と展望，さらには，カムチャツカ沖での開発の可能性にも触れられている。

　第1部では，オホーツク海の生態系の豊かさについてしばしば言及があったが，水産資源の豊富さについては，第8章の西内論文で説明されている。同章では，基本的に北海道漁業の観点から，オホーツク海における漁業の現状や課題が論じられている。そこでは，与えられた水産資源の豊富さだけでなく，ホタテガイなどの栽培漁業がオホーツク海における漁業を発展させていることが示されている。

　もう1つの極東の重要な資源である森林資源について論じたのが，第9章の封論文である。ロシア極東の森林開発については，これまでも日本や中国への輸出のための開発という側面が大きかった。乱伐という問題が常に輸出と結び付いて存在していたのである。一方では，第1部の第5章などで描かれているように，極東の森林はアムール川流域の環境保全にとって無視できない役割を果たしている。第9章では，ロシア極東の森林産業の発展について，特に中国との貿易という観点から分析されている。

第 2 部では全体としてロシア極東における近年の経済発展が描写されているが，それでは，ソ連崩壊後に顕著になった人口流出は止まったのであろうか。この問題を扱ったのが，第 10 章の田畑（朋）論文である。そこに記されているのは，2000 年代においても人口減少が続いているという現実である。石油・ガス開発で潤っているはずのサハリン州からさえ，人口流出が続いている。持続的経済発展にとって由々しき問題である人口減少問題の現状と若干の展望が同章に記されている。

　最後に，終章では 3 つの研究機関による今後の連携の可能性についてまとめる。そして，環オホーツク海地域の環境保全に関して我々研究者が何を行うことができるかについても論じる。特に，このために 2009 年 11 月に立ち上げられたアムール・オホーツクコンソーシアムについて説明する。

　ここに説明した共同研究は，当時の若土正暁低温科学研究所長の尽力がなければ到底立ち上げることができなかったものである。また，この推進においては，本堂武夫北海道大学理事・副学長からの継続的な支援を受けた。厚くお礼申し上げたい。本書を準備するにあたっては，スラブ研究センター叢書刊行委員会から有益な助言が得られた。原稿の取りまとめやその後の編集作業においては，後藤正憲さん（スラブ研究センター助教）に大きな役割を果たしていただいた。本書の表紙や口絵などのデザインは，これまでと同様に，伊藤薫さんにお願いした。北海道大学出版会では，今中智佳子さんが本書の編集を担当してくださった。言うまでもなく，これらの方々のご協力なしには本書は刊行できなかった。以上を記すことにより，執筆者一同を代表して心からの謝意を表したい。

〈注〉
1) ロシアでは，日本の都道府県に対応する連邦構成主体（共和国・地方・州・特別市・自治州・自治管区）が 83 あり，それが 8 つの連邦管区に分かれている。極東連邦管区に含まれるのは，表見返しに示した 9 つの連邦構成主体である。中国には，省・直轄市・自治区・特別行政区などの行政区画が 33 あり，それらが 7 つの部に分かれている。東北部には黒竜江省，吉林省，遼寧省が含まれている。

〈参考文献〉
白岩孝行(2011)『魚附林の地球環境学:親潮・オホーツク海を育むアムール川』昭和堂。
村上隆(2003)編著『サハリン大陸棚石油・ガス開発と環境保全』北海道大学図書刊行会。

第1部
オホーツク海のエコシステム

第1章　オホーツク海の海洋循環・海氷生成と温暖化の影響

大島慶一郎

1.1　はじめに

　そのほとんどがロシア領海であるオホーツク海は，長くベールに包まれていた海であり，その循環さえもよく分かっていなかった。1990年代以降，冷戦の終結によりオホーツク海内での国際共同観測が可能になり，その海の実態が一気に明らかになってきた。オホーツク海では，多量の海氷生成により北太平洋で一番重い水が生成され，それが潜り込むことで，北太平洋の中層まで及ぶ上下方向の(鉛直)循環を作っていることが分かってきた。オホーツク海から北太平洋へは，海水だけでなく鉄などの栄養分も供給される。オホーツク海は，いわば北太平洋の心臓の働きをしているわけである。最新の研究によると，温暖化によってこの心臓の働きが弱まっていることが示唆されている。国際共同観測からは，オホーツク海内部の水平的な循環(流速としては鉛直循環よりずっと大きい)についても実測から明らかになってきた。オホーツク海内には反時計回りの循環があり，サハリン(Sakhalin)沖の強い南下流，東樺太海流(East Sakhalin Current)で特徴付けられる。サハリン油田などで油流出事故が起こると，流出油がこの海流に乗って南下する可能性もある。

1.2　北半球の海氷域の南限

　オホーツク海は，北半球では流氷(海氷)域の南限である。沿岸付近のみ結

氷する海域はもっと南にも存在するが，本格的な海氷域としては南限である。用語としては「流氷」がよく使われているが，海水が凍った氷を表すより一般的な用語である「海氷」をここでは以後使用することにする。比較的低緯度にもかかわらず海氷が存在するということが，オホーツク海の自然・気候・生態系を特徴付ける最も大きな要素となっている。海氷が到来する最南端の北海道知床周辺は，海氷が育む豊かな海洋生態系などをもって，2005年7月に世界自然遺産に認定されている。

　巻頭口絵1は，知床連山を背後に望むオホーツク海の海氷域の写真である。海氷域は数mから数kmの氷盤の集合によって成っており，多くの場合海氷表面には雪が積っている(オホーツク海の海氷については，青田(1993)に詳しい解説と多くの写真が載っている)。オホーツク海南部では海氷の平均の厚さは0.5～1.0 m程度である(Fukamachi et al., 2006; 2009)。オホーツク海では，例年11月頃に北西部より最初の海氷生成が起こり，それが南方および東方へと広がっていき1月下旬くらいに北海道沖へ到達する(図1-1左図参照)。海氷は例年，2～3月に最大の広がりを見せ，(広がりの大きさは年によって異なるが)オホーツク海の50～95%を占める。太平洋から相対的に暖かい海水が流入してくる東部の千島列島付近が，最も海氷が出現しにくい海域である。3月より海氷域は後退し始め，6月までにはオホーツク海では大方の海氷は融解する(図1-1右図参照)。このように冬季にのみ海氷が発達する海域を季節海氷域と言う。これに対し北極海のように一年中海氷が存在する海域を多年氷域と言う。オホーツク海は北半球の季節海氷域の南限，ということになる。

　図1-2には，全球での2月の海氷分布の気候値(1979～2002年の平均値)を白で示している。2～3月は北半球では海氷が最も大きく広がる月である。この時期，北極海はほぼ全域海氷に覆われている。太平洋および大西洋とも西岸域の方がより南へ海氷が張り出すが，南端の緯度が44度であるオホーツク海は本格的な海氷域としては北半球の南限であることが分かる。対照的な例として，ノルウェー沿岸域は緯度70度でも海氷が出現しない。

　オホーツク海が海氷域の南限となるのはなぜか？　図1-2には，2月の平均気温の気候値(1979～2002年の平均値)を等値線で示している。北半球の

第1章 オホーツク海の海洋循環・海氷生成と温暖化の影響　15

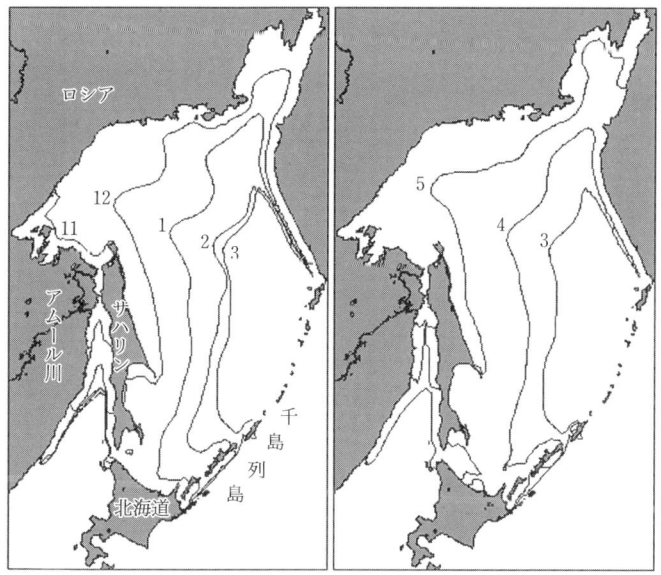

図 1-1　オホーツク海での各月の氷縁

左図は海氷発達期(11〜3月),右図は海氷後退期(3〜5月)。人工衛星マイクロ波放射計により観測された1979〜2002年の平均値。
出所）二橋創平氏作成。

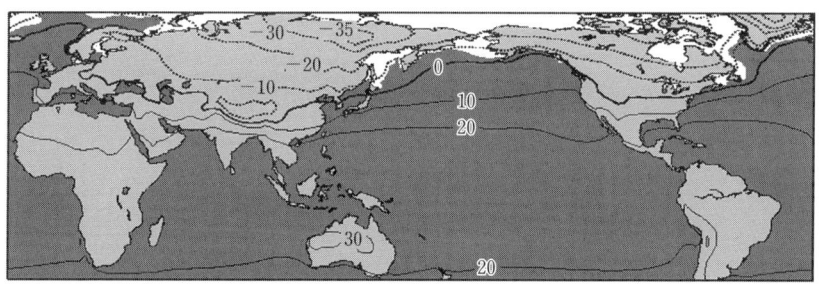

図 1-2　地球全体での2月の平均海氷分布(白)と平均気温(等値線)
出所）Nihashi et al. (2009) を加筆・修正。

寒極(最も寒い地域)がユーラシア大陸北東部にあることが分かる。ここはオホーツク海の風上に当たる。秋季から冬季になると，オホーツク海上にはこの寒極からの厳しい寒気が季節風として吹き込んでくる。オホーツク海の風上が北半球の寒極であることが，海氷域の南限となっている一番の要因なのである。なお，オホーツク海の北西に位置するベルホヤンスク(Verkhoiansk)とオイミャコン(Oimiakon)という町で北半球の最低気温(−68度)が記録されている。

　この他に，北西季節風と後述する東樺太海流によって海氷がより南へと運ばれることも海氷域をより南へと広げている要因となっている。さらに，オホーツク海に多量の淡水をもたらすアムール(Amur)川も海氷生成を有利にする一因になっている。このアムール川の淡水流入の影響を受ける海域(サハリン東岸沖から北海道沖にかけて)では，冬季の海の対流が(淡水の影響で表層水が重くなれずに)深くまで及ばない。つまり，表層の水だけを冷却すれば海氷は生成される。これに対し，たとえば同緯度の太平洋では，表層の海水は冬季冷却されると下の水より重くなりどんどん対流が深まっていく。そして，深い対流層が結氷温度まで冷えきらないうちに春を迎えてしまう。なお，アムール川の水そのものが凍るというのではなく，この淡水によって塩分濃度が薄まった表層の水が結氷しやすくなるという意味であることに注意したい。

1.3　北太平洋の心臓，オホーツク海

　北半球の海氷域の南限であるオホーツク海では，海氷が多量に生成され，重い水が作られる(詳しくは後述)。このため，北太平洋表層では一番重い水がオホーツク海でできることになる。この重い水は，潜り込んで北太平洋中層(200〜800 m)にまで広がる。つまり，オホーツク海から水が潜り込んで北太平洋規模の大きな鉛直(上下方向の)循環が作られている。このようなオホーツク海の重要性が分かってきたのは1990年代以降である。それまではオホーツク海は海洋学にとってはマイナーな海であった。

オホーツク海が北太平洋にとって重要な海であることを示しているのが図1-3であり，北太平洋における中層の同じ密度面(27.0 σ_θ：水深にすると300〜500 m)での(a)水温と(b)酸素量の分布を示したものである．低温で酸素の多い水がオホーツク海をソースにして広がっているような分布になっていることが分かる．中層では，海水は同じ密度面に沿って循環するという性質があるので，これらの図から水の起源や広がり方が推定できる．酸素は海表面から取り込まれ，海洋内部では生物生産に使われ徐々に減少するので，酸素が多い水というのは海表面から取り込まれて時間が経っていない水であることを意味する．図1-3からは，表面起源の水がオホーツク海から押し込まれて北太平洋中層に広がっていることが分かる．また，その水は非常に冷たい水であることも分かる．なお，日本海も酸素量が多いが，日本海と太平洋の間の海峡は浅い(200 m以下)ので，日本海の影響は北太平洋の中層には影響しない．このように，オホーツク海は，北太平洋全体の中層に表層起源の冷たい水を送り込むという，北太平洋の心臓のような役割を果たしているのである．オホーツク海は大気と接した水が北太平洋では唯一海洋中層(水深200〜800 mくらい)まで運ばれる海域とも言える．

　オホーツク海は，冷戦時代まではなかなか観測することが難しく，本当にそういったことが起こっているのか，起こっているとするとオホーツク海のどこで潜り込みがあるのか，といったことを直接示すような観測データはなかった．冷戦が終了したことで，日本，ロシア，アメリカによる国際共同観測が実現し，1998年から2010年まで計7回，ロシア極東水文気象研究所に所属する観測船クロモフ(Khromov)号により，大規模な観測がオホーツク海で行われた．日本では北海道大学低温科学研究所が中心となり，科学技術振興機構(JST)のCREST研究(代表：若土正曉)によるサポートによってプロジェクトはスタートした．アメリカからはスクリップス(Scripps)海洋研究所，ワシントン大学が参加した．

　これらの観測でどのようなことが明らかになったのか？　図1-4は，図1-3と同様の図を，オホーツク海内で示したもので，中層の同じ密度面(26.8 σ_θ：水深にすると150〜350 m)での(a)水温と(b)酸素量の分布を示している．

18 第1部 オホーツク海のエコシステム

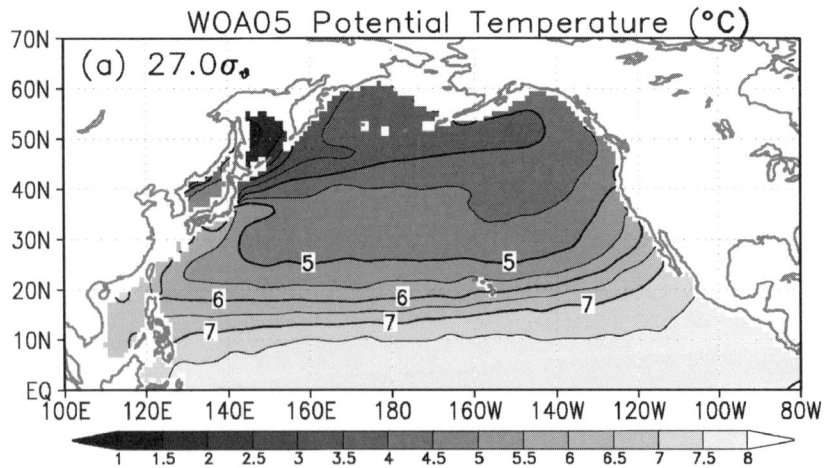

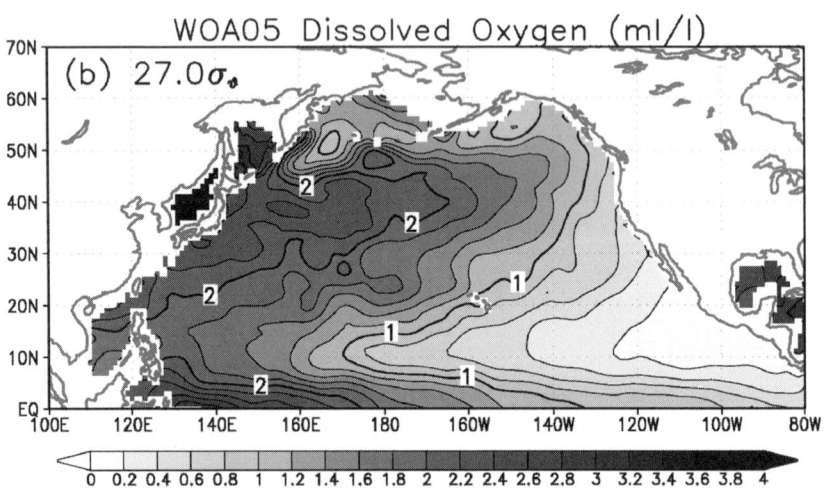

図1-3 北大平洋における,等密度面 27.0 σ_θ での(a)水温と(b)溶存酸素量の分布
27.0 σ_θ は水深にするとおおよそ 300〜500 m の層。
出所)中野渡拓也氏作成。

第1章 オホーツク海の海洋循環・海氷生成と温暖化の影響　19

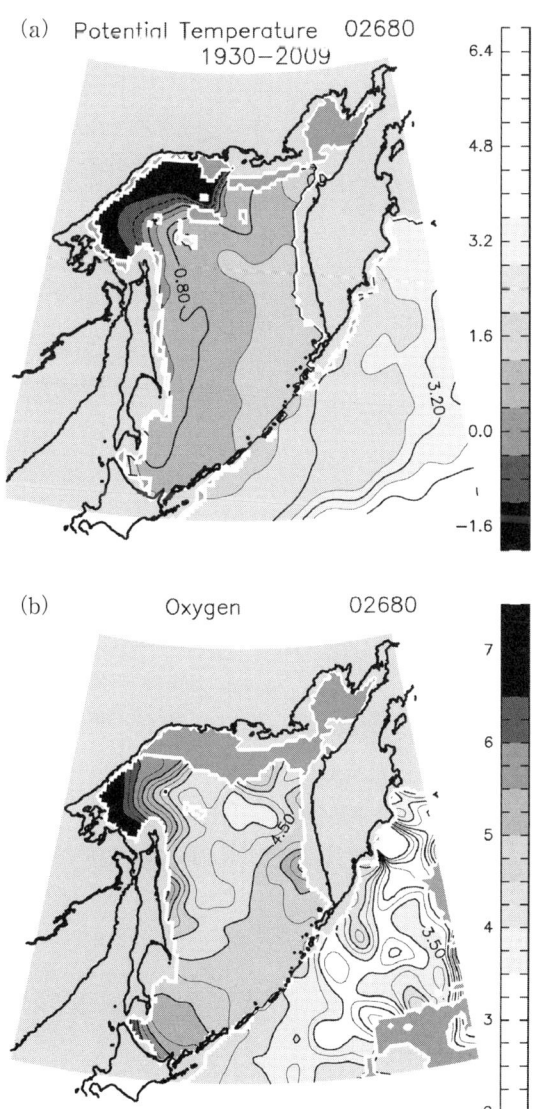

図 1-4　オホーツク海における，等密度面 26.8 σ_θ での，(a)水温と
(b)溶存酸素量の分布
26.8 σ_θ は水深にするとおおよそ 150〜350 m の層。
出所）Itoh et al. (2003) にデータを追加・修正。

過去のデータに加え，国際共同観測の成果を取り入れて作ったものである。この図からオホーツク海の中のどこで潜り込みが起こっているか推定できる。北西部の沿岸に沿ったところに水温が低くて酸素量の大きい海域があり，ここから重い冷たい水が潜り込んでいるということが示唆される。図1-3と図1-4を合わせると，ここから冷たい水が中層に潜り込んで北太平洋全体に広がっているということになる。

　ここはどんな場所かというと，寒極からの厳しい寒気が海へ吹き出す海域で，できた海氷がどんどん吹き流されて多量の海氷ができる場所である。このような場所を沿岸ポリニヤ (coastal polynya：polynya はロシア語が語源) と言うのであるが，ここでなぜ重い冷たい水が作られ潜り込むかは，次の節で詳しく説明する。

1.4　海氷の生産工場，ポリニヤ

　海氷は成長して厚くなると，海氷自身が断熱材として働き，厳しい寒気の中でも海氷はあまり成長しない。ところが，沖向きの風が卓越する海域では，できた海氷が次々に吹き流され疎氷・薄氷域が維持されるため，多量の熱が奪われ続けることになる。結氷温度(−1.8度)に達した海水からは奪われた熱量に比例して海氷が作られるので，沿岸ポリニヤでは多量の海氷が生成されることになる。沿岸ポリニヤは，いわば「海氷の生産工場」なのである。海水が凍って海氷ができる時，塩分は一部しか氷に残らない性質がある。そのため，海氷下の海には冷たくて塩分の高い水がはき出されることになる。海水は冷たいほど，また塩分が高いほど重くなるので，多量の海氷ができる沿岸ポリニヤ域では重い水が作られることになるわけである。この水は，北太平洋表層で作られる水としては最も重く中層まで達するような密度を持つので，潜り込んで北太平洋中層全域に広がっていくことになる (図1-3)。

　海氷が沢山できるところほど重い水ができるので，海氷生産がどこでどのくらいあるかが分かると，重い水ができる場所を推定することができる。図1-5は，人工衛星のマイクロ波放射計データによる海氷の厚さ情報と大気の

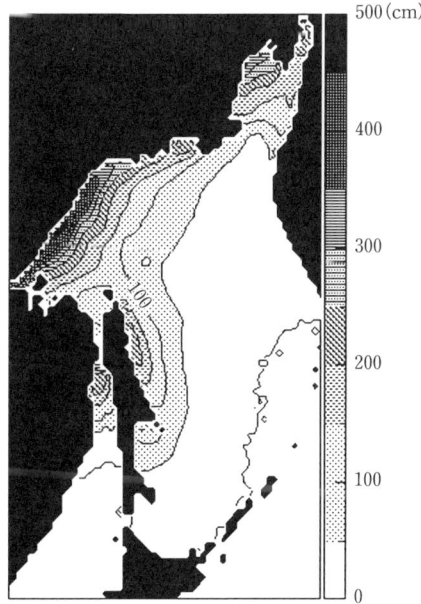

図1-5　オホーツク海での年間の海氷生産量分布

海氷の厚さ(cm)に換算して示す。人工衛星のマイクロ波放射計による海氷データと熱収支計算から見積もったもの。
出所）Ohshima et al. (2003) より。

データセットを使って、奪われた熱量分だけ海氷が生産されるとして海氷生産量を見積もり、オホーツク海全域での年間積算の海氷生産量分布を示したものである。北西部の沿岸ポリニヤ域で多量の海氷生産があることが分かり、図1-4で示された低温・高酸素域(海水が潜り込む場所)とよく対応している。

しばしば、「オホーツク海の流氷(海氷)はアムール川起源の水が凍ったもので、それが漂流して北海道沖まで到来する」という言い方をされることがあるが、これは間違いである。オホーツク海で見られる海氷のうち、アムール川の水が凍った分の氷はオホーツク海全体の氷からするとほんのわずかでしかない。むしろ、大量の海氷ができるのは、北西陸棚の沿岸ポリニヤ域であり、ここでできた海氷は、南へ東へと広がっていく。

図1-5の成果は人工衛星データなどを使った間接的な研究であり、直接観

測したものではない。海氷が生成される冬季に直接行って観測するのは現実には簡単ではない。冬に本当に重い水ができているのかを確かめるために，国際共同プロジェクトでは，重い水ができていると考えられる北西部沿岸ポリニヤ域の海底に測器を設置して冬季を含む一年間の観測を行った。その結果，この沿岸ポリニヤ域では，海氷ができはじめると，海氷から排出される塩分により海水の塩分・密度がどんどん高くなり，(水温は結氷温度の−1.8度)，2〜3月には中層まで潜り込むような重い水ができている，ということを初めて直接観測で示すことに成功した(Shcherbina et al., 2003)。

1.5 温暖化で変わるオホーツク海

地球温暖化の影響は北極海で特に顕著に出ていて，夏季の北極海の海氷減少は特に大きく(10年で約10%のスピードで減少)，夏季には早晩海氷はなくなってしまうという予測も出ている。同じ海氷域であるオホーツク海も温暖化の影響を大きく受けているのか？　この節では，オホーツク海は温暖化の影響を受けているのか，受けているとするとどのような形で受けているのか，ということを最新の研究成果から紹介する。

1.2節では，オホーツク海が海氷の南限であるのは，風上が非常に寒いからということを述べた。これは，オホーツク海の海氷にとっては，風上の気温が非常に重要であることも意味している。図1-6には，オホーツク海の風上域での50年間の地上気温の変化を細実線で示した。この50年間で2度気温が上昇していることが分かる。IPCC (2007)では，温暖化により地球全体の気温はこの50年で平均0.65度上昇していると報告されているので，それに比べると3倍もの上昇率ということになる。つまり，オホーツク海の風上域は地球温暖化に非常に敏感・高感度な場所ということである。

図1-6の太実線で示したのがオホーツク海の海氷面積の30年間の変化である。海氷の広がりや面積がある程度正確に観測できるようになったのは，人工衛星によるマイクロ波放射計の観測が可能となった1970年代後半からで，それまでは正確なデータはなかった。図1-6から，オホーツク海の海氷

第1章　オホーツク海の海洋循環・海氷生成と温暖化の影響　23

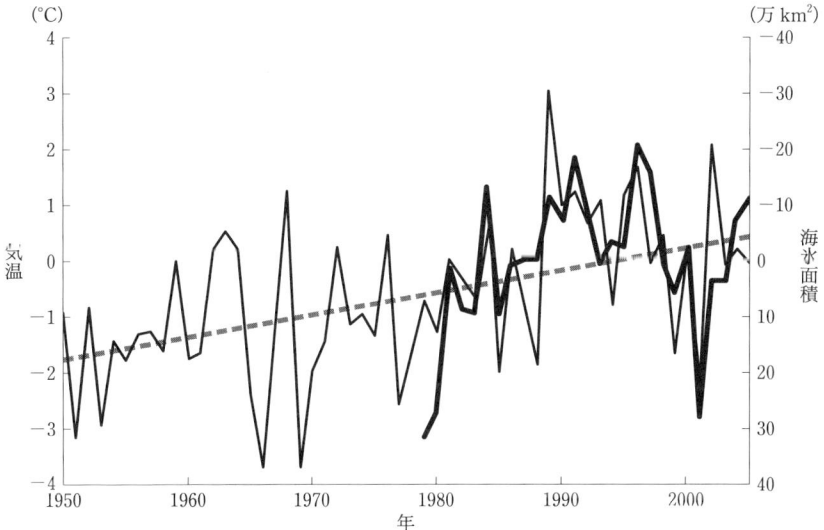

図 1-6　オホーツク海の2月の海氷面積(太実線)とその風上(50°〜65°N，110°〜140°E)での地上気温(細実線)の年々変動

偏差(平均からのずれ)で示しており，海氷面積(右端の軸)は上ほど小であることに注意。地上気温は10〜3月の平均。破線は気温偏差の線形トレンド成分。
出所）Nakanowatari et al. (2007) より加筆・修正。

面積は年々大きく変動しているが，この30年では約20%の減少となっている(図1-6では，気温の変化と比較しやすいように，海氷面積は上ほど小さいように示しているので，右肩上がりということは徐々に海氷が減っている，ということを意味する)。図1-6からは，海氷面積は風上の気温と非常に相関が強いことも分かる。つまり，気温が高いと海氷面積が小さくなるという相関である(相関係数は−0.62)。この関係から，50年間スケールで海氷面積が減っていることも推定される。古くから連続してある数少ない客観的な海氷データとしては，網走での目視海氷観測がある(青田他，1993)。図1-7は，この目視観測により海氷が確認された日の年ごとの総数を100年にわたって時系列で示したものである。この海氷目視観測からもこの50〜100年スケールでオホーツク海の海氷が減少傾向にあることが示唆される。

これらから，海氷生産も減ってきているということも推定される。さらに，

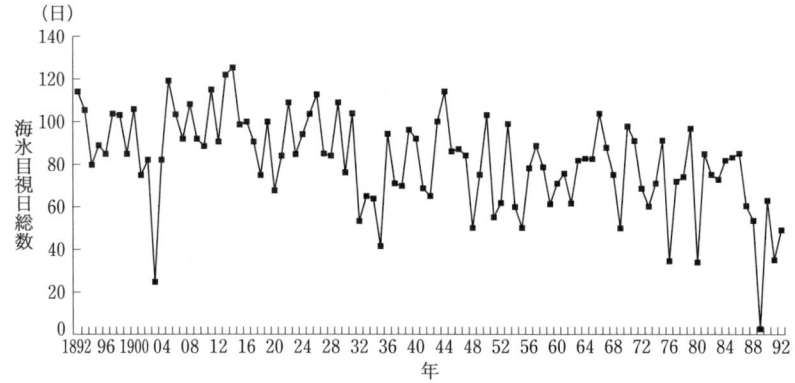

図 1-7　網走での海氷出現総日数の年々変動
目視により海氷が確認された日の各年ごとの総数の時系列(1892〜1992 年)。
出所）青田他(1993)の図を加筆。

　今までの話から，海氷生産が減り，冷たくて重い水の潜り込む量も減るのでは，ということになる。実際はどうなのか？　図 1-8 は過去から最近のデータまで含めて，この 50 年間のオホーツク海の中層の水温と酸素量を見たものである。予想されるとおり，水温が上がって酸素量が減っている。つまり，本来海氷ができることによって冷たくて酸素を多く含んだ水が表面から潜り込んでいるはずのものが減っているために，水温が上昇し酸素が減っていると解釈できる。水の潜り込みが減っているということである。

　オホーツク海が北太平洋で一番重い水ができるところなので，オホーツク海の潜り込みの減少は北太平洋にも影響することが推察される。そこで，北太平洋まで広げて，この 50 年間で中層の水温がどれだけ変化しているかということを調べたのが図 1-9 である。この図からは，オホーツク海を含め北太平洋の中層では水温が概ね上昇していること，昇温が一番大きいのがオホーツク海であること，が分かる。図 1-9 には加速度ポテンシャルという流線に相当するものも示しており，点線が反時計回り，実線が時計回りの循環を示す。北太平洋の亜寒帯域での反時計回りの循環も示されている。図 1-9 からはオホーツク海を起点にして昇温のシグナルがこの循環に沿って広がっているということが分かる。つまりこの図は，オホーツク海で冷たい水の潜

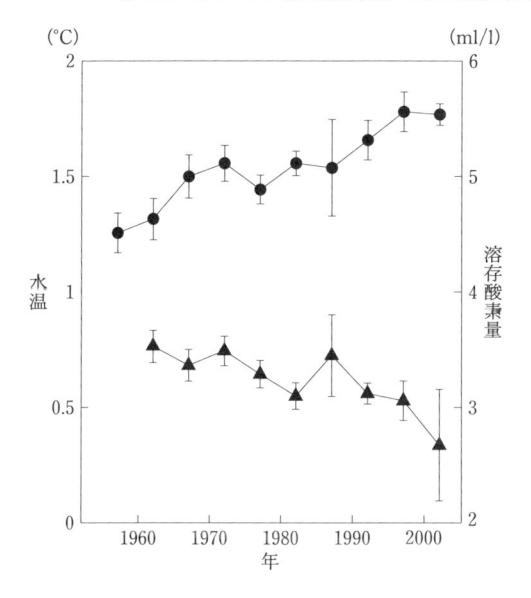

図1-8 オホーツク海の中層水の水温(黒丸)と溶存酸素量(黒三角)のこの50年の変化
中層の密度面 27.0 σ_θ(水深約 500 m の層)で比べたもの。
出所) Nakanowatari et al.(2007) より加筆・修正。

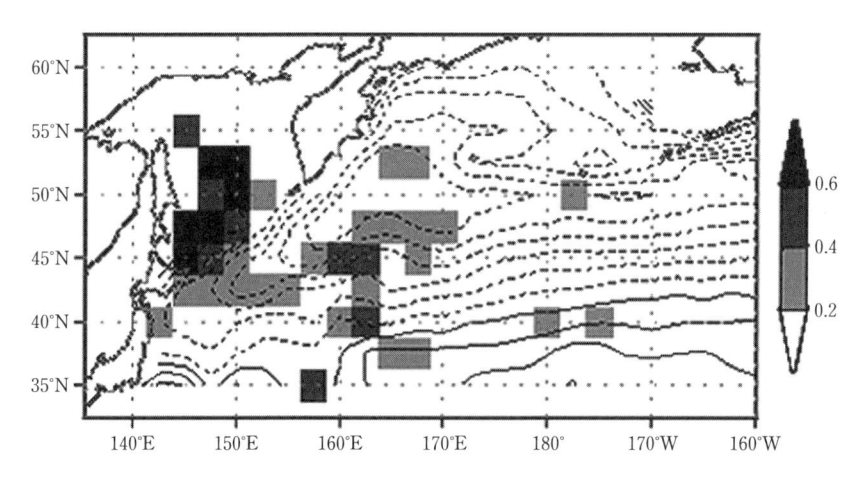

図1-9 北太平洋およびオホーツク海の中層水温のこの50年の変化
中層の密度面 27.0 σ_θ(水深約 300～500 m の層)で,この50年間で何度変化したかを示す。
出所) Nakanowatari et al.(2007) より加筆・修正。

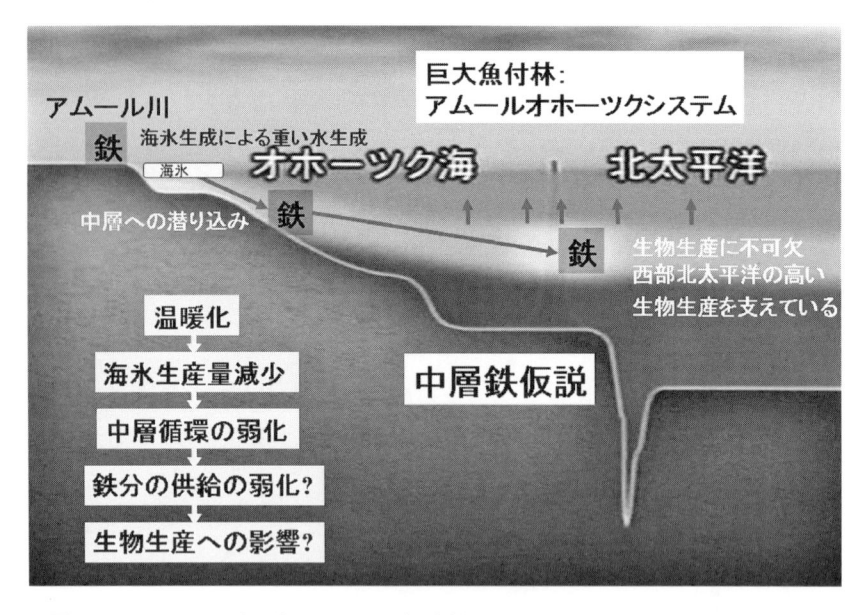

図1-10 オホーツク海を起源とする鉛直(中層)循環と鉄分の循環，その温暖化による影響

り込みが弱まったことが，北太平洋に及ぶ鉛直循環をも弱めていることを示唆している。

　このように，水の潜り込み・鉛直循環が弱くなるということは，物質の循環にとって重要になってくる。特に重要となるのは鉄分の循環である。実はロシアとの共同観測では，1つ重要な発見があった。それは，海氷生成によって重い水ができ中層に潜り込む際に，同時に多量の鉄分も一緒に運ばれているということが分かったことである。この鉄分については，第2章に詳しい説明があるが，鉄分は今，海洋学で非常に注目されている成分の1つである。生物生産は，この鉄分の多少によって決まるということが，最近の研究で徐々に分かってきたからである。循環の弱まりは鉄分の循環に関わってくる可能性もある。

　図1-10は，鉄分の循環も含めて今までの話をまとめた模式図である。オホーツク海の北西部のポリニヤでは多量の海氷が生産され，その塩分排出に

よって重い水が作られる。それが中層へ潜り込む時に一緒に鉄分も運び込まれる。鉄というのはもともと陸起源なのであるが，この鉄の起源はアムール川にあると考えられている(白岩，2011；本書第5章参照)。中層に運ばれた鉄分は，上下方向に混合したりじわじわ湧昇することによって表層へ輸送される。このようにして，オホーツク海，さらには西部北太平洋の親潮域での高い生物生産が支えられている，という仮説が提案されている(中層鉄仮説：Nishioka et al., 2007)。まさに，オホーツク海は海水だけでなく栄養分も送り込む，北太平洋の心臓の役目を果たしているということになる。

さて，このようなシステムが成り立っているとした時に，温暖化によって水の潜り込みが減るとどういうことが起こりうるか？ 海氷が減り，重い水の潜り込みが減ると，鉛直(中層)循環も弱くなり，鉄分の供給も減少し，ひいては生物生産量，生態系，漁獲量にも影響する，というシナリオも成り立ちうることになる。ただし，温暖化によって重い水の潜り込みが弱くなっているというところまではデータから明らかになっているが，鉄を介して具体的にどのように生物生産が影響を受けるかということについては，まだ分かっていないプロセスが多くあり，仮説の段階にある。これから，さらなる検証のため観測していかなければいけないということである。

また，これらの研究で示された「オホーツク海および北太平洋の鉛直循環は温暖化の影響を受けやすい」という事実は，過去や長期の気候変動を考える上でも重要な視点である。

1.6 オホーツク海内の循環——明らかになった東樺太海流

オホーツク海北西部でできた冷たい重い水は，東樺太海流によって南へ運ばれ(図1-4参照)，主にはブッソル(Bussol)海峡から太平洋へ流出する。オホーツク海内の流れとしては，このような水平的な循環が流速としては鉛直循環よりもずっと大きいものである。この節では，水平的な循環を詳しく述べる。

オホーツク海の循環について，2000年代以前は日本・ロシアの古い文献

図 1-11　表層漂流ブイの軌跡

漂流期間は 1999 年 9 月～2000 年 2 月。黒丸印はブイを投下した点（始点）を示す。
出所）Ohshima et al. (2002) より加筆・修正。

(Watanabe, 1963; Moroshkin, 1966) などによる模式的な抽象以上のことはよく分かっていなかった。それらによると，オホーツク海には大きな反時計回りの循環があり，最も顕著な流れはその循環の西側，サハリン東岸沿いにできる強い南下流（東樺太海流）ということになっている。ただし，これらは十分な実測に基づいたものではなく，船のドリフトや水塊・海氷の動きなどから類推したものである。東樺太海流という用語は 1960 年代より使われているが，この海流の流量・構造やその季節変化といった定量的なことは，ほとんど分かっていなかった。

前述した国際共同観測は，定量的には何も分かっていなかったこの海流の実態も一挙に明らかにした．図1-11は1999年に投下された20個の表層漂流ブイの軌跡を示したものである．ブイからは人工衛星による追尾システムによって，表層下15 mの流れをモニターすることができる．サハリン島(樺太)北方および東方に投下されたブイはすべて樺太沖を海底地形に沿って0.2～0.4 m s^{-1}のスピードで南下しており，この観測によって東樺太海流の存在が初めて実測から明確になった．海流の幅は150 km程度で，北海道沖まで南下するものと，途中北緯48～52度あたりで東へ向かうものとの2つに分かれる．一方，水深の大きい南部の千島海盆では，渦的な動きが卓越していることも分かる．オホーツク海に投下されたブイの多くは半年以内に千島海峡(主にブッソル海峡)から太平洋に抜ける．図1-12は，表層漂流ブイの結果などに基づいて，オホーツク海の循環を模式的に示したものである．詳しく見ると，東樺太海流は大きな反時計回り循環の西岸境界流の成分(沖合い分枝)と，沿岸に沿って北西陸棚から北海道沖まで達する成分(沿岸分枝)の2つの分枝からなっている．

　国際共同観測では，長期海中に測器を係留して流れの場を測るなどの観測も行われた．図1-13は，その観測を基に東樺太海流の流量の季節変化を，日本海の主海流である対馬暖流と比較して示したものである．海流の強さの指標としては，海流の断面を毎秒横切る水の体積で定義される「流量」がよく使われる．図1-14は，同様の観測から1月における東樺太海流(南下流成分)の鉛直断面構造を示したものである．東樺太海流の年平均の流量は約7 Sv (1 Sv = 10^6 m^3 s^{-1})と見積もられる．これは黒潮の流量の2～3割，日本海の対馬暖流の流量の約3倍に相当し(図1-13)，縁海の流れとしてはかなり大きなものである．これは流れが表層のみでなく海底まで達するような深い構造を持つという特徴による(図1-14参照)．また東樺太海流は，流量・流速が冬季に最大で夏季に最小となる大きな季節変動をすることも特徴の1つである(図1-13)．サハリン東岸に沿う海氷の南下も，風の効果の他に海流によって運ばれる効果もかなりあると考えられる．

　東樺太海流および反時計回りのオホーツク海の循環は主に風によって駆動

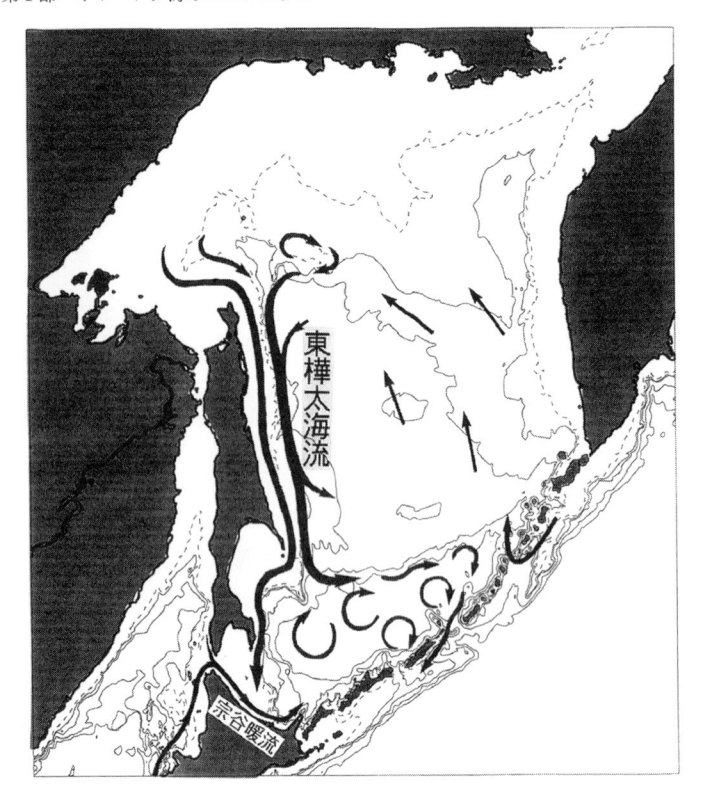

図 1-12　オホーツク海の表層循環の模式図
表層漂流ブイの結果などに基づいたもの。
出所) Ohshima et al. (2002) より加筆・修正。

されている。冬季季節風の吹き出しが強くなるのに応じて，反時計回りの循環や東樺太海流も強まる。この他，東樺太海流にはアムール川の淡水効果による密度流成分もあるが，この成分は流量にするとわずかである。

　サハリン東岸沖の大陸棚では石油・ガス開発が 1970 年代より始められ，現在では石油・天然ガスの重要な生産域となっている。これらの開発に伴って危惧されているのが，サハリン油田周辺やタンカーでの油流出事故である。それに関連して，知床が世界遺産に認められた直後の 2006 年 2〜3 月には油まみれの海鳥 5000 羽以上が知床に漂着するという事件もあった。流出油の

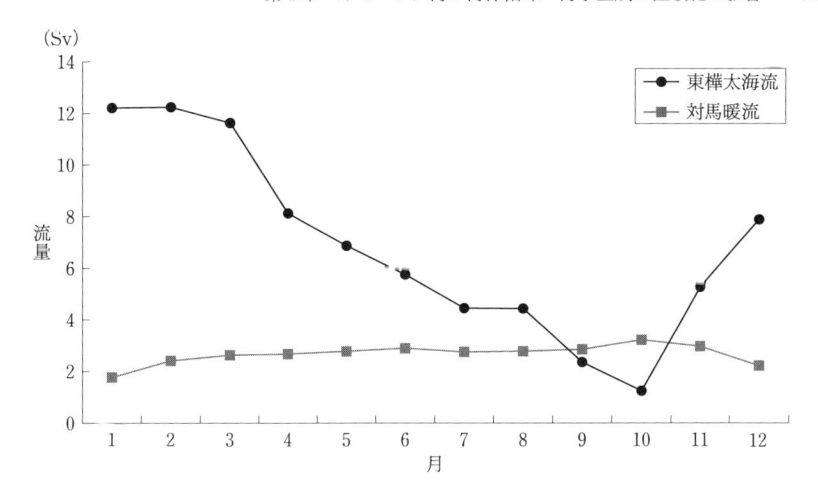

第1章　オホーツク海の海洋循環・海氷生成と温暖化の影響　31

図 1-13　東樺太海流と対馬暖流の流量の季節変化

単位は $10^6 \mathrm{m}^3 \mathrm{s}^{-1}(=1\mathrm{Sv})$。東樺太海流は北緯53度に沿って横切る長期係留測流の結果(Mizuta et al., 2003)に基づく。対馬暖流は対馬海峡でのフェリーによる超音波流速プロファイラーの結果(Takikawa et al., 2005)に基づく。

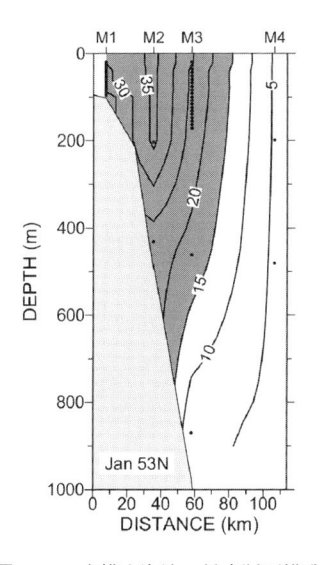

図 1-14　東樺太海流の鉛直断面構造

北緯53度に沿って横切る長期係留測流(Mizuta et al., 2003)から、1999年1月における南下流成分を示したもの。単位は $\mathrm{cm\ s}^{-1}$。陰影は $15\ \mathrm{cm\ s}^{-1}$ 以上の領域。

漂流は海流によって運ばれる効果が最も大きい。一方，近年の中国の高度経済成長によりアムール川上流域での汚染も懸念されている。実際に，2005年11月にアムール川上流の中国の松花江から多量のベンゼンなどの汚染物質が流出した事故なども起こっている。アムール川の水のほとんどはオホーツク海に流出する。東樺太海流は，アムール河口域やサハリン油田周辺域を起源とする海水を南下させ，サハリン南部や北海道沖まで運んでいく海流でもある(大島他，2008)。

　上述したように，最近の観測によってオホーツク海の海流や循環の実態はかなり分かってきたが，観測ではどうしても限られた場所での情報しか得られない。オホーツク海全域の流れを知るには高精度のコンピュータを使った数値モデルシミュレーションが有効になる。現在はモデルを検証するのに十分な実測データも得られており，再現性の高いモデルも作成されている。再現性の高いモデルが作られると，流出油や汚染物質の漂流・拡散の予測にも大いに役に立つ。

　図1-15は，三次元高精度海洋循環モデルを使って，サハリンの海底油田海域(サハリンII)起源の表層の粒子(海水)がどう漂流・拡散していくかをシミュレーションしたものである(Ohshima and Simizu, 2008)。10月に粒子を投下した場合(a)は，その直後に東樺太海流が強まるので，2～3カ月で粒子は北海道沖まで流れてくる。ただし，年々の風の違いによる表層流の違いで粒子が東樺太海流のメインストリームから外れ沖へ拡散する場合もある((b)の1999年の例)。また，春から夏に投下した場合は夏季の東樺太海流が弱いため，南下するより沖へ拡散する場合が多くなる((c)の6月に投下した例)。ただし，これらの結果は表層の海水の漂流・拡散シミュレーションであって，流出油そのもののシミュレーションではない。流出油は1週間程度で，かなりの部分は蒸発したり分解したりするので，流出油がそのまますべて東樺太海流に乗って北海道沖まで到達するものではない。

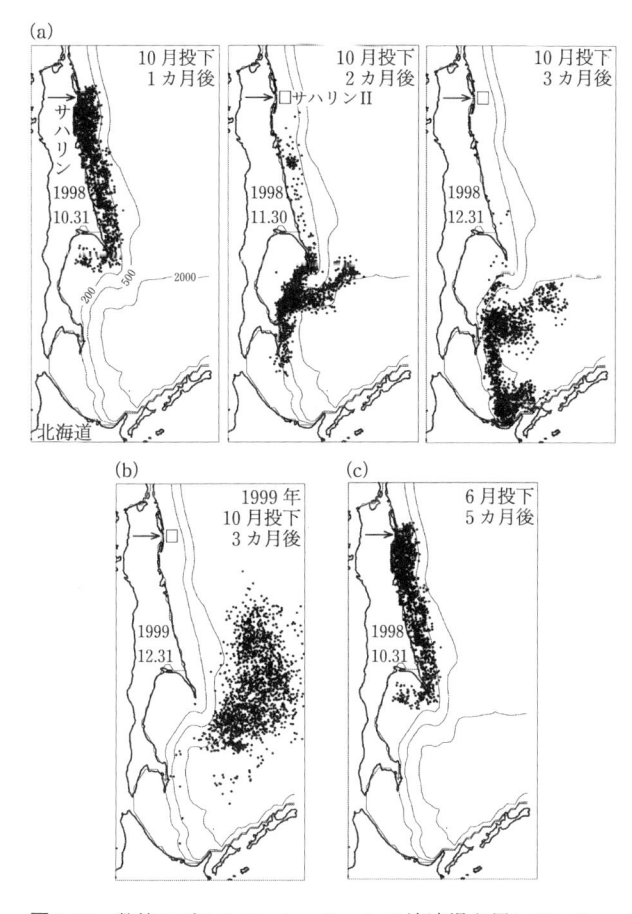

第1章　オホーツク海の海洋循環・海氷生成と温暖化の影響　33

図 1-15　数値モデルシミュレーションの流速場を用いて，サハリンⅡ海域(矢印)から1カ月間粒子を海面に投下した時の粒子の分布

(a)1998年10月に粒子を投下した場合の1カ月後，2カ月後，3カ月後の分布。(b)1999年10月に投下した場合の3カ月後の分布。(c)1998年6月に投下した場合の5カ月後の分布。細線は200, 500, 2000 mの等深線。
出所) Ohshima and Simizu(2008)より加筆・修正。

1.7 おわりに

　オホーツク海の最も基本的な環境要素である海洋循環は，最近までよく分かっていなかった．冷戦後の国際共同観測により多くのことが明らかになってきた．海洋循環は，大きく2つに分けることができる．1つは水平的な循環で，オホーツク海内には反時計回りの循環があり，その一部をなす形で，サハリン沖を南下する東樺太海流という強い海流が存在する．もう1つの循環は，鉛直（上下方向の）循環で，水平循環よりは流速としてはずっと小さいが熱や物質の循環には重要な循環である．オホーツク海から重い水が潜り込むことで北太平洋中層まで及ぶゆっくりした大きな鉛直循環が作られていることが分かってきた．

　前者の水平循環，特に東樺太海流は，サハリン油田に関わる流出油やアムール川起源の汚染物質などの漂流経路に直接関わってくるものである．汚染物質，流出油，漂流物の漂流・拡散は強い海流があると，その海流によって決まる部分が大きい．東樺太海流は，流れが強くなる秋から冬にかけては，アムール河口域やサハリン油田周辺域の海水を2～3カ月で北海道沖まで運んでしまうことになる（図1-15参照）．北海道オホーツク沿岸は，ホタテの養殖等漁業に重要な海域という他に，知床世界遺産など豊かな自然を維持している海域でもある．流出油や汚染物質に対する防御対策や漂流・拡散予測は社会的に急務となっている問題であり，そのためにも海流の動態を解明・予測することの重要性が増している．最近では，高精度数値モデルシミュレーションによって流出油を予測するシステムも開発されつつある（Yamaguchi et al., 2011）．一方過去においては，東樺太海流はオホーツク文化圏の形成に一翼を担っていた可能性がある．この海流が海氷や海獣を運び，東樺太海流沿いに1つの文化圏形成がなされていたという見方もできるかもしれない（たとえば，菊池，2003）．東樺太海流は，気候形成にとっても重要である．東樺太海流は大量の冷たい水と海氷を南へ運ぶ．海氷は凍る時マイナスの熱を潜熱として蓄え，融ける時にそれを放出する．したがって，オホーツク海の北

方でできた海水が南へ運ばれ北海道沖周辺で融けることは，北から負の熱が運ばれてきたことに相当する．北海道のオホーツク沿岸域や東部(道東)の夏季の冷涼な気候は，東樺太海流と海氷が負の熱を北から運んでくることで形成されていると考えられる(Ohshima et al., 2003)．

　後者の鉛直循環は，オホーツク海にある海氷生産工場とも言える北西部の沿岸ポリニヤで大量に海氷が生成され，重い水ができることで駆動される．重い水は，潜り込む際に鉄分などの栄養分も同時に運び，北太平洋中層全域に広がっていく．すなわち，オホーツク海は北太平洋の心臓の役割を果たしていると言える．このオホーツク海起源の鉄分が西部北太平洋域の高い生物生産を支えているという考え(中層鉄仮説)も提案されている(図1-10：詳しくは本書第2章)．さらに，この鉄分はもともとは陸面よりアムール川を介して海へ供給されていると考えられ，まさに陸が海を涵養している「巨大魚附林」という概念をもってアムール・オホーツクシステムを理解することが提唱されている(白岩，2011；詳しくは本書第5章参照)．一方で，オホーツク海は温暖化の影響を受けやすい海域であり，この50年で海氷生成量が減少，それに伴って重い水の潜り込みが減少，それが北太平洋規模での鉛直循環の弱化を引き起こしていることも分かってきた．心臓の働きが弱まってきたとも言える．そうなると，北太平洋まで含めて鉄分の供給が弱まり，生物生産量さらには漁獲量まで減少する，というシナリオも可能性としては描ける．このような仮説・シナリオの検証のためには，陸と海そして大気という圏を結ぶような，また物理・化学・生物・水産という分野を超えた学際的な研究が不可欠である．

〈参考文献〉

青田昌秋(1993)『白い海，凍る海：オホーツク海のふしぎ』東海大学出版会．

青田昌秋・石川正雄・村井克詞・平田稔雄(1993)「オホーツク海・北海道沿海の海氷密接度の長期変動」『海の研究』第2巻，第4号，pp. 251-260．

大島慶一郎・小野純・清水大輔(2008)「オホーツク海における漂流物の粒子追跡モデル実験」『沿岸海洋研究』第45巻，pp. 115-124．

菊池俊彦(2003)「考古学からみた環オホーツク海交易」『天気』第50巻，第7号，pp.

4-9.

白岩孝行(2011)『魚附林の地球環境学:親潮・オホーツク海を育むアムール川』昭和堂.

Fukamachi, Y., G. Mizuta, K. I. Ohshima, T. Toyota, N. Kimura, and M. Wakatsuchi (2006) Sea-ice thickness in the southwestern Sea of Okhotsk revealed by a moored ice-profiling sonar, *Journal of Geophysical Research*, Vol. 111, C09018, doi: 10.1029/2005JC003327.

Fukamachi, Y., K. Shirasawa, A. M. Polomoshnov, K. I. Ohshima, E. Kalinin, S. Nihashi, H. Melling, G. Mizuta, and M. Wakatsuchi (2009) Direct observations of sea-ice thickness and brine rejection off Sakhalin in the Sea of Okhotsk, *Continental Shelf Research*, Vol. 29, pp. 1541-1548, doi: 10.1016/j.csr.2009.04.005.

IPCC(2007)『第4次評価報告書』気候変動に関する政府間パネル,2007(Forth Assessment Report of the Intergovernmental Panel on Climate Change: Climate Change 2007).

Itoh, M., K. I. Ohshima, and M. Wakatsuchi (2003) Distribution and formation of Okhotsk Sea Intermediate Water: An analysis of isopycnal climatology data, *Journal of Geophysical Research*, Vol. 108, No. 3258, doi: 10.1029/2002JC001590.

Mizuta, G., Y. Fukamachi, K. I. Ohshima, and M. Wakatsuchi (2003) Structure and seasonal variability of the East Sakhalin Current, *Journal of Physical Oceanography*, Vol. 33, pp. 2430-2445.

Moroshkin, K. V. (1966) *Water masses of the Sea of Okhotsk*, Joint Publications Research Service, Washington, D.C.: U.S. Dept. of Commerce, Vol. 43942.

Nakanowatari, T., K. I. Ohshima, and M. Wakatsuchi (2007) Warming and oxygen decrease of intermediate water in the northwestern North Pacific: originating from the Sea of Okhotsk, 1955-2004, *Geophysical Research Letters*, Vol. 34, L04602, doi: 10.1029/2006GL028243.

Nihashi, S., K. I. Ohshima, T. Tamura, Y. Fukamachi, and S. Saitoh (2009) Thickness and production of sea ice in the Okhotsk Sea coastal polynyas from AMSR-E, *Journal of Geophysical Research*, Vol. 114, C10025, doi: 10.1029/2008JC005222.

Nishioka, J., T. Ono, H. Saito, T. Nakatsuka, S. Takeda, T. Yoshimura, K. Suzuki, K. Kuma, S. Nakabayashi, D. Tsumune, H. Mitsudera, W. K. Johnson, and A. Tsuda (2007) Iron supply to the western subarctic Pacific: importance of iron export from the Sea of Okhotsk, *Journal of Geophysical Research*, Vol. 112, C10012, doi: 10.1029/2006JC004055.

Ohshima, K. I., M. Wakatsuchi, Y. Fukamachi, and G. Mizuta (2002) Near-surface circulation and tidal currents of the Okhotsk Sea observed with the satellite-tracked drifters, *Journal of Geophysical Research*, Vol. 107, No. 3195, doi: 10.1029/2001JC001005.

Ohshima, K. I., T. Watanabe, and S. Nihashi (2003) Surface heat budget of the Sea of Okhotsk during 1987-2001 and the role of sea ice on it, *Journal of the Meteorological Society of Japan*, Vol. 81, pp. 653-677.

Ohshima, K. I., and D. Simizu (2008) Particle tracking experiments on a model of the Okhotsk Sea: toward oil spill simulation, *Journal of Oceanography*, Vol. 64, pp. 103-114.

Shcherbina, A. Y., L. D. Talley, and D. L. Rudnick (2003) Direct observations of North Pacific ventilation: Brine rejection in the Okhotsk Sea, *Science*, Vol. 302, No. 5652, pp. 1952-1955.

Takikawa, T., J.-H. Yoon, and K.-D. Cho (2005) The Tsushima Warm Current through Tsushima Straits estimated from ferryboat ADCP data, *Journal of Physical Oceanography*, Vol. 35, pp. 1154-1168.

Watanabe, K. (1963) On the reinforcement of the East Sakhalin Current preceding to the sea ice season off the coast of Hokkaido: Study on the sea ice in the Okhotsk Sea (IV), *Oceanography Magazine*, Vol. 14, pp. 117-130.

Yamaguchi, H., K. I. Ohshima, and N. Nakazawa (2011) Numerical prediction of spilled oil behavior in the Sea of Okhotsk under sea ice conditions, *Offshore Technology Conference*, No. OTC22123, doi: 10.4043/22123-MS.

第2章 環オホーツク海域の豊かな生態系を生み出す鉄供給システム

西岡 純

2.1 環オホーツク海域の重要性

　海洋の植物プランクトンは，海洋表層で光合成を行い有機物を作り出す1次生産者である。海洋生態系内では，植物プランクトンを動物プランクトンが食べ，それらをさらに高次の捕食者である魚が食べ，その魚を哺乳類が食べている。つまり，この海洋内の食物連鎖の底辺を支えているのが植物プランクトンなのである。

　親潮域を含む北太平洋亜寒帯域の西部海域は，水産資源の宝庫となっている。特に，北太平洋の北西部に位置する親潮域には，冷水性魚類に加え，初夏から秋季には暖水性魚類も来遊し，優良な魚場が形成されている(Sakurai, 2008)。これらの水産資源を支える親潮域の1次生産は，北太平洋の外洋域としては最も大きな年間生産量を持っている(Isada et al., 2009)。その大きな1次生産を生み出す要因を理解していくことは，我が国における水産業の保全や変動を予測する上で大変重要である。

　また，植物プランクトンの光合成によって生産された有機炭素は，沈降粒子となって深層に運ばれていく。この生物ポンプと呼ばれる過程は，大気中の二酸化炭素濃度に影響を与える重要な要因の1つであり，地球の炭素循環に果たす役割は大きいと考えられている。親潮域や西部北太平洋亜寒帯域は，生物活動による大気から海洋への二酸化炭素(CO_2)の吸収－放出量の変動が最も大きな海域であることが知られている(Takahashi et al., 2002)(口絵5)。炭素循環が関わる地球規模の気候変動を考えていく上でも，親潮域や西部北太

平洋亜寒帯域は大変重要な海域なのである。

2.2 海洋における植物プランクトンの増殖と鉄

2.2.1 高栄養塩低クロロフィル海域（HNLC海域）と「鉄仮説」

　水産業や地球規模の気候変動にとって重要な役割を持つ海洋の1次生産，つまり植物プランクトンの増殖は，何によってコントロールされているのだろうか？　光の量，海水中に含まれる硝酸塩，リン酸塩，珪酸塩などの主要栄養塩の量，また増殖速度に大きく影響を与える水温，さらに植物プランクトンがどれだけ食べられてしまうかを決める動物プランクトンによる捕食量などが植物プランクトンの増殖量を決める要因として古くから知られている。しかし，南極海や北太平洋亜寒帯域，東部太平洋赤道域では，硝酸塩，リン酸塩，珪酸塩など主要な栄養塩が高い濃度で残存し，光の条件などが十分であるにもかかわらず，植物プランクトンの増殖は低いレベルに抑えられている。このような海域は High Nutrient Low Chlorophyll（HNLC；高栄養塩低クロロフィル）海域と呼ばれている（口絵6）。HNLC海域では，植物プランクトンの増殖が栄養分を使い尽くす前に止まってしまうのだが，その理由が長い間よく分からず，海洋学に突き付けられていた1つの謎となっていた（de Baar, 1994）。しかし，最近の研究によって，これらのHNLC海域では，微量栄養物質である鉄分の不足によって植物プランクトンの増殖が抑制されていることが明らかになってきた（Boyd et al., 2007）。

　鉄が海洋の生物にとって不足しやすい元素であることについては，1930年代から指摘されていたが（Gran, 1931; Hart, 1934; 1942），海洋における鉄分の正確な濃度の分析の難しさから，1980年代後半まで栄養素としての鉄分の重要性は定量的に議論することができなかった。1980年代に海水中の超微量な鉄の分析技術が開発されると，アメリカ・モスランディング（Moss Landing）海洋研究所のジョン・H・マーチン（John H. Martin）博士（故人）は，これを栄養塩の残存する海域で応用し，海洋表層の鉄濃度がごく低濃度であ

ることを明らかにした。そこでマーチン博士らは「海洋は鉄不足である，だから植物プランクトン増殖が抑制され栄養塩が残存する」と提案した。また彼らの考えは「過去の気候(大気中のCO_2)を制御していたのも，大気ダストによる南極海への鉄供給量であろう」という仮説にまで発展し，彼らは両者を合わせて「鉄仮説」として提唱した(Martin, 1990)。1990年代前半，この「鉄仮説」は，"海洋生態系にとって鉄は本当に重要なのか?"という点で大きな議論となった。その後，生物生産や炭素循環の研究分野にとっても微量栄養物質として鉄が興味の対象となり，一部では1990年代は「海洋学における鉄の時代」と呼ばれ(Coale et al., 1999)，海洋の鉄と植物プランクトンに関わる研究の数が飛躍的に増加した。その結果，近年になってようやく，各海域における正確な鉄の分布と，生物生産や炭素循環に果たす鉄の役割に関する知見が蓄積されるようになってきた。

　余談になるが，マーチン博士によって提唱されたこの「鉄仮説」は，HNLC海域に鉄を散布することで植物プランクトンの増殖を人為的に促進させて，海洋生物ポンプ(海洋生態系を介した海洋中深層への炭素固定)の効率を上げ，大気中CO_2の海洋への取り込みを高めるという地球温暖化対策案にも発展した。1997年に京都で行われた気候変動枠組条約第3回締約国会議(COP 3)後に，CO_2排出権取引の世界的な市場が生まれる可能性が指摘され，この鉄散布による大気中CO_2の海洋への固定についても欧米のベンチャー企業による特許取得の動きが見られるようになった。しかし当時，鉄散布による海洋生物ポンプの促進効果については，炭素の固定量や環境への影響などの不確定な要素が多く含まれており，科学的な検証・評価が求められていた。このような背景も後押ししたため，その後国内外で多くの研究費がつぎ込まれ，鉄と植物プランクトンの研究は飛躍的に進展した。その結果，海洋の物質循環における鉄の重要な役割が次々に明らかになった。

2.2.2　海洋鉄肥沃化実験

　実海域における鉄と植物プランクトンの研究は，当初実験手法として，船上に海水をくみ上げボトルに閉じ込めて培養する「ボトル培養実験」を中心

に展開された(Martin and Fitzwater, 1988; Martin et al., 1989; de Baar et al., 1990; Coale, 1991; Takeda and Obata, 1995; Boyd et al., 1996)。この方法は，HNLC海域の植物プランクトンが生理的に鉄不足であることを示すには十分であったが，鉄の重要性を決定付けるには至らなかった。なぜなら，HNLC海域で植物プランクトンが主要な栄養塩を使い尽くすまで増殖できない理由として，ボトル実験で再現できない動物プランクトンの捕食や光の環境なども原因であると考えられていたためだ(Banse, 1990; Cullen, 1991)。

「鉄仮説」を検証するためには，鉄添加に対する多種の生物群で構成される海洋生態系全体の応答を明らかにする必要があり，これらの問題を解決したのは，実海域に人為的操作を加えて実験系として利用するマニピュレーション(人為操作)実験であった。それは「海洋鉄肥沃化実験」と呼ばれ，1991年にイギリスのプリマス(Plymouth)海洋研究所に所属していたワトソン(Watson)博士らによって提案されたもので(Watson et al., 1991)，実海域表層に水塊トレーサー(不活性ガスであるSF_6)とともに鉄を数十〜百km^2のスケールで散布し，海洋生態系の応答を観測する実験であった。1993年にマーチン博士を中心としたグループによって，東部太平洋赤道域で世界初の「海洋鉄肥沃化実験」が実施された(マーチン博士自身はこの鉄散布実験の3カ月前に亡くなった)(Martin et al., 1994)。その後2009年までに，世界中の海洋学者によって，南極海，北太平洋亜寒帯域，東部太平洋赤道域で13回の小規模(数百km^2〜スケールの散布域)な「海洋鉄肥沃化実験」が実施されている(Boyd et al., 2007)。実施された「海洋鉄肥沃化実験」は，どの海域の実験においても海洋学的には鉄の役割に関する重要な知見を数多くもたらすという点で大成功を収めた(de Baar et al., 2005; Boyd et al., 2007)。

2.2.3 北太平洋亜寒帯域における鉄の役割

北太平洋亜寒帯域で行われた「海洋鉄肥沃化実験」(Tsuda et al., 2003; Nishioka et al., 2003; Boyd et al., 2004)では，それまで鉄不足が議論されていた東部アラスカ湾だけでなく，西部海域においても鉄の供給が1次生産を増大させ，植物プランクトンの種組成，有機炭素生成量をコントロールする要因である

第2章　環オホーツク海域の豊かな生態系を生み出す鉄供給システム　43

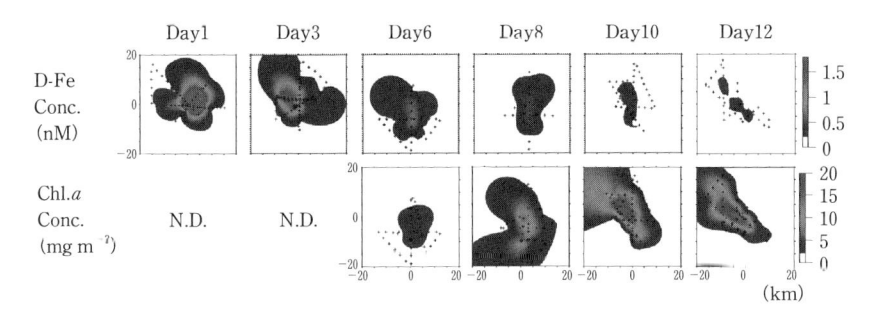

図2-1　西部北太平洋亜寒帯域で実施した「海洋鉄肥沃化実験」の結果
実験期間中(Day 1～12)の溶存鉄(D-Fe)濃度の変化(上段)と植物プランクトン色素濃度(下段)の変化
出所)　Tsuda et al. (2003) を加筆修正。

ことを示し，当該海域における鉄の重要性を確実なものにした(図2-1)。また他海域で実施された実験と比較すると，西部北太平洋亜寒帯域は，鉄散布に対する植物プランクトン応答のポテンシャルが他のHNLC海域に比べて大きいことが示された。

　この一連の「海洋鉄肥沃化実験」は，鉄分がHNLC海域の植物プランクトンの増殖量を制御する元素であることを明らかにした。つまり，北太平洋亜寒帯域でも，植物プランクトンの増殖はどれだけ鉄分が入ってくるかによってコントロールされていることが示されたのである(Tsuda et al., 2003, Boyd et al., 2004)。しかし一方で，外洋の実海域で起こっている鉄供給過程や，自然界での鉄の供給と植物プランクトン増殖量の変動の関係はよく分かっていなかった。たとえば，西部北太平洋亜寒帯域の西端にある親潮域では，春季の植物プランクトンの大増殖(ブルーム)が観測されるが，この春季の植物プランクトン増殖を生み出す鉄がどこから供給されているかは未解明であった。自然界の生物生産の豊さを生み出す要因を探るためには，これまで研究の進んでいなかった海洋への「鉄の供給システム」を明らかにする必要があったのだ。

2.3 自然界の植物プランクトン生産を生み出す鉄供給システム

2.3.1 環オホーツク海域の生態系と鉄の分布

オホーツク海とその周辺海域に注目する。注目の対象となる海域にはオホーツク海に面した親潮域，西部北太平洋が含まれ(図2-2)，本章ではこの海域を「環オホーツク海域」と呼ぶこととする。本章の冒頭にも記したが，環オホーツク海域では植物プランクトン生産の大きな季節的変動が観測されている(Takahashi et al., 2002)。特に親潮域では，春季に植物プランクトンブルームが見られることが報告されている(Saito et al., 2002)。この植物プランクトンブルームが高次の生態系を支えているため，環オホーツク海域は世界でも有数な水産資源の豊富な海域となっている(Sakurai, 2008)。

しかしなぜ環オホーツク海域では植物プランクトンブルームが起こるのだろうか？　前記したとおり鉄分が海洋の植物プランクトン増殖の制限要因に

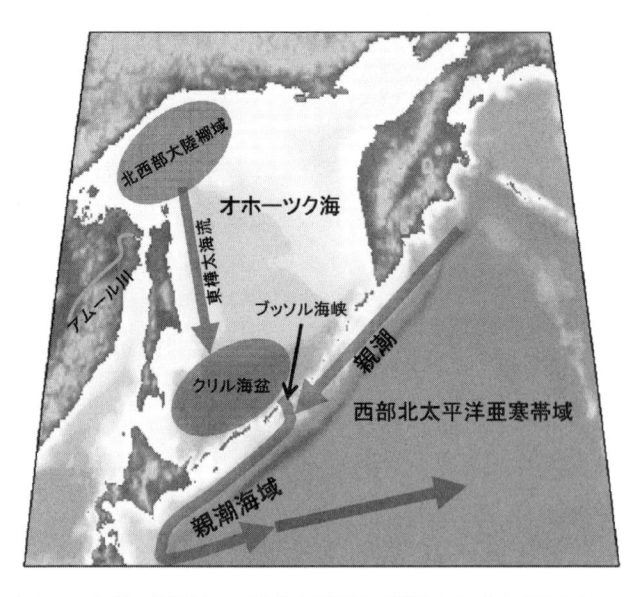

図 2-2　オホーツク海，親潮域，西部北太平洋亜寒帯域から成る「環オホーツク海域」

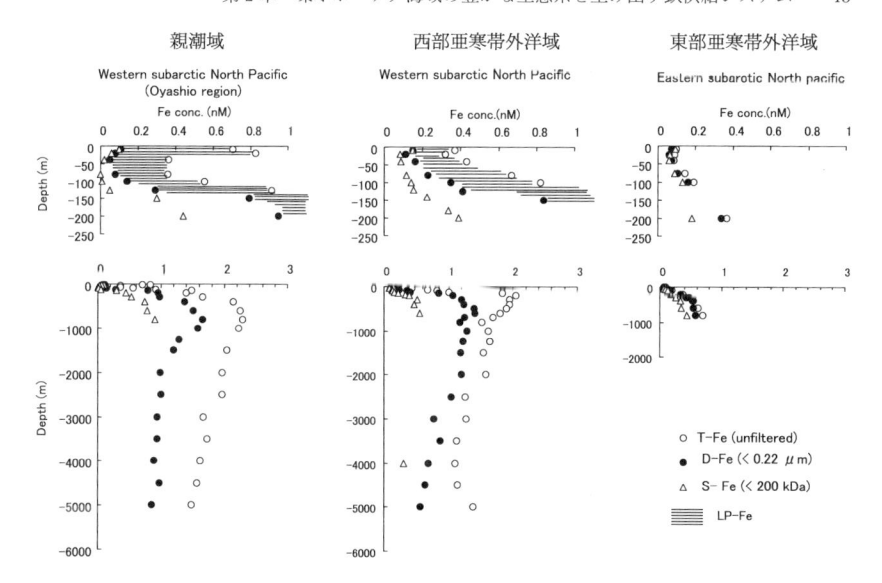

図 2-3 親潮域，西部亜寒帯外洋域，東部亜寒帯外洋域における鉄濃度鉛直分布
○全鉄濃度(T-Fe)　●溶存鉄(D-Fe)　△ Soluble Fe
出所）Nishioka et al. (2003) を加筆修正。

なりうることから，海洋で植物プランクトンが増殖するメカニズムを理解するためには，海洋表層への鉄の供給過程と量を把握していく必要がある。つまり，「環オホーツク海域の親潮域・西部北太平洋亜寒帯域が，なぜ豊かな生態系を持つのか？」を解明するためには，植物プランクトンの増殖を支える鉄分がいったいどこから来ているのかを明らかにする必要があるのだ。

1990年代後半には，Harrison et al. (1999; 2004) によって，北太平洋亜寒帯域の西部と東部それぞれに見られる生態系の特徴を決めている因子として，鉄の供給量の違いが取り上げられ，その重要性が指摘されている。また，北太平洋亜寒帯域の西部と東部で鉄の分布を詳細に観測した結果，西部海域の中層の鉄濃度は東部海域に比べて高く，その分布には大きな違いが見られた（図2-3）。この分布の違いは，西部海域がより多くの鉄の供給を受けていることを示唆している（Nishioka et al., 2003）。しかしその供給システムについては，当時十分に理解されていなかった。これまでは一般的に陸から離れた外

洋域の表層では，鉄は大気ダスト経由で供給されると考えられており，西部海域は黄砂の飛来による大気からの鉄供給が東部に比べ多いと報告されていた（Duce and Tindale, 1991; Measures et al., 2005）。しかし，大気ダストによって供給される鉄がどの程度1次生産に寄与しているのかは，定量的にはよく分かっていなかった。また，その後の研究で，大陸棚から海洋の循環によって外洋へ移送される鉄分によって植物プランクトン増殖が支えられている可能性が多くの海域で指摘されるようになった（Moore and Braucher, 2008）。環オホーツク海域においても，植物プランクトンブルームを生み出すメカニズムを理解するためには，従来行われていた大気ダストの研究に加えて，大陸棚を含めた海洋内の鉄の循環を明らかにしなければならなかった。

本節では，主に北海道大学低温科学研究所で実施してきた物質循環に関わる観測研究の結果を紹介する。この研究は，環オホーツク海域において，大気ダスト由来と海洋循環由来のそれぞれの鉄の供給過程が，親潮域・西部北太平洋亜寒帯域の植物プランクトン増殖に対してどのような役割を果たしているのかについて，定量的・定性的に評価することを目的として実施された。

2.3.2 環オホーツク海域の海洋循環と物質の移送

環オホーツク海域の物質循環を説明するためには，この海域特有の海洋の循環について述べる必要がある。この海洋の循環については第1章に詳しく記されているので，ここでは概観のみ記す。環オホーツク海域の海洋の循環については，ここ十数年で多くのことが明らかになってきた。1997年から2002年まで北海道大学低温科学研究所が中心となって実施した戦略的基礎研究「オホーツク海氷の実態と気候システムにおける役割の解明」（研究代表者：若土正曉，当時教授）によって，それまでは政治的な理由でほとんど実施できなかったオホーツク海内部での観測が行われるようになり，環オホーツク海域の海洋の循環像が見えてきた。アムール川河口が位置するオホーツク海北西陸棚域では，海氷生成量が非常に多く，この海氷生成に伴って多量の低温・高密度水（ブライン）が大陸棚の上に排出される。この水は「高密度陸棚水」（DSW：Dense Shelf Water）と呼ばれ，サハリン東岸沖の中層等密度面

(26.8〜27.0 σ_θ)を南下し，南部オホーツク海さらにはブッソル(Bussol)海峡を経由して北太平洋の中層(400〜800 m)へと広がっていく(本書第1章参照)(図2-2)。この DSW の影響を強く受けた陸棚底層起源の中層水と，その影響を受けて形成され北太平洋全体に広がる「北太平洋中層水」(NPIW：North Pacific Intermediate Water)には，大陸棚上の堆積物等の多くの物質が取り込まれ，オホーツク海から親潮域・西部北太平洋へ有機炭素などの物質を移送する役割を持つことが明らかになっている(Nakatsuka et al., 2002)。

しかし，オホーツク海および西部北太平洋亜寒帯域の中層循環が，鉄など微量栄養物質の移送に果たす役割については全く情報がなかった。そこで，まず，この環オホーツク海域特有の海洋の循環が，植物プランクトン増殖に必要な鉄など微量栄養物質の移送にどのように関わっているのか，環オホーツク海域の生物生産にどのように影響を与えているのかを明らかにすることを目的として，北海道大学・東京大学・総合地球環境学研究所等の日本側のグループとロシア極東水文気象研究所による共同研究が実施された。この共同研究の一環として，2006〜2010年にかけて，オホーツク海内を含む環オホーツク海域において観測航海が行われた。観測が実施された範囲を図2-4に示す。これらの航海では，鉄や栄養塩および溶存酸素の濃度など物質循環に関わる化学的情報と，植物プランクトンや動物プランクトンなどの生物量，さらに海水循環の物理情報の基礎となる水温や塩分などが観測された。

2.3.3　中層循環による鉄供給システム

実施されたオホーツク海の直接観測では，サハリン北部の大陸棚上において，低温で密度26.8〜27.0 σ_θで特徴付けられる DSW が，海底上の深度約300 m から海底(約490 m)に至るまでの鉛直的に広い範囲で確認された。この DSW は濁度が高く，極めて高い濃度で鉄分が含まれており，その鉄濃度は周囲の外洋の表層水より100〜1000倍以上高いことが明らかになった(図2-5)。

また DSW の影響を受けた鉄分が多い水塊は，サハリン東沖(図2-5)やオホーツク海南部のクリル海盆域でも確認された。これらの観測結果より，

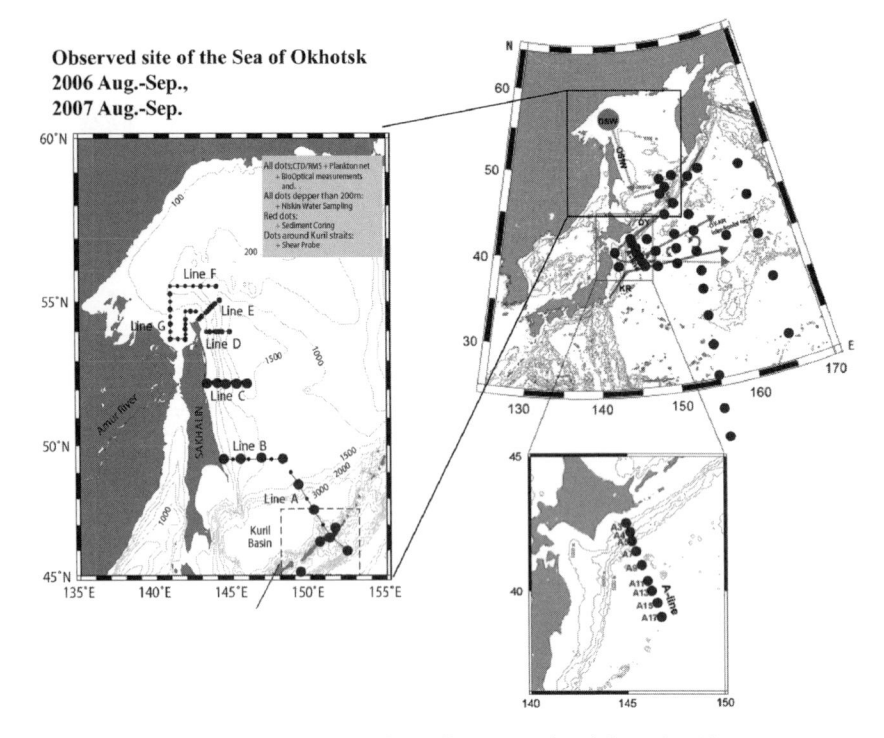

図2-4 環オホーツク海域の物質循環研究で実施した観測点

DSWには大陸棚上に存在していた鉄が取り込まれ，オホーツク海内の中層循環によって，鉄が南部オホーツク海域(クリル海盆)にまで移送されていることが分かってきた(Nishioka et al., 2007)。

　北太平洋への出口となる海峡部では，非常に強い潮汐混合が起こっているために，表面から深いところまで一様に水がよく混ざっている。海峡部で実施した観測の結果は，この混合の影響によってオホーツク海の北西部大陸棚域から中層を運ばれてきた鉄分がよく混ぜられている様子を捉えていた。図2-6に見られるように，千島列島のブッソル海峡で観測した鉄濃度鉛直分布は表層から中層にまで濃度の高い分布を示しており，海峡における強い鉛直混合の影響で，DSWの影響を受けた中層の鉄が広い深度層へ再分配されていることが確認されている。この千島海峡の混合の影響を受けた水は，親潮

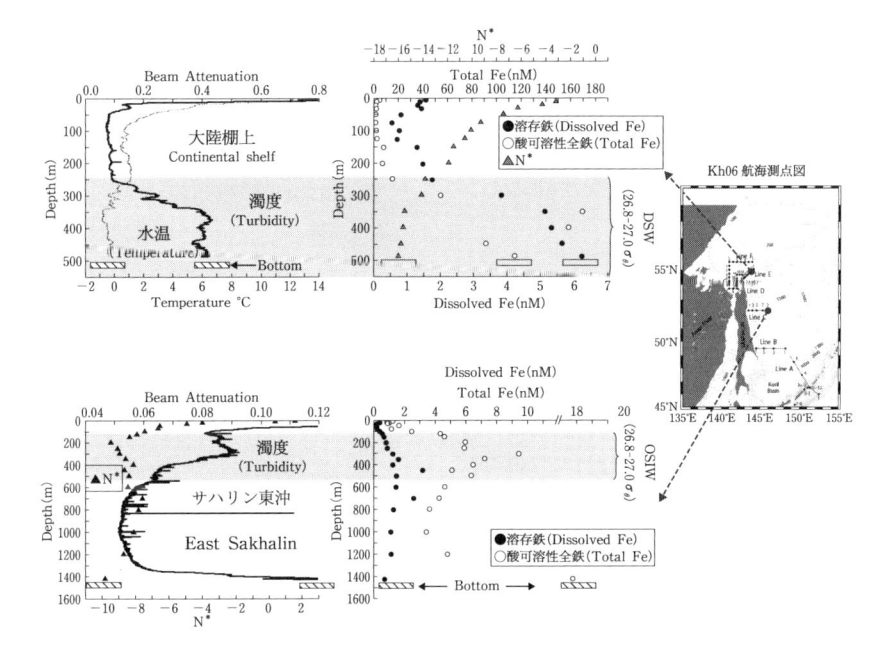

図2-5 オホーツク海北西部大陸棚上およびサハリン東沖の水温，濁度，全鉄濃度，溶存鉄濃度，N*値（負の値ほど陸棚起源水の指標となる）の鉛直分布

ハッチ部分は密度 26.8〜27.0 σ_θ
出所）西岡他(2008)を加筆修正．

域，さらには西部北太平洋亜寒帯域の表層直下から中層に広がっていることが観測されている(Nishioka et al., 2007; 2011)。また親潮域の表層における鉄分の季節的な変動を観測したところ，植物プランクトンブルーム前の冬季に鉄が供給され，春季のブルーム期にほぼ枯渇するまで減少し，その後秋季から冬季にかけて混合層が発達する時期に鉄濃度が増加する周年変動を示すことが捉えられた(図2-7)(Nishioka et al., 2011)。親潮域表層で起こる冬季混合は，千島海峡の影響を受けて鉄濃度を高めた表層直下の水塊を海洋表層に引き上げるのに十分な深度まで発達する。これまでの観測結果から推測すると，この冬季混合過程によって表層へ引き上げられる鉄のフラックス（単位面積当たりの供給量）は約 16.4 μmol/m²/yr と見積もられ，当該海域の下層から表層に供給される年間フラックス(28.6 μmol/m²/yr)の57%を占めると試算さ

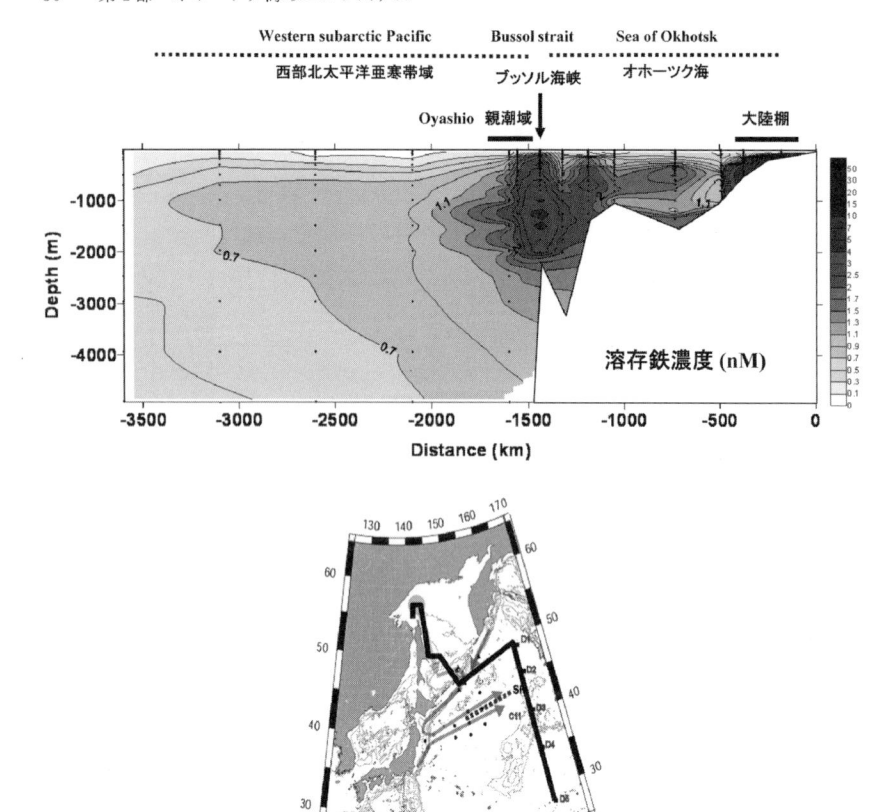

図2-6 オホーツク海−千島海峡（ブッソル海峡）−西部北太平洋亜寒帯域に沿った溶存鉄濃度の鉛直断面図
海峡部において混合の影響が見られ，鉛直的に鉄分が混ぜられている。
出所）西岡他（2008）を加筆修正。

れた（Nishioka et al., 2011）。この千島海峡における混合過程と冬季表層の混合過程を介した親潮域表層への鉄の供給は，冬季に確実に起こるため，毎年起こる春季の植物プランクトンブルームを支える重要なプロセスとなっていることが明らかになってきた（Nishioka et al., 2011）。

このように，環オホーツク海域の詳細な観測の結果，親潮域の生態系を豊

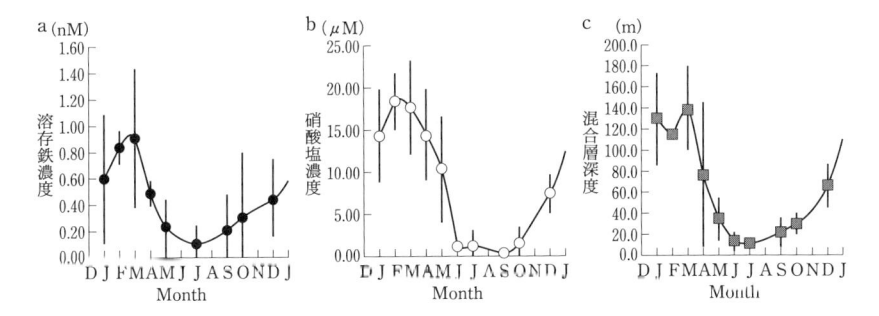

図 2-7 親潮域表層における溶存鉄(a)，硝酸塩(b)，混合層深度(c)の季節的変動
親潮域表層の溶存鉄濃度は冬季に高濃度，夏季に低濃度の周年変動を示す。
出所）Nishioka et al. (2011) を加筆修正。

かにしている自然界の鉄供給システムの存在が明らかになった。そのシステムの全体像を図2-8に示す。このシステムは，「オホーツク海の北西部の陸棚域に存在する大量の鉄分は，オホーツク海特有の海氷が駆動する中層の循環に乗って，南部のオホーツク海および北太平洋の広範囲に広がり，その一部が潮汐混合や冬季の混合によって表層に回帰し，親潮域の植物プランクトンに利用される」というものだ。我々はこれを「中層鉄供給システム」と呼ぶこととする(図2-8)。

2.3.4　大気ダストによる鉄の供給システム

本節の冒頭で記したが，親潮域・西部北太平洋亜寒帯域の1次生産を支える鉄供給過程を明らかにするには，海洋循環由来と大気ダスト由来の両方の鉄供給過程を定量的に評価する必要がある。前述のとおり，海洋内の「中層鉄供給システム」の存在が明らかになったわけだが，古くから注目されてきた大気ダスト経由による鉄の供給は重要ではないのだろうか？　あるいは大気ダスト経由の鉄はどのような点で植物プランクトンの増殖に関与しているのであろうか？

そこで，大気ダスト経由の鉄供給過程がどのような点で重要なのかを探るための研究が実施された。この研究では，親潮に隣接した釧路の海岸沿いに

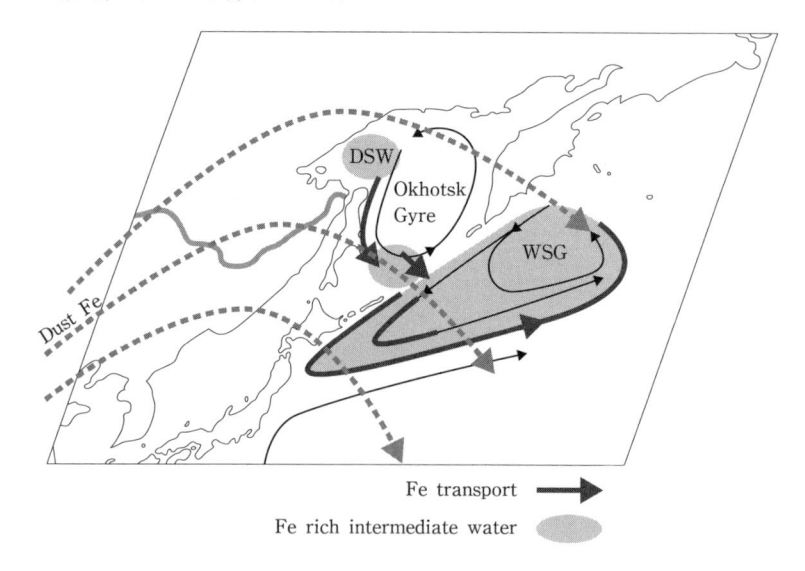

図 2-8 親潮域・西部北太平洋亜寒帯域の植物プランクトン生産を支える鉄循環の全体像

出所）Nishioka et al. (2007) を加筆修正。

　大気ダスト沈着量測定用のトラップを設置し，親潮域への大気ダスト経由の鉄供給量の季節的な変動を把握することを試みた。この観測は 2007 年 11 月から 2009 年 10 月まで実施されており，トラップは 2 週間ごとに交換して試料が集められた（一部断続的）。そのトラップ内に集められたダストに含まれる鉄分を分析することで，どのくらいの鉄分が，どのくらいの頻度でダストによって運ばれ，海に沈着しているのかを推定した。

　この釧路沿岸のサイトにおける大気ダスト沈着量観測の結果を図 2-9 に示す。このデータを基に，大気ダスト由来の鉄の供給が植物プランクトン増殖に与えるインパクトが評価できる。トラップ内に沈着した鉄量を，親潮域に降り注ぐ鉄と仮定する。さらに，大気ダストは大陸より数日スケールで飛来すると考えられるので，2 週間ごとに集めたサンプルは 1 ダストイベントが沈着した量と仮定する。この突発的なダストイベントの沈着量には季節的な特徴が見られた。冬季から春季にかけて比較的鉄沈着量の大きなイベントが

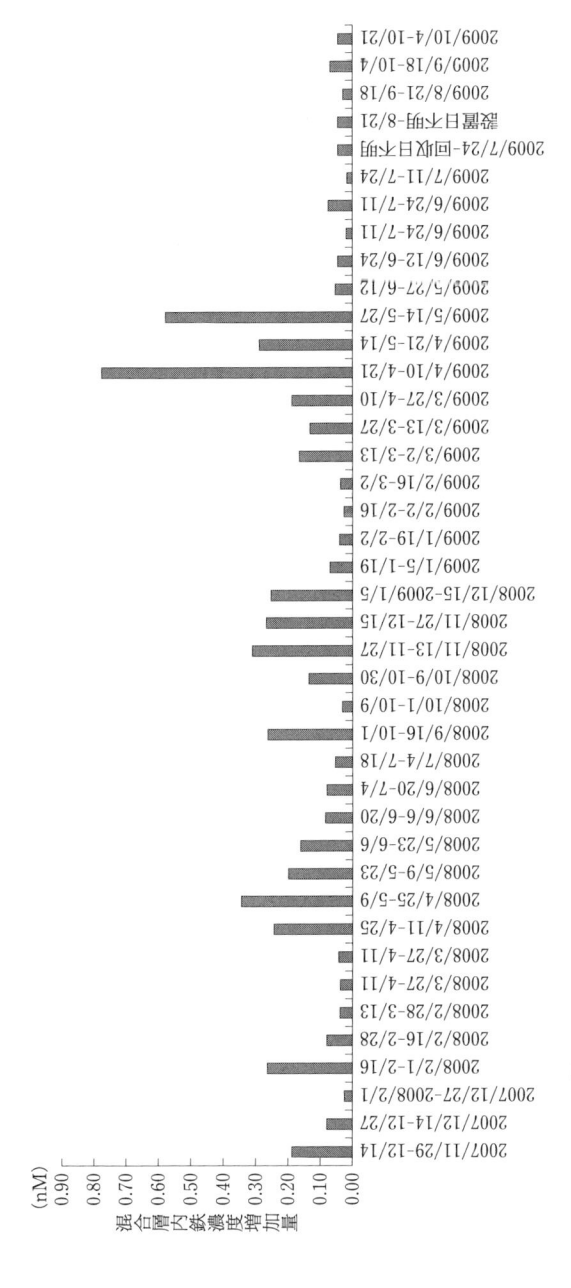

図 2-9 大気ダストイベントごとの混合層内溶存鉄濃度増加量（ダスト鉄の溶解度 2％として計算）

観測され，6月以降の夏季から秋季は沈着量が低いレベルで維持された。この結果からは，釧路のサイトが太平洋高気圧に覆われるなど，気圧配置による大陸からの低気圧の移動ルートの季節的な違いが影響していると考えられた。親潮域の混合層深度と鉄の海水への溶解率（2%と推定（Ooki et al., 2009））を考慮して計算した場合，1回のイベントで入ってくる溶存鉄量は0.26～26 μmol Fe/m^2/event，1イベントで高められる表層の鉄は，0.03～0.78 nMと推定される。この見積もりからは，海域の鉄濃度が0.2 nMを超えるイベントが年間に6回程度，0.5 nMを超えるイベントは1～2回程度起こると評価される。大型の植物プランクトンの光合成活性を高めるためには少なくとも0.2～0.5 nM以上の溶存鉄が必要だとすると，春先に年数回程度，植物プランクトン増殖にインパクトを与えるイベントが発生していることになる。

2.3.5　2つの鉄供給システムの役割

ここで，これまでに明らかになってきた親潮・西部北太平洋亜寒帯域の鉄供給過程についてまとめる。鉄の供給過程には，陸起源大気ダストの海洋表層への沈着と，海洋内部の中層循環による大陸棚起源の鉄の移送の2つの経路が存在している。海洋内部の循環による「中層鉄供給システム」は，明瞭な季節的変動を駆動する供給過程であり，中層循環によるオホーツク海からの高い鉄濃度水塊の移送，千島海峡の混合過程を介した鉄濃度の再分配，冬季の混合層発達による高鉄濃度水塊の表層への回帰などが重要なプロセスとして挙げられる。この海洋循環で供給されている鉄分は，毎年春季に起こる植物プランクトンのブルームを生み出すために利用されている。一方，大気ダスト経由の鉄は，冬季～春季にイベント的に供給されており，バックグランドにある海洋循環で決まる鉄濃度の周年変動に上乗せして，突発的に，また空間的には不均一に供給されるものであると考えられる。表層の鉄濃度の周年変動に影響を与えるレベルの供給量ではないが，年間に数回程度，植物プランクトン増殖にインパクトを与えるレベルの鉄を供給するイベントが発生している可能性が示された。しかし，大気ダストを介した鉄の供給量を定量的に評価するためには，生物学的にインパクトを与える範囲，実際の溶解

率，ダストの表層での滞留時間などが課題として残されている。

これらの研究によって，「中層鉄供給システム」は毎年恒常的に起こる植物プランクトンの春季ブルームを支える鉄の供給を担っていることが示され，「大気ダストによる鉄供給システム」は突発的に起こる植物プランクトンの増殖に関わっていることが推測された。つまり，それぞれの鉄の供給過程は，親潮域・西部北太平洋亜寒帯域の植物プランクトンの増殖に対して，それぞれ違った形の役割を果たしていることが見えてきたのだ(図2-10)。

2.4 環オホーツク生態系システムの将来の予測と保全

本章で紹介したように，オホーツク海大陸棚から親潮域・西部北太平洋亜寒帯域にかけて鉄を移送し生物生産を促す自然界のシステムが実際に存在することを，科学的なデータをもって確認することができた。また，大気ダストによる鉄の供給も，突発的に植物プランクトンの増大を生み出すことで，環オホーツク海域の生物生産を支えている可能性が示された。今後，このような海洋の生物生産を支える自然界のシステムがどのように変化していくのかを，我々は定量的に理解し注視していく必要がある。たとえば，中層の循環が地球温暖化によって弱まった時，このシステムは大きな影響を受ける可能性がある。現に海氷の減少による中層循環の弱化や，親潮域の生物生産がこの30年で減少傾向にあることが既に報告されている(Nakanowatari et al., 2007; Ono et al., 2002)。また，数値シミュレーションは，大気ダストの量も今後の気候変動に伴って変化することを予測している。今後，環オホーツク海域の鉄供給システムがどのように変化していくのかを科学的知見を基に捉えていくことは，我が国の水産資源の保護と持続的利用のためにも大変重要なのである。

また本章で紹介したように，人類は海洋に鉄を撒いて生態系を変化させる実験を実施した。この実験で示されたように，人間の力ではせいぜい年に数回，数百～数千 km^2 スケールで鉄を供給することしかできない。これに対し，本章で取り上げた自然界の鉄供給システムは，到底人間の力ではできな

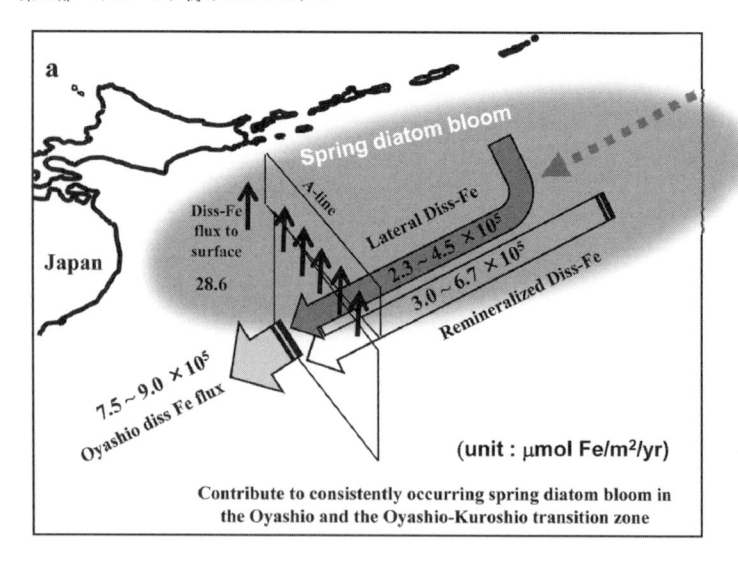

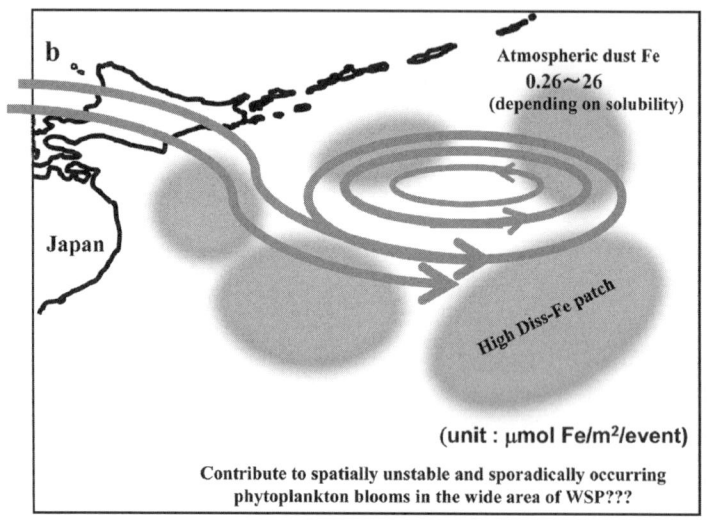

図 2-10 親潮海域における中層循環を介した鉄の供給過程(上)および大気ダストを介した鉄の供給過程(下)の定性的・定量的比較と植物プランクトン生産に果たす役割の概要図
 出所) Nishioka et al. (2011) を加筆修正。

い桁はずれの時空間スケールで，海洋へ脈々と鉄を供給し続けているのだ。しかし一方で，この偉大な自然界のシステムは，全人類の繁栄の代償として起こっている気候変動の影響を受けやすい脆弱なシステムであることも見えてきた。我々は，この偉大で脆弱なシステムを，いかに保全して利用していくかを考えていかなければならないのである。

〈謝辞〉

　本章で紹介した内容は，これまでに著者が参加してきた複数の研究プロジェクト（OPES，SEEDS I，SEEDS II，アムール・オホーツクプロジェクト，親潮域時系列観測，W-Pass 他）で得られた成果より，環オホーツク海域の鉄循環と生物生産に関わる部分をまとめたものである。これらのプロジェクトに関わってきた共同研究者の皆様には，心より感謝の意を表します。

〈参考文献〉

西岡純他(2008)「千島海峡の混合過程の生物地球化学的重要性：西部北太平洋亜寒帯域の鉄：栄養塩比に与える影響」『月刊海洋』第 50 巻，pp. 107–115．

Banse, K. (1990) Does iron really limit phytoplankton production in the offshore subarctic Pacific? *Limnology and Oceanography*, Vol. 35, No. 3, pp. 772–775.

Boyd, P. W., D. L. Muggli, D. E. Varela, R. H. Goldblatt, R. Chretien, K. J. Orians, and P. J. Harrison (1996) In vitro iron enrichment experiments in the NE subarctic Pacific, *Marine Ecology Progress Series*, Vol. 136, pp. 179–193.

Boyd, P. W., C. S. Law, C. S. Wong, Y. Nojiri, A. Tsuda, M. Levasseur, S. Takeda, R. Rivkin, P. J. Harrison, R. Strzepek, J. Gower, M. R. McKay, E. Abraham, M. Arychuk, J. Barwell-Clarke, W. Crawford, D. Crawford, M. Hale, K. Harada, K. Johnson, H. Kiyosawa, I. Kudo, A. Marchetti, W. Miller, J. Needoba, J. Nishioka, H. Ogawa, J. Page, M. Robert, H. Saito, A. Sastri, N. Sherry, T. Soutar, N. Sutherland, Y. Taira, F. Whitney, S.-K. E. Wong, and T. Yoshimura (2004) The decline and fate of an iron-induced subarctic phytoplankton bloom, *Nature*, Vol. 428, pp. 549–553.

Boyd, P. W., et al. (2007) Mesoscale iron enrichment experiments 1993–2005: Synthesis and future directions, *Science*, Vol. 315, pp. 612–617.

Coale, K. H. (1991) Effects of iron, manganese, copper, and zinc enrichments on productivity and biomass in the subarctic Pacific, *Limnology and Oceanography*, Vol. 36, No. 8, pp. 1851–1864.

Coale, K. H., K. S. Johnson, S. E. Fitzwater, R. M. Gordon, S. Tanner, F. P. Chavez, L. Ferioli, C. Sakamoto, P. Rogers, F. Millero, P. Steinberg, P. Nightingale, D.

Cooper, W. P. Cochlan, M. R. Landry, J. Constantinou, G. Rollwagen, A. Trasvina, and R. Kudela (1996) A massive phytoplankton bloom induced by an ecosystem-scale iron fertilization experiment in the equatorial Pacific Ocean, *Nature*, Vol. 383, pp. 495-501.

Coale, K. H., P. Worsfold, and H. J. W. de Baar (1999) Iron Age in Oceanography, *EOS*, Vol. 80, No. 34, pp. 377-382.

Cullen, J. J. (1991) Hypotheses to explain high-nutrient conditions in the open sea, *Limnology and Oceanography*, Vol. 36, No. 8, pp. 1578-1599.

de Baar, H. J. W. (1994) von Liebig's law of the minimum and plankton ecology, *Progress in Oceanography*, Vol. 33, pp. 347-386.

de Baar, H. J. W., A. G. J. Buma, R. F. Nolting, G. C. Cadee, G. Jacques, and P. J. Treguer (1990) On iron limitation of the Southern Ocean: experimental observations in the Weddell and Scotia Seas, *Marine Ecology Progress Series*, Vol. 65, pp. 105-122.

de Baar, H. J. W., et al. (2005) Synthesis of iron fertilization experiments: From the iron age in the age of enlightenment, *Journal of Geophysical Research*, Vol. 110, C09S16, doi: 10.1029/2004JC002601.

Duce, R. A., and N. W. Tindale (1991), Atmospheric transport of iron and its deposition in the ocean, *Limnology and Oceanography*, Vol. 36, No. 8, pp. 1715-1726.

Gran, H. H. (1931) On the conditions for the production of plankton in the sea, *Rappt. Proces-verbaux Reunious, Conseil Perm. Intern. Exploration Mer.*, Vol. 75, pp. 37-46.

Harrison, P. J., P. W. Boyd, D. E. Varela, S. Takeda, A. Shiomoto, and T. Odate (1999) Comparison of factors controlling phytoplankton productivity in the NE and NW subarctic Pacific gyres, *Progress in Oceanography*, Vol. 43, pp. 205-234.

Harrison, P. J., F. A. Whitney, A. Tsuda, H. Saito, and K. Tadokoro (2004) Nutrient and phytoplankton dynamics in the NE and NW gyres of the Subarctic Pacific Ocean, *Journal of Oceanography*, Vol. 60, pp. 93-117.

Hart, T. J. (1934) On the phytoplankton of the southeast Atlantic and the Bellingshausen Sea, 1929-1931, *Discovery Reports*, Vol. 8, pp. 1-268.

Hart, T. J. (1942) Phytoplankton periodicity in Antarctic surface waters, *Discovery Reports*, Vol. 21, pp. 261-365.

Isada, T., A. Kuwata, H. Saito, T. Ono, M. Ishii, H. Yoshikawa-Inoue, and K. Suzuki (2009) Photosynthetic features and primary productivity of phytoplankton in the Oyashio and Kuroshio-Oyashio transition regions of the northwest Pacific, *Journal of Plankton Research*, Vol. 31, pp. 1009-1025.

Martin, J. H. (1990) Glacial-Interglacial CO_2 Change: THE IRON HYPOTHESIS, *Paleoceanography*, Vol. 5, No. 1, pp. 1-13.

Martin, J. H., and S. E. Fitzwater (1988) Iron deficiency limits phytoplankton growth in the north-east Pacific subarctic, *Nature*, Vol. 331, pp. 341-343.

Martin, J. H., R. M. Gordon, S. E. Fitzwater, and W. W. Broenkow (1989) VERTEX: Phytoplankton/iron studies in the Gulf of Alaska, *Deep-Sea Research*, Vol. 36, pp. 649-680.

Martin, J. H., K. H. Coale, K. S. Johnson, S. E. Fitzwater, R. M. Gordon, S. J. Tanner, C. N. Hunter, V. A. Elrod, J. L. Nowicki, T. L. Coley, R. T. Barber, S. Lindley, A. J. Watson, K. van Scoy, C. S. Law, M. I. Liddicoat, R. Ling, T. Station, J. Stockel, C. Collins, A. Anderson, R. Bidigare, M. Ondrusek, M. Latasa, F. J. Millero, K. Lee, W. Yao, J. Z. Zhang, G. Friederich, C. Sakamoto, F. Chavez, K. Buck, Z. Kolber, R. Green, P. Falkowski, S. W. Chisholm, F. Hoge, R. Swift, J. Yangel, S. Turner, P. Nightingale, A. Hatton, P. Liss, and N. W. Tindale (1994) Testing the iron hypothesis in ecosystems of the equatorial Pacific Ocean, *Nature*, Vol. 371, pp. 123-129.

Measures, C. I., M. T. Brown, and S. Vink (2005) Dust deposition to the surface waters of the western and central North pacific inferred from surface water dissolved aluminium concentrations, *Geochemistry Geophysics Geosystems*, Vol. 6, No. 9, Q09M03, doi: 10.1029/2005GC000922.

Moore, J. K., and O. Braucher (2008) Sedimentary and mineral dust sources of dissolved iron to the world ocean, *Biogeosciences*, Vol. 5, pp. 631-656.

Nakanowatari, T., K. I. Ohshima, and M. Wakatsuchi (2007) Warming and oxygen decrease of intermediate water in the northwestern North Pacific, originating from the Sea of Okhotsk, 1955-2004, *Geophysical Research Letters*, Vol. 34, L04602, doi: 10.1029/2006GL028243.

Nakatsuka, T., C. Yoshikawa, M. Toda, K. Kawamura, and M. Wakatsuchi (2002) An extremely turbid intermediate water in the Sea of Okhotsk: Implication for the transport of particulate organic matter in a seasonally ice-bound sea, *Geophysical Research Letters*, Vol. 29, No. 16, 1757, 10.1029/2001GL014029.

Nishioka, J., S. Takeda, I. Kudo, D. Tsumune, T. Yoshimura, K. Kuma, and A. Tsuda (2003) Size-fractionated iron distributions and iron-limitation processes in the subarctic NW Pacific, *Geophysical Research Letters*, Vol. 30, 1730, doi: 10.1029/2002GL016853.

Nishioka, J., T. Ono, H. Saito, T. Nakatsuka, S. Takeda, T. Yoshimura, K. Suzuki, K. Kuma, S. Nakabayashi, D. Tsumune, H. Mitsudera, Wm. K. Johnson, and A. Tsuda (2007) Iron supply to the western subarctic Pacific: Importance of iron export from the Sea of Okhotsk, *Journal of Geophysical Research*, Vol. 112, C10012 doi: 10.1029/2006JC004055.

Nishioka, J., T. Ono, H. Saito, K. Sakaoka, and T. Yoshimura (2011) Oceanic iron supply mechanisms which support the spring diatom bloom in the Oyashio region, western subarctic Pacific, *Journal of Geophysical Research*, Vol. 116, C02021, doi: 10.1029/2010JC006321.

Ono, T., K. Tadokoro, T. Midorikawa, J. Nishioka, and T. Saino (2002) Multi-decadal decrease of net community production in the western subarctic North Pacific, *Geophysical Research Letters*, Vol. 29, doi: 10.1029/2001GL014332.

Ooki, A., J. Nishioka, T. Ono, and S. Noriki (2009) Size dependence of iron solubility of Asian mineral dust particles, *Journal of Geophysical Research*, Vol. 114, D03202, doi: 10.1029/2008JD010804.

Saito, H., A. Tsuda, and H. Kasai (2002) Nutrient and plankton dynamics in the Oyashio region of the western subarctic Pacific Ocean, *Deep-Sea Research Part II*, Vol. 49, pp. 5463-5486.

Sakurai, Y. (2008) An overview of Oyashio ecosystem, *Deep-Sea Research Part II*, Vol. 54, pp. 526-2542.

Takahashi, T., S. C. Sutherland, C. Sweeney, A. Poisson, N. Metzl, B. Tilbrook, N. Bates, R. Wanninkhof, R. A. Feely, C. Sabine, J. Olafsson, and Y. Nojiri (2002) Global sea-air CO_2 flux based on climatological surface ocean pCO_2, and seasonal biological and temperature effects, *Deep-Sea Research Part II*, Vol. 49, pp. 1601-1622.

Takeda, S., and H. Obata (1995) Response of equatorial Pacific phytoplankton to subnanomolar Fe enrichment, *Marine Chemistry*, Vol. 50, pp. 219-227.

Tsuda, A., S. Takeda, H. Saito, J. Nishioka, Y. Nojiri, I. Kudo, H. Kiyosawa, A. Shiomoto, K. Imai, T. Ono, A. Shimamoto, D. Tsumune, T. Yoshimura, T. Aono, A. Hinuma, M. Kinugasa, K. Suzuki, Y. Sohrin, Y. Noiri, H. Tani, Y. Deguchi, N. Tsurushima, H. Ogawa, K. Fukami, K. Kuma, and T. Saino (2003) A mesoscale iron enrichment in the western subarctic Pacific induces large centric diatom bloom, *Science*, Vol. 300, pp. 958-961.

Watson, A., P. Liss, and R. Duce (1991) Design of a small-scale in situ iron fertilization experiment, *Limnology and Oceanography*, Vol. 36, No. 8, pp. 1960-1965.

第3章　数値モデルを用いた環オホーツク地域の環境研究──将来予測へ向けて

三寺史夫・中村知裕

3.1　はじめに──環オホーツク地域について

　環オホーツク地域とはオホーツク海とその周辺の地域を指す。巨大なユーラシア大陸と太平洋にはさまれ，夏・冬ともに大陸－海洋間における温度差が極端に大きいことが特徴である。このため，環オホーツク地域には特有の季節変動があり，日本の気候形成にも重大な影響を与えている。たとえば，オホーツク海は夏でも冷たい海面水温を保ち，地表面が30度にもなる大陸との温度差を通して，オホーツク海高気圧の形成を促す。オホーツク海高気圧の停滞が長引くと梅雨明けが遅れたり，冷夏を引き起こして農作物にしばしば深刻な被害をもたらす。一方，冬にはシベリア東部で地上寒気が涵養され，シベリア高気圧が発達する。その形成は広範囲にわたる寒気の吹き出しを通し，日本を含め東アジアの冬の気候を大きく決定している。加えて，この寒気により，オホーツク海では大規模な海氷生成が起こっている。海氷（流氷）はオホーツク海を南下し，北海道オホーツク海沿岸まで到達する。それは北半球での海氷の南限であり水産業などに大きく影響するとともに，海氷を容易に見ることができる貴重な場所でもあるため有力な観光資源となっている。

　海氷の生成はオホーツク海ばかりではなく，北太平洋のほぼ全域の海洋循環にも影響を与えている。海水が凍る際，結氷点まで冷やされる上に不純物として塩（ブライン）が排出されるため，密度の高い（重い）水が作られる。この高密度水生成がオホーツク海北部の沿岸域で大規模に生じており，生成さ

れた高密度水はオホーツク海そして北太平洋全域の中層(200 m から 800 m 深程度)に広がっている(本書第1章参照)。すなわちオホーツク海は，北太平洋で最も重い海水ができる海であり，海洋中層の循環を駆動する源と言える。その際，大気に接していた海水が海洋中層に沈み込むので，大気中の酸素，二酸化炭素，フロンといった様々な気体が海洋中層に取り込まれ，北太平洋中層を「換気」する。

　また，温暖化による影響が鋭敏に現れる地域でもある。1980年代からシベリアを中心に環オホーツク地域で顕著な温暖化が進行している。この傾向はとりわけ冬に著しく，10年間に2度のペースで昇温している地域もあるほどである。シベリア高気圧は明らかに弱化しており，それに伴いオホーツク海の海氷面積も減少しつつある。

　このような温暖化傾向に加え，数年から10年スケールの気候変動も顕著である。先にも述べたように，東に太平洋，西にはユーラシア大陸という巨大な海陸分布がありオホーツク海はその狭間であること，また，北は北極圏に接し極域変動の影響を強く受けるとともに，南には世界で最も海面水温の高い赤道西太平洋があるため，大気を通して赤道変動さえ伝わってくることがその理由である。さらに，海氷の存在も大変重要である。海氷は断熱効果が高く，冬季大陸から吹き出す寒気は海氷上でもそのままの気温を保ち－50度にも達する。一方，海上に出ると大気は急激に温められて0度程度まで昇温する。すなわち海氷上と海上の大気には40〜50度もの温度差が生じ，氷のない海表面は低温にもかかわらず膨大な熱源となる。そのため海氷域の変動は熱源の大規模な変動をもたらし，大気循環をも変動させる要因となる。このように，環オホーツク地域は，その地域性と海氷の存在のため，周囲の気候帯の影響を受けつつも独自の気候システムを形成している。

　以上は環オホーツク地域の物理過程だが，生物地球化学プロセスも興味深い。オホーツク海から親潮域にかけての海域は，海洋植物プランクトンの増殖による基礎生産が大きいことで知られている。植物プランクトンは光合成を行い温暖化物質である二酸化炭素を海洋へ取り込むなど重要な役割を担うとともに，水産資源の基盤であり豊かな海の基である。最近の研究により，

この高い基礎生産は豊富な栄養塩だけでなく，海水中に微量に存在する鉄により支えられていることが明らかになってきた(本書第2章参照)．実際，オホーツク海中層は他海域に比べ鉄濃度が非常に高く，親潮中層もその影響を受け高濃度である(Nishioka et al., 2007)．

しかしながら，海洋中の鉄の分布や循環は未だ大部分が不明である．主な供給源についても議論は収まっていない．従来は大気中を風により運ばれる砂塵による供給が主と考えられていたが，現在は低温科学研究所の観測プロジェクトの成果として，アムール川起源の鉄が冬季の海氷生成に伴ってできた高密度水によって運ばれるという供給路が注目されている．重要なことは，この鉄供給路が温暖化している環オホーツク地域の真只中にあるということであり，海氷形成を媒介とした鉄供給プロセスは今後大きく変化する可能性がある．

そこで環オホーツク観測研究センターでは，環オホーツク地域の気候および環境変動のより深い理解とその将来予測のために，観測に加え，数値モデルを主な手段とした研究を進めている．特に

- シベリアから西部北太平洋に注目した，大気－海洋(・海氷)－陸面相互作用と気候システムの解明
- 環オホーツク地域の海洋循環，物質循環の3次元的描像と生態系への影響，およびその変動の解明

を進め，その基盤のもとに環境変動の予測を行いたいと考えている．本章では，夏のオホーツク海高気圧と，冬の海氷形成に関わる海洋・物質循環および気候変動に焦点を当て，数値モデル(大気や海洋の運動を，流体力学・熱力学など物理法則に基づいてコンピュータで解くこと)を主とした最近の研究について述べる．

3.2 オホーツク海高気圧

3.2.1 オホーツク海高気圧と下層雲(海霧)

　夏の環オホーツク地域の特徴は，オホーツク海高気圧という停滞性の高気圧が発生することである。これは，6～7月に発生することが多く，しばしば盛夏の8月まで停滞することもある。停滞が長引くと梅雨がなかなか明けず，北日本ではヤマセが発生するなど深刻な冷害を引き起こす。近年では1993年と2003年に顕著なオホーツク海高気圧が発生し，記録的な冷夏となった。

　オホーツク海高気圧が形成される要因の1つに海洋の低い表面水温が挙げられる。オホーツク海では，夏でも表面水温が10度程度であり，海域によっては5度程度のところさえある(図3-1)。一方，大陸の地表面温度は30度にも達する。このため，海陸間の温度差が他の地域に比べ格段に大きく，その上，オホーツク海北部はその北方が陸なので，温度傾度が逆転(北ほど暑い)さえする。これが，オホーツク海高気圧の形成を促し停滞させる要因となっている。

　ではオホーツク海上が夏にもかかわらず低温なのは，なぜだろうか。

　そのメカニズムを調べるために，大気海洋結合モデルを用いてオホーツク海高気圧を再現してみた。用いた結合モデルにおいて，大気コンポーネントには国際太平洋研究センター(IPRC)の領域気候モデル(Wang et al., 2004)を，海洋コンポーネントには東京大学気候システム研究センター(現：大気海洋研究所)で開発されたCOCO(Hasumi, 2000)を使用した。IPRC領域気候モデルは，雲の再現で優れた結果を出している大気モデルである。COCOは海洋循環を再現するために構築されたモデルで，水温・塩分や物質輸送の計算に適切な計算手法が用いられている。また海氷モデルが結合されており，夏季ばかりではなく冬季の海洋・海氷の運動も再現できることが利点である(冬季については3.3, 3.4節に述べる)。結合モデルでは，大気コンポーネントと海洋コンポーネントの間で熱や水(降水－蒸発)の交換，および風による海

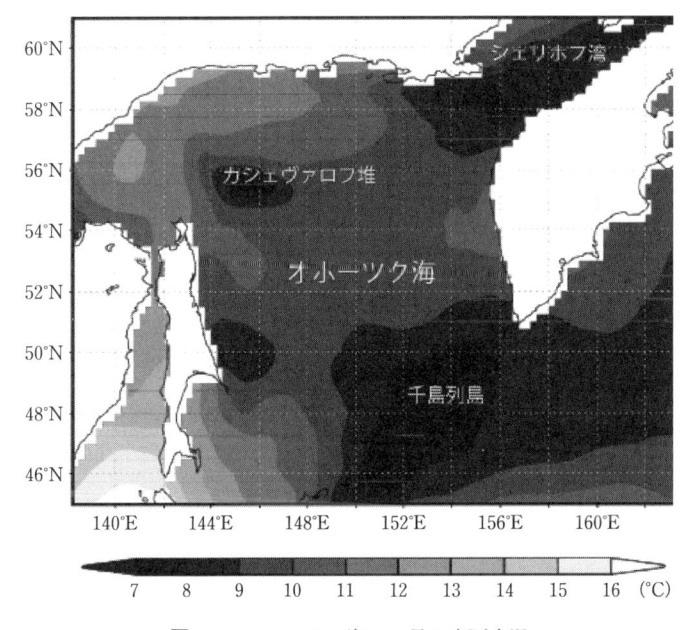

図 3-1　オホーツク海の 7 月の表面水温
出所）古関氏作成。

流・海氷の駆動を通して，大気−海洋システムの連成計算を行っている。
　モデルの領域は，環オホーツク地域の基本的な季節変動を再現するために，大気はシベリアから北太平洋の大部分を含み，海洋は北太平洋の亜寒帯・亜熱帯循環を含む領域とした。海洋の変化は大気に比べてゆっくりとしているので，数値実験では大気データを与えてあらかじめ海洋循環を 20 年間駆動しておき，その後，解析する直前の期間から結合実験を行った。夏季には太平洋高気圧，冬季にはアリューシャン低気圧とシベリア高気圧が発達するという，基本的な大気循環の季節変動を確認した。また，海洋の亜熱帯・亜寒帯循環といった海洋大循環の再現性も確かめた。
　夏季の結合実験では，オホーツク海高気圧が再現された。特徴的なのは，オホーツク海高気圧に伴って，下層雲および海霧が発生したことである（ここでは，下層雲が地面・海面に届いたものを霧としている）。口絵 7（上）は，

モデルでオホーツク海高気圧が現れた日の 1000 hPa における下層雲量と海面気圧の日平均分布である。オホーツク海に注目すると，中央部で下層雲・霧が濃く，その付近で地上気圧が高い。また，オホーツク海上における海面気温は周囲に比べて低く 10 度前後である (口絵 7 (下))。すなわち，オホーツク海高気圧が形成されたことで海上では下層雲や霧が発生し，気温が低く抑えられるという一連のプロセスが再現されている。

オホーツク海高気圧の鉛直構造を見るため，雲量とジオポテンシャル高度偏差[1] の南北断面を口絵 8 に示す。北緯 50 度から 57 度の海面付近にある雲量の濃い領域が上で述べたオホーツク海中央部の下層雲に対応している。この下層雲の高さは 950 hPa 程度までの地表付近に限られ，それに対応するかのように高気圧偏差も大きくなっている。一方，高気圧自体は比較的背が高く，対流圏上部 (200 hPa 近く) まで伸びている。こうした構造は，オホーツク海高気圧に見られる典型的構造の 1 つである。

3.2.2　夏のオホーツク海はなぜ冷たいのか

下層雲とオホーツク海高気圧の相互作用をさらに検討するため，顕著なオホーツク海高気圧が発生した 2003 年の夏季に注目した数値実験を行った (Koseki et al., 2012)。多くの実験をできるように海表面水温を観測値で与え大気モデル単独で計算を実行した。また領域もオホーツク海とその近傍に設定した。

さて下層雲の影響を見るために，標準的なパラメータを用いた実験 (標準実験) と下層雲が生じないように雲に関わるパラメータを変更した実験 (下層雲なし実験) を比較した (図 3-2)。すると，標準実験の方がより高気圧となることが分かる。特に，7 月 1 日から 11 日頃にかけて 2〜4 hPa 程度気圧が高い。この時期オホーツク海高気圧が発生しており，それに伴って標準実験では下層雲が海上を覆っていた。下層雲が発生したことで上方への放射冷却が起こり，下層がさらに冷却されて重くなる。このため，オホーツク海海上では下層雲なし実験に比べ海面気圧が増加したものと考えられる。

では，いかにして下層雲や霧は発生するのだろうか。図 3-3 がその様子を

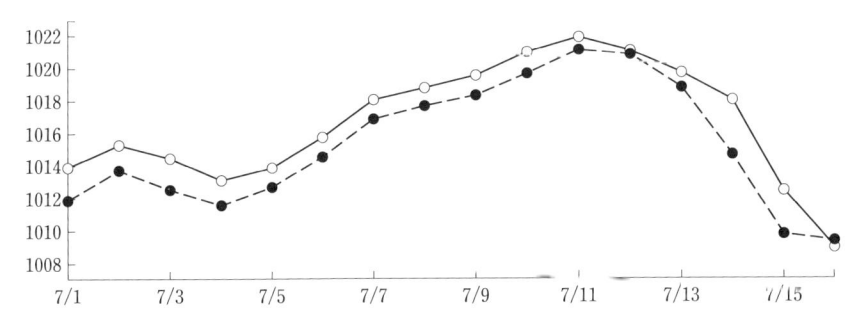

第3章　数値モデルを用いた環オホーツク地域の環境研究　67

図3-2　結合実験で得られた2003年7月オホーツク海上の気圧
(実線)標準実験，(破線)下層雲なし実験。
出所）Koseki et al. (2012) より引用。

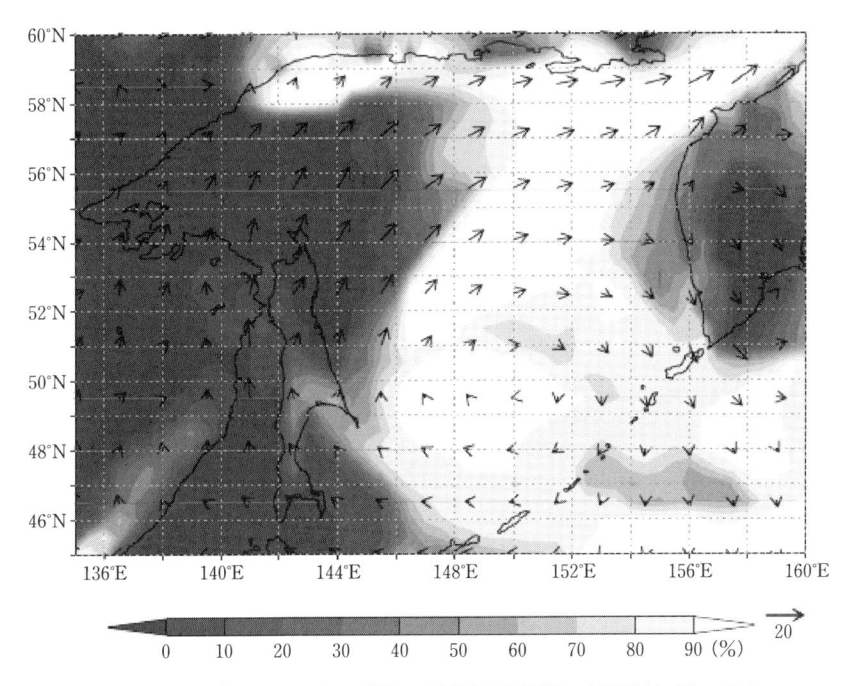

図3-3　2003年7月1日(日平均)の下層雲雲量(影)と水平風(矢印)の分布
モデル3層目の値。
出所）Koseki et al. (2012) より引用。

図 3-4　上向きの熱輸送量(顕熱)
(左)標準実験。(右)下層雲なし実験。白のコンターは 0 を表す。
出所）Koseki et al. (2012) より引用。

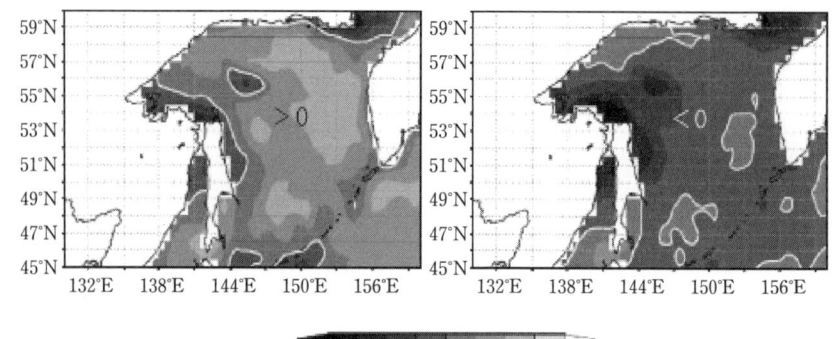

示している。大陸から空気塊がオホーツク海上に侵入した時，冷たい海面水温のため大気の冷却と湿潤化が進み，数時間後に下層雲が形成されていた。たとえば，北緯 52 度から 58 度を注目すると，下層雲は中部から東の海上にできている。風は概ね南西の陸域から吹き込んでおり，その空気は温暖で乾燥しているため，海上に出てからもしばらく雲はほとんどできていない。しかし，オホーツク海中部に達すると急激に下層雲が多くなる。この時点で大気が冷却されまた十分に湿潤化したため，下層雲が発生したことが分かる。

　重要なことは，一旦下層雲が形成されると雲から上方への放射冷却によって下部の気温がさらに下がり，逆に大気が海洋から熱を奪うようになることである。すなわち海面の方が大気より暖かくなって乱流が活発になり，海面付近の湿った空気は混合しながら下層雲へ水蒸気を供給する。そのため，オホーツク海上の大気は湿潤で冷涼なままであり，下層雲や霧が持続することになる。このことを上に述べた標準実験と下層雲なし実験の比較で見てみる。図 3-4 は海洋から大気への熱輸送量を表している(正の時に海面から熱が奪われる)。標準実験(図 3-4 左)では，海洋から大気へ熱輸送がある。これは雲から上方への放射冷却で下層大気が冷やされているためであり，冷涼な大気により，海洋は冷やされることを意味する。一方，下層雲なし実験(図 3-4

右)では，大気は冷却されないため，逆に大気から海洋に熱が奪われている。このことは，下層雲から上方への放射冷却が下層大気を冷涼に保ち，乱流混合を引き起こして海面から水蒸気の供給を受けることで下層雲が維持されるという，正のフィードバック機構を示している。

　海水温を低く保つメカニズムとしてもう1つ重要な過程がある。図3-1を見ると，千島列島沿いの海域，北西のカシェヴァロフ堆(Kashevarov)，北東のシェリホフ湾(Shelikhov)で特に低温である。オホーツク海は潮汐が大きいことでも知られており，それによって引き起こされる上下の強い混合により，海の下層の冷たい海水が湧き上がってくるのである(詳しくは3.3.2項)。これらの海域は，そのため夏でも5度程度と非常に冷たい。また，サハリン沖にも低温域が広がっている。このようにオホーツク海の縁には特に冷たい海域が存在し，これがオホーツク海周辺から吹き込んでくる空気塊の冷却に寄与している。

　以上のように，冷たい海上で一旦下層雲が発生すると海洋からさらに熱を奪い，表面水温は低温のまま維持される。また，雲に覆われると太陽からの放射も遮られる。これが，オホーツク海の海面水温をほぼ全域で10度以下という低温に保つ要因である。さらに，地表面が30度にもなる大陸との温度差のために，オホーツク海高気圧の形成にも寄与している可能性がある。

3.3　海氷の形成とオホーツク海の中層循環

　オホーツク海のもう1つの特徴は，冬になると海氷に覆われることである。海氷が生成する時に不純物である塩が氷から排出され，重い水(高密度水)が生成される。オホーツク海の北西陸棚域は大量の氷が生産される場所であるため，高密度水の供給源でもある。そして，それが海洋中層(オホーツク海では200〜500m深)に流れ出し，中層循環となってオホーツク海のみならず北太平洋にまで広がる(本書第1章参照)。この中層循環は，熱と塩が関わり密度が変化することによって生じる上下方向の循環(熱塩循環)を構成する。本節ではそのような高密度水が駆動する海洋の中層循環の仕組みとその3次

元的構造を，オホーツク海を中心に述べてみたい。

3.3.1 中層循環の駆動源――高密度水の形成過程

まず，熱塩効果による中層循環の起点となるオホーツク海北西陸棚域でのプロセスを考える。海氷から濃縮された高塩水(ブライン)が排出された時，それは周囲の海水と混合しながら陸棚上に溜まって高密度水となる。ではどのような物理プロセスを経て高密度水は形成され，その塩分や密度が決まるのだろうか。

図 3-5(上)は陸棚上における高密度水形成の数値実験結果を表している(Kawaguchi and Mitsudera, 2009)。この実験は海氷生産の大きい北西陸棚を模

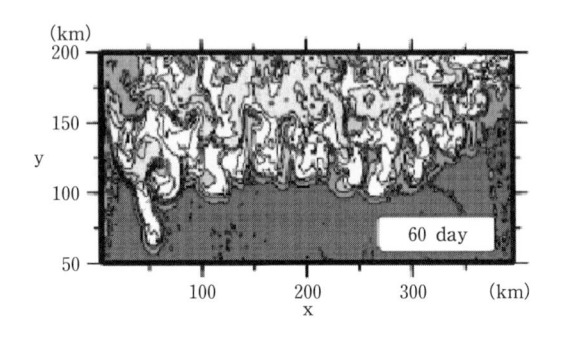

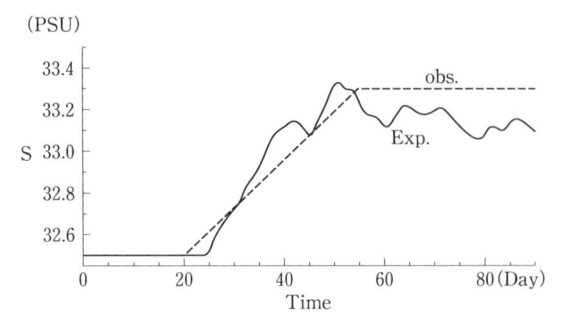

図 3-5　(上)高密度水形成の数値実験における海底面の塩分の構造，(下)北西陸棚の塩分強制による高密度水形成実験における海底塩分の時間発展(実線)
観測の大まかな発展も概念的に示した(破線)。
出所) Kawaguchi and Mitsudera (2009) より引用。

した非常に緩やかな斜面上の北端に海氷から排出されるブラインを注ぎ，高密度水の発展を見たものである。ブラインを注ぎ始めると，陸棚北端が次第に高塩化する。そして，高密度水はやがて直径数 km から 10 km の渦を形成して傾斜を下り始めることが見て取れる。地球の回転と非常に緩い斜面のため，重い水が斜面を駆け降りるというよりも，渦が塩輸送を主に担うのである。

シミュレーションによる高密度水の塩濃度変化を示したのが図 3-5(下)である。まず初期に塩濃度が徐々に上昇していく。これは海氷から排出されたブラインの総量に比例して，陸棚域の塩濃度が大きくなることを示している。しかしある程度濃くなり周囲との密度差が大きくなると，図 3-5(上)で見たように渦を発生し沖側への塩輸送が生じる。最終的には渦による沖向きの塩輸送とブラインによる塩流入が均衡した時に，高密度水の塩濃度が決まることになる(水温は，結氷点である−1.8度である)。図 3-5(下)を見ると，塩の増分は約 0.8 psu(psu は塩分の単位で，1 psu＝0.1‰)であり，観測値と良い対応を示していた。

このようにしてできた高密度水は，陸棚上を西向きに流れる沿岸流の影響を受けて西進し，サハリン島の北部沿岸に達する。そこには海谷があり，その谷に沿って潜り込みオホーツク海の中層(200〜500 m)に至る。図 3-6 は高解像度(10 km 格子程度)の海洋海氷結合モデルによる数値実験で得られた高密度水の流出の様子である(Fujisaki et al., 2011)。低温水が細い流れとなり，サハリン北部から東部海岸沿いに流出していることが分かる。

以上のとおり，高密度水は浅い大陸棚から流出し 200 m から 500 m まで沈み込むことにより中層循環を駆動する。また，高密度水が大陸棚から流れ出る時には鉄などの物質も大量に運び出す。このようにして，海氷形成とブライン排出を起源とする中層循環はサハリン東岸を通り，オホーツク海南端の千島列島に至る。

3.3.2　もう1つの熱塩効果──千島列島における潮汐混合

千島列島は高い海嶺の一部が海上に頭を出し連なることでできている列島

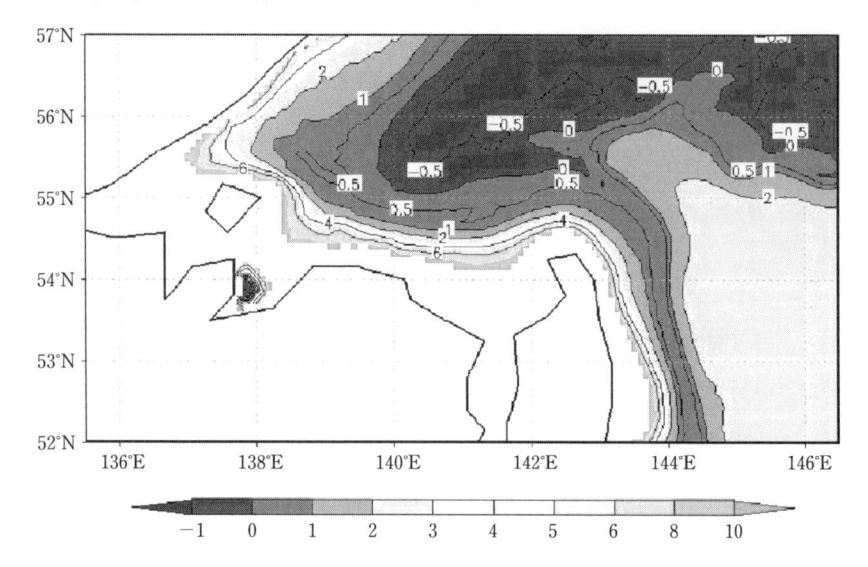

図 3-6 北西陸棚域における高密度水の水温の数値実験結果
高密度水がサハリンの北部に沿って大陸棚から流出している。
出所) Fujisaki et al. (2011) より引用。

で，大部分の海峡は浅いため，太平洋とオホーツク海間での海水交換は2つの比較的深い海峡に限られている。また，この海域では，月と太陽の引力によって励起される潮汐の振幅が大きいことが特徴である。潮汐による強い潮流が浅い海峡(高い海嶺)を乗り越える時，千島列島周辺では激しく混合が起こる。このため中層を通ってきた海水はもう一度表面の海水と混ぜられることになる。

その一例として，図3-7(右)に列島周辺の衛星赤外画像を示す。夏，太陽によって温められて水温は全体的に高くなっているが(黒っぽい部分)，千島列島の周辺だけ表面水温が低い(白い)ことが見て取れる。しかも渦のような現象があちこちで見られる。これは，潮流によって上下に強く攪拌され，下方の冷たい水が表面まで現れていることを表している。実際この周辺は，夏でも海表面水温が5度前後と，非常に低温である。

そのプロセスを見るために，潮汐混合の数値実験を示す(図3-7中央；Na-

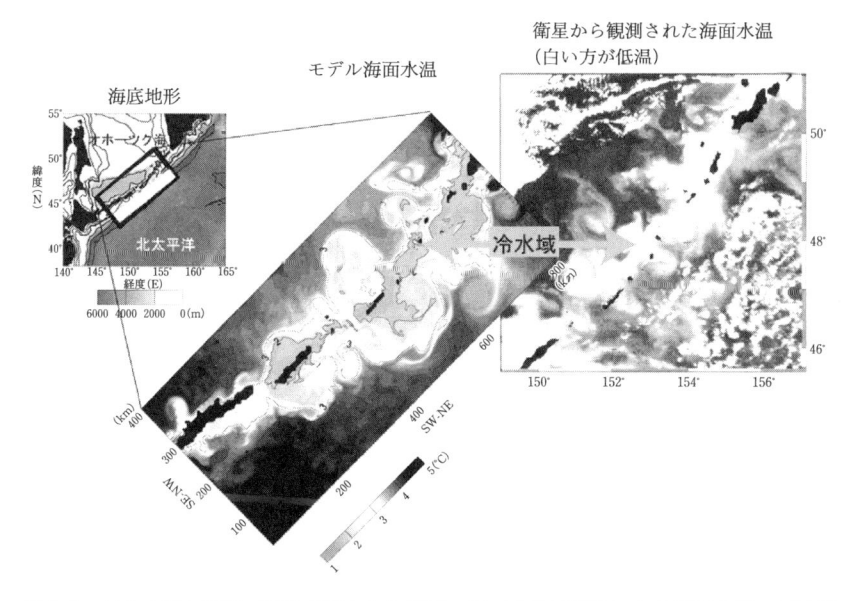

図 3-7 （左）モデル地形，四角で囲まれた領域，（中央）数値実験による海面水温，（右）衛星から観測された海表面水温
 出所）Nakamura and Awaji (2004) より引用。

kamura and Awaji, 2004)。水平格子間隔が 700 m 程度で，現在のスーパーコンピュータでも長時間の演算を必要とするほどの計算量が必要である。現実的な地形と潮汐で駆動しており，表面水温の分布は観測されたものと驚くほどよく似ている。鉛直断面では，潮流の下流側で深さ 700〜800 m までよく攪拌されていることが示されており，表面の低温水は中層から湧き上がってきたものであることが分かる。

　オホーツク海の表層は，海氷の融解や河川等による淡水供給により，常に低塩化しようとする傾向にある。一方千島列島沿いの中層では，高塩の高密度水流入に加え，北太平洋から流入する高塩の海水が混ざり合っており，表層に比して高塩である。したがって，潮汐混合による湧昇は，表層に対する塩分供給源の1つとなっている。次節で見るように，オホーツク海表層への高塩水供給は高密度水形成や中層循環にとって非常に重要である。

潮汐混合はさらに様々な物質も上下に攪拌する。たとえば微量栄養物質である鉄も千島列島沿いで上下に攪拌されて表層に取り込まれ，植物プランクトンが利用可能な状態となる。したがって，潮汐混合は中層循環のみならず物質循環にとっても，中層と表層をつなぐ重要なプロセスなのである。

3.3.3　オホーツク海中層循環の仕組み

北西陸棚域において高密度水が形成され中層へ広がるプロセスを再現するために，オホーツク海から西部北太平洋にかけての領域で数値実験を行った。モデルは3.2節で述べたCOCOを用いた。また，表層と中層とをつなぐ，高密度水の形成(海氷のプロセス)と潮汐混合の効果を取り入れている。

オホーツク海中央部から北部にかけての表層には反時計回りの循環が形成された。これは風が作る循環で，冬季に強く夏季に弱いという季節変化をする。また，海氷は2月，3月には東部域を除くオホーツク海全域を覆っており(図3-8左)，衛星で観測されている分布をよく再現した。東部で海氷が張りにくいのは，その海域に北太平洋から比較的高温高塩の海水が流入してい

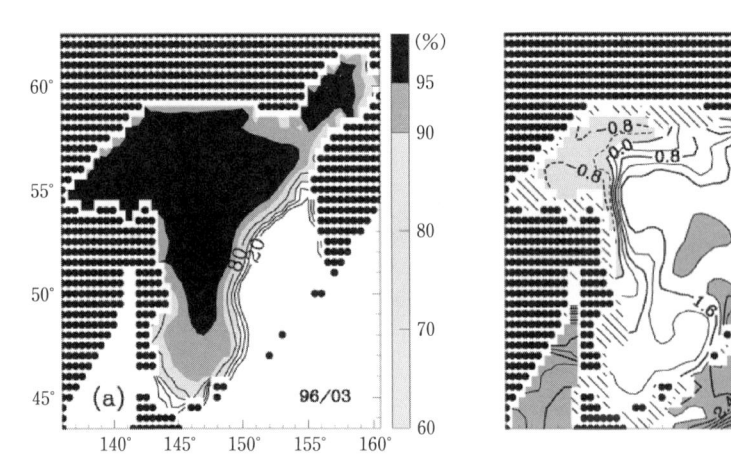

図3-8　(左)数値実験による海氷分布，(右)中層(26.8 σ_θ)の水温
σ_θについては注2を参照のこと。
出所）Uchimoto et al. (2011) より引用。

るためである．また，シミュレーションでも北西陸棚域での海氷生産量が最も多く，これまでの知見と一致している．

　次に中層の代表的な密度面である 26.8 σ_θ(水深にするとオホーツク海で 150〜300 m)の水温を見てみる(図3-8 右)[2]．低水温部が，海氷生産の多い北西陸棚域からサハリンに沿って南下するという特徴が再現されている．これが数値シミュレーションの中の高密度水である．一方オホーツク海の東部は比較的温かで，北太平洋から流入してきた海水を表す．このように，オホーツク海の中層は東西方向に温度変化が大きく，観測値のデータ解析結果(Itoh et al., 2003)と良い対応をしている．オホーツク海中層を現実的に再現したシミュレーションはそれまで例がなかったが，海氷生成，千島列島近傍での潮汐混合，および北太平洋との海水交換の効果を取り入れることで再現が可能となった(Matsuda et al., 2009)．

　このような中層循環は様々な要因で変わりうる．数値実験では外力を変化させる実験をすることで，その変動のメカニズムを探ることができる．これは，現実の海洋では不可能なことであり，数値実験の利点と言ってよい．

　中層循環の変動要因として考えられるのは，第1に気温の変化(たとえば温暖化)である．これは海氷生産量を変化させ，ブライン形成量を大きく変える．したがって高密度水形成量も気温変動に従い変化することになる．数値実験において，気温を3度程度上げた時に中層水温は0.6度程度の上昇を示した．これは観測された中層水温の上昇(本書第1章参照)を大まかに説明するものである．

　中層循環変動要因の第2は表面塩分の変化である．オホーツク海ではアムール川など河川からの淡水供給が豊富であり，また，海氷の融け水もほぼ淡水なので，どこかから高塩水の供給がないと表層はあっという間に低塩化してしまう．そうすると表層と中層の間に強い成層ができ，ブラインが供給されても成層を壊すことができず，表層と中層をつなぐ循環ができない．

　では海氷からのブラインの供給以外に，海洋表層への塩分供給はどのようになされているのだろうか．これには2つの重要なプロセスがある．1つ目は3.3.2項で述べたように千島列島沿いで起こっている潮汐による上下方向

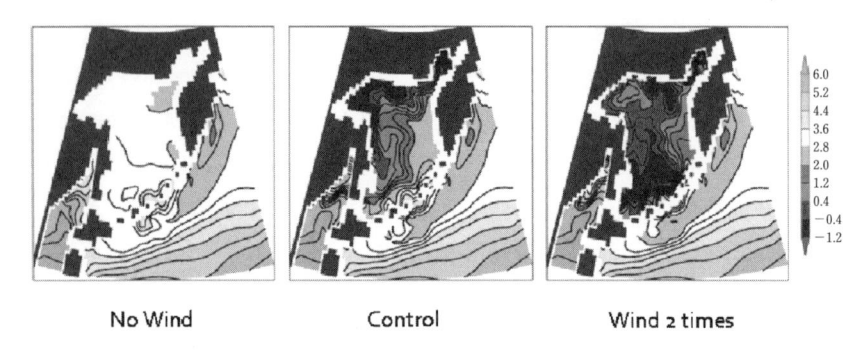

図 3-9　風応力を変化させた場合の中層($26.8\,\sigma_\theta$)における水温変化
(左)風応力ゼロ，(中央)標準実験，(右)風応力が標準実験の 2 倍。
出所) Matsuda et al. (2009) より引用。

の攪拌である．もう1つは風が駆動する表層の循環である．表層循環は高塩の北太平洋水をオホーツク海へ引き込む原動力であるとともに，オホーツク海全体に高塩水を行き渡らせるという役割を担っている．

中層循環に対する，風による表層循環の役割を示したのが図 3-9 である．風がない実験(図 3-9 左)を見ると，中層は温かい海水で覆われてしまうことが分かる．これは太平洋起源の海水であり，冷たい高密度水が中層には届いていないことを示している．風がなければオホーツク海表層に塩が行き渡らずに低塩化が進み，成層が強くなりすぎているのである．逆に風を強くすると表層が高塩化し，さらにブラインにより塩が付加されるため，中層までより多くの高密度水が達することができる．その結果中層水温は大きく低下した(図 3-9 中央と右)．したがってオホーツク海中層の循環は，海氷形成によるブライン排出量ばかりではなく，表層の風成循環によっても大きな影響を受けることが分かった．また，図は示さないが，中層から高塩水を持ち上げる潮汐混合の強弱や，アムール川からの淡水流入も，表層塩分，ひいては中層循環に重要な貢献をしていることが示された．

以上より，オホーツク海では，高密度水形成・潮汐混合による熱塩効果および風成循環によって表層と中層がつながった，3 次元的な熱塩循環が活発に生じていることが明らかになった．そのようにしてできたオホーツク海特

有の海水が，千島列島沿いの海峡を通じて太平洋と交換をしている。栄養塩などの様々な物質も，この熱塩循環に乗ってオホーツク海中層から親潮域，北太平洋へと広がっていき，環オホーツク地域の海洋を世界的に見ても豊かな海としているのである。

3.4 オホーツク海・親潮域の物質循環

　オホーツク海から親潮域にかけての高い生物生産は，亜寒帯海洋における豊富な栄養塩だけでなく，海水中に微量に存在する鉄によっても支えられている（本書第2章参照）。実際，オホーツク海の中層は他海域に比べ鉄濃度が非常に高い（Nishioka et al., 2007）。本節では，このような豊かな海を支えている物質循環の仕組みについて，物質循環のシミュレーションを通して述べたい。最終的には数値モデルを用いて，この豊かな海の将来予測を目指している。

3.4.1 物質の輸送過程——フロンのシミュレーション

　物質循環のモデリングを行う際，第1段階としてフロン（chlorofluorocarbon；CFC）のシミュレーションを行った。海洋に取り込まれた後，フロンの濃度は海流による移流や渦による拡散など物理過程によってのみ変化し，化学変化や生物への取り込みなどによる影響はない。したがってフロンのシミュレーションを行うことにより，モデルが物質の輸送過程を正しく表現できるか否かを検証することができる。さらに，北太平洋亜寒帯循環域の中層への物質輸送に重要な役割を果たしている高密度水形成と千島列島域での潮汐混合の効果についても，その相対的な役割を示すことが可能である。それに対し，鉄は単純に輸送されるだけではなく，鉄自身の化学変化や生物の作用によっても濃度が増減するため，フロンに比べより複雑である。最終的に海洋生態系にとって重要な微量栄養物質である鉄循環の再現を目指しているが，その前段階としても，プロセスが単純であるフロンのシミュレーションは大変有用である。

　図3-10にフロンの観測結果とシミュレーション結果の比較を示す

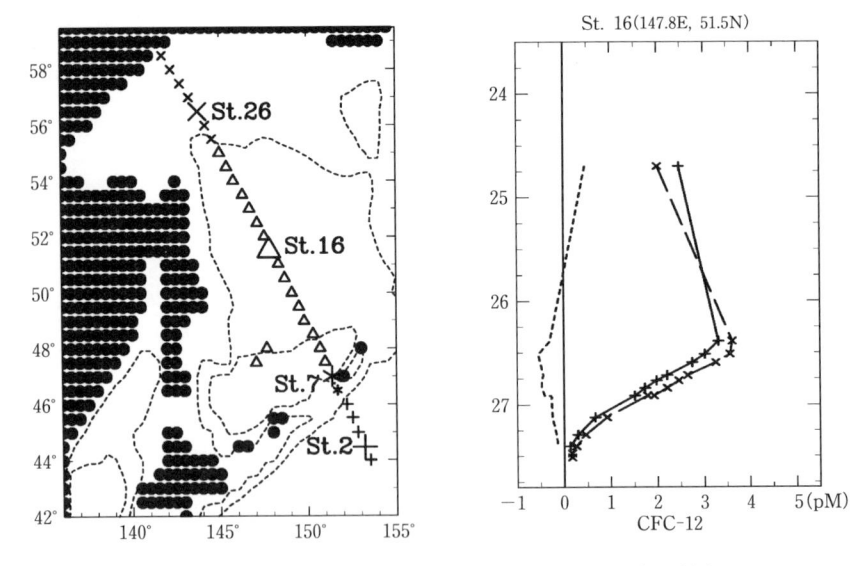

図 3-10 （左）フロン濃度のシミュレーションと観測値を比較した点，（右）St.16 における観測値（破線）とシミュレーション濃度の鉛直分布（実線）

他の点も同様に良い一致を示した。
出所）Uchimoto et al.(2011) より引用。

(Uchimoto et al., 2011)。オホーツク海を縦断する観測線（図 3-10 左）において，シミュレーションは非常に良い再現性を示した。図 3-10 右はその例で，オホーツク海の中央部の観測値とシミュレーションの比較だが，驚くほど良い対応がある。これは，海氷形成過程と千島列島の潮汐混合過程が正しく導入され，3.3 節で述べたとおり海洋中層循環が定量的に再現されたことに起因する。

図 3-11 は，等密度面におけるオホーツク海と北太平洋間におけるフロン濃度の差（ΔpCFC）を示したものである(Yamamoto-Kawai et al., 2004, Uchimoto et al., 2011)。フロンは人工的に生成された物質であり，シミュレーションを行った期間（1931～1997 年）では年代が新しくなるほど大気濃度が高い。それに伴い海洋にも海表面を通してより高濃度のフロンが溶解している。すなわち新しい（最近になって大気に接した）海水ほどフロン濃度が高く，このた

図 3-11　観測された ΔpCFC

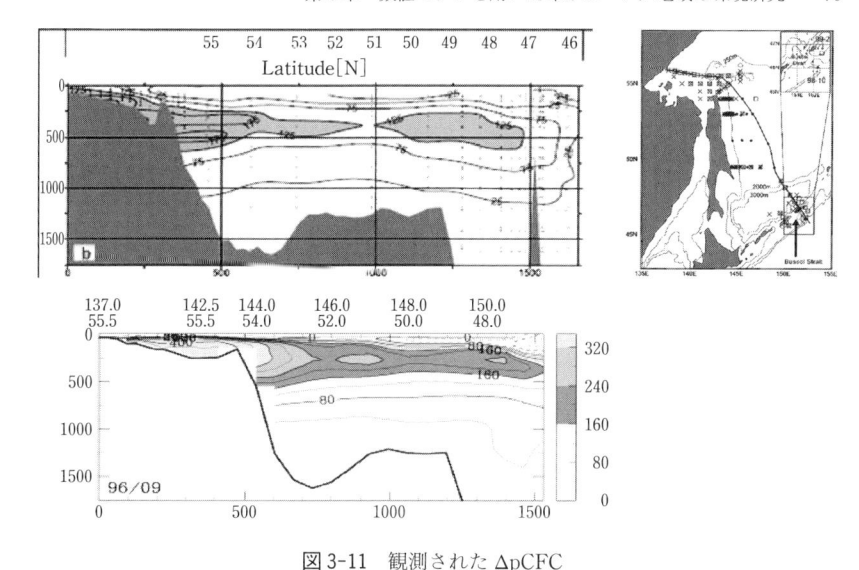

右の地図上の実線は断面の位置を表す。(下)対応する数値実験結果
出所）(上)Yamamoto-Kawai et al.(2004)より引用。(下)Uchimoto et al.(2011)より引用。

め ΔpCFC は太平洋水とオホーツク海水の年代差を示す指標と言える。

　観測された ΔpCFC を見ると，オホーツク海中層 400 m を中心にその値が大きく，太平洋の中層水に比べてより新しいということが分かる。オホーツク海北部ではその新しい水は大陸棚にあって空気に接しており，そこでフロンが高密度水に取り込まれていることを示している。シミュレーションでもこのような ΔpCFC の分布を再現することに成功した(図 3-11 下)。

　鉄も同様に，高密度水に取り込まれて運ばれている。このフロン実験から，海洋循環モデルはオホーツク海北西陸棚域の高密度水が中層を通って太平洋へ流出するという中層循環をよく再現していることが分かった。したがって，このモデルに鉄化学モデルを結合させ，オホーツク海から親潮域にかけての鉄循環や分布の再現を進めている。

3.4.2　鉄循環のモデリング

　鉄化学サイクルで重要なのは，鉄の供給と除去のメカニズムである。鉄は

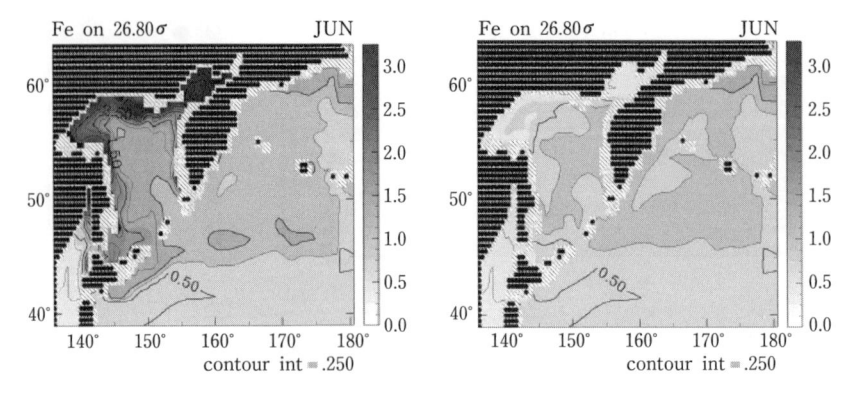

図 3-12 中層（密度 26.8 σ_θ）における鉄循環のシミュレーション結果
(左)大陸棚に鉄のソースがある場合，(右)大陸棚に鉄のソースがないとした場合。
出所）Uchimoto, personal communication.

海水に非常に溶けにくく，すぐに除去されて海底に沈積する。また溶存していても，海の表層では植物プランクトンの増殖（基礎生産）の際に利用し尽くされる。したがって，供給がないと表層の鉄はすぐに枯渇してしまい，基礎生産は強く制限されることになる。実際，親潮から西太平洋亜寒帯循環ではリンや硝酸など栄養塩が枯渇する前に基礎生産は止まることが知られており，鉄がその制限要因であることが分かってきた。したがって，豊かな海であるためには，鉄が十分に供給されている必要がある。

従来，鉄の供給メカニズムとして注目されてきたのは，黄砂のような風送塵であった。しかし，北太平洋北西部では，オホーツク海大陸棚の海底堆積物から供給された鉄が，高密度水に乗って北太平洋へと輸送されるプロセスが重要である（本書第 2 章参照）。

このような鉄の循環像を明らかにするために，3.4.1 項の物質循環モデルに簡単な鉄化学サイクルを結合した。栄養塩をリンで代表し，生物生産は鉄，リン，光により活性化する，あるいは制限を受ける，とした。鉄は風送塵と大陸棚堆積物から供給を受ける一方，生物による利用と凝集等により沈降することで，海水から除去されるとする。そのようにしてモデル化した鉄分布（中層）を図 3-12（左）に示す（Uchimoto, personal communication）。高密度水の

経路(図3-8の低温部分)に沿って高濃度の鉄が分布しており，中層の鉄循環をよく示していることが分かる。鉄濃度の鉛直分布は中層において高濃度でソロンの分布(図3-11)に似たものとなり，これも第2章で記述されている観測結果と整合している。

　一方，もし陸棚からの鉄供給がないと仮定すると，高密度水はかえって鉄濃度の低い海水となる(図3-12右)。高密度水は表層水がブラインの供給により重くなることで生成されるが，表層水は生物の利用により鉄濃度が低い。したがって，高密度水中の鉄濃度も大陸棚からの供給がなければ低いままである。すなわち，オホーツク海中層で高濃度の鉄分布となるためには，陸棚からの供給が必須である。

　ここで重要となるのは，陸棚上に堆積した鉄がどこから来るのか，ということである。鉄は陸起源物質であり，海水からは速やかに除去される。陸棚上の鉄は毎年高密度水によって洗い流されてしまっており，したがって常に陸からの供給がなければ枯渇してしまうことになる。これを補うには，私達はアムール川からの鉄供給が重要であると考えている。今後，河川を含めた鉄循環モデルを行う必要があるが，その際重要なのは，アムール川から流出する鉄がいかにして北西陸棚域へと輸送されるか，ということである。回転している地球上での河川水は海への流出後，岸に沿って流れる傾向にある。ところが海洋観測データを解析したところ，アムール川流量が大きくなる秋季に，高密度水のできる北西大陸棚は低塩化することが分かった。すなわち，アムール川から流出した淡水が，北西陸棚域まで広がった可能性がある。もしそうであれば，アムール川の鉄もこの水に乗って輸送されることを示唆する。そのメカニズムを解明することで，アムール川とオホーツク海をつなぐシステムの一端が明らかになることを期待している。

　また，北太平洋スケールでの広域の鉄分布を再現するためには，鉄の溶存メカニズムの解明が重要となりそうである。既に述べたように鉄は海水に溶けにくく，また生物にも利用されるため大部分は海水から除去されてしまう。しかしながら，北太平洋では，大西洋など他の海域に比べて溶存状態でより長期間輸送されなければ，中層の鉄分布を説明できないということが，鉄化

学を含む生態系モデル実験によって指摘された(Misumi et al., 2011)。このことは,北太平洋では堆積物起源の鉄が比較的溶存しやすく,海洋中層に広く分布し,冬季混合によって表面に回帰して広域の生物生産に貢献しうることを示唆する。北太平洋中層はオホーツク海起源の水が占めている。もしかしたら鉄の溶存に関しても,オホーツク海がその謎を解く鍵を握っているのかもしれない。

3.5 海氷変動と環オホーツク気候システム

これまで見てきたように,海氷形成はオホーツク海・北太平洋スケールの3次元的な海洋循環と物質循環の要諦であり,海氷生産量の変動は生態系まで含めた北太平洋の変動に大きな影響を及ぼす可能性が高い。そのようなオホーツク海の海氷は,近年減少傾向にある。この長期傾向は温暖化によるものと考えられる。しかし,同時に大きな年々変動も示しており,決して単調な変化ではない。特に10年規模の変動が顕著である。このような海氷変動はいかにして生じるのであろうか。

この問いに対する明確な答えは未だない。しかしながら,地球シミュレータによる全球大気海洋結合モデル(Taguchi, personal communication)において興味深い結果が得られており,その結果を紹介したい。この結合モデルの解像度は海洋約50 km,大気約100 kmであり,全球結合モデルとしては中程度の解像度を持つ。120年分の結合計算を実施し,様々な気候変動システムの解明に活用されている(Taguchi et al., 2012など)。

この結合シミュレーションにおいて,オホーツク海の海氷面積は現実よりやや広いもののよく似た分布を再現した。その12月の年々変動に注目して解析した結果を図3-13に示す。海氷変動には,明らかに10年から20年スケールの変動を見て取れる。この時系列との相関を取ってみると,海氷変動に先行して相関が高かったのは,秋季,大陸からオホーツク海にかけての地上気温であった。図3-13(左下)に11月の分布を示すが,北西の大陸やオホーツク海上気温と海氷面積の間に負の相関があることが分かる。すなわち

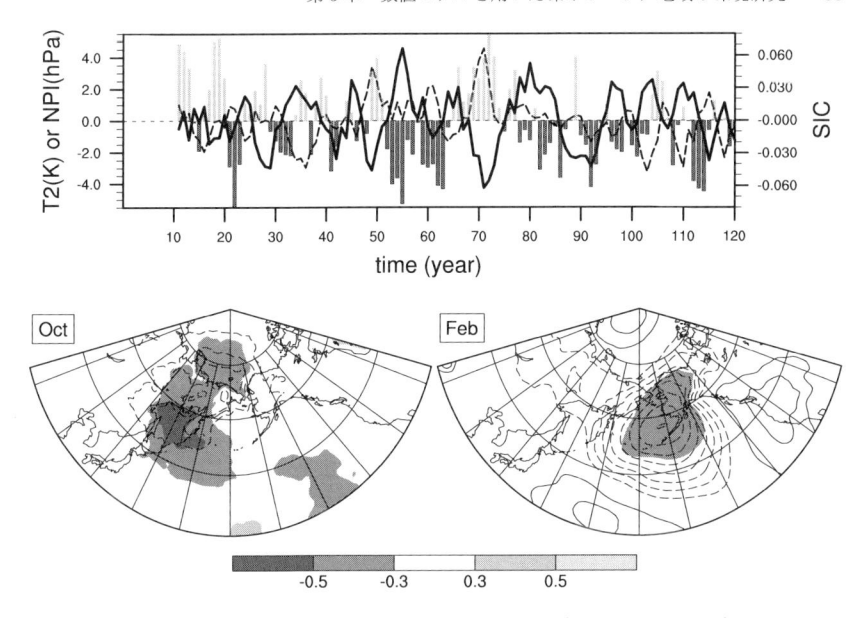

図 3-13 全球大気海洋結合モデルにおけるオホーツク海近傍に注目した解析結果
(上)オホーツク海の 12 月海氷面積偏差の時系列(実線)，11 月のユーラシア極東地上気温偏差(破線)，2 月のアリューシャン低気圧の気圧偏差。(左下)12 月海氷面積偏差と 11 月地上気温偏差の相関。(右下)12 月海氷面積偏差と 2 月大気圧偏差の相関。
出所) Taguchi, personal communication.

晩秋に大陸が低温であれば 12 月のオホーツク海は広く海氷に覆われる，ということである。この関係は，時系列でも明らかである。観測データを用いた解析からもこの関係は捉えられており (Ohshima et al., 2006; Sasaki et al., 2007)，結合シミュレーションの結果は現実をよく表している。

さらに重要なのは，各年の 12 月の海氷偏差がその冬の間ずっと続く，ということである。これも上記のデータ解析結果と一致する。これは，一旦海氷域が広がるとそこは大陸の延長となり，海陸の境界が南東にずれるため結果的にシベリア高気圧からの吹き出しが東にずれ，さらに海氷域が広がる，という正のフィードバックを反映している。

このひと冬にわたる海氷域の偏差は，大気循環にも影響を与える。海氷でオホーツク海が広く覆われる場合，そこでの海水面が減少し，熱源は南東に

移動する。この影響は下流のアリューシャン低気圧の強化となって現れる。特に2月のベーリング海からアラスカにかけて顕著である(図3-13右下)。このような12月のオホーツク海の海氷域面積と2月の地上気圧の負の相関関係は，図3-13の時系列でもよく見て取れる。また，ベーリング海では暖気が南方から流れ込むことになり，海氷は減少するとともに南下も抑えられる。すなわち，オホーツク海とベーリング海の海氷はシーソー(負の相関)の関係にある。海氷変動によってアリューシャン低気圧強化を引き起こすプロセスは現実に見出されており(Honda et al., 1999)，海氷域のシーソーも観測されている。

　以上の結果から，この全球結合シミュレーションは環オホーツク領域の気候システムをよく再現していると言ってよい。問題は，図3-13の時系列に見られるような10年規模変動がなぜ起こるかだが，これは今後の課題である。この変動には北半球全体にわたる気候システムが関わっているのかもしれない。また，上述のプロセスには海洋の役割は含まれていないが，オホーツク海海氷の各年における最大面積は，東部に流入する北太平洋からの暖水によっても制御されており(Nakanowatari et al., 2010)，それも10年規模変動と関わっている可能性がある。このような北半球スケールの気候システムと環オホーツク局地スケールの気候システムの絡み合いを，数値実験はもちろんのことデータ解析も併せて解明していきたい。

　数値シミュレーションを用いた研究の目標は，地球規模の気候変動に対するオホーツク海およびその周辺地域の海洋循環や生態系の応答メカニズムを明らかにし，環境変動を予測することである。海氷の存在はその気候システムの要である。では，オホーツク海の海氷は，温暖化の進行とともに消えてしまうのだろうか？　その可能性は決してないとは言えず，その予測と環境の応答の評価自体が重要なことである。また一方で，大きな気候シグナルである10年規模変動が温暖化によってどのように変調されてこの地域にインパクトを与えるのか，という視点も今後重要になってくるように思われる。

　オホーツク海では，海氷を起源とする海洋の熱塩循環，栄養塩や鉄などの物質循環と生態系が絶妙なバランスの上に成り立っている。これまで，北海

道大学低温科学研究所をはじめとして，大気，海洋，海氷，陸域それぞれにおいて環オホーツク地域の観測データを蓄積し，データ解析および理論的研究を通して，1つ1つの過程解明に成果を上げてきた。環オホーツク領域における数値シミュレーションが，こうした蓄積を統合するためのツールとなることを期待している。そして，それを基盤として，さらなる過程の解明と，温暖化が進行する環オホーツク地域に対する予測に資するよう，今後も研究を進めていきたい。

〈謝辞〉

　田口博士，古関博士，内本博士には最新の研究成果の記述を認めていただき，また図の改訂もしていただきました。感謝の意を表します。

〈注〉
1) ジオポテンシャル高度は，大気の等圧面高度に相当するものである。たとえば1000 hPaのジオポテンシャル高度は地表付近となり，200 hPaに関しては対流圏と成層圏の境界付近（高度約10 km）を表す。その偏差は高気圧の場合は正の値を取り，低気圧の場合は負の値を持つ。
2) σ_θは(海水密度−1000) kg/m³を表す。たとえば26.8 σ_θは1026.8 kg/m³である。

〈参考文献〉

中村知裕・三寺史夫(2006)「環オホーツク領域モデル構築に向けて」『低温科学』第65巻, pp. 123-130.

Fujisaki, A., H. Mitsudera, and H. Yamaguchi (2011) Dense shelf water formation process in the Sea of Okhotsk based on an ice-ocean coupled model, *Journal of Geophysical Research*, Vol. 116, C03005, doi: 10.1029/2009JC006007.

Hasumi, H. (2000) CCSR Ocean Component Model (COCO), *CCSR Report*, No. 13, 68 pp.

Honda, M., K. Yamazaki, H. Nakamura, and K. Takeuchi (1999) Dynamic and thermodynamic characteristics of atmosphere response to anomalous sea-ice extent in the Sea of Okhotsk, *Journal of Climate*, Vol. 12, pp. 3347-3358.

Itoh, M., K. I. Ohshima, and M. Wakatsuchi (2003) Distribution and formation of Okhotsk Sea Intermediate Water: An analysis of isopycnal climatology data, *Journal of Geophysical Research*, Vol. 108, doi: 10.1029/2002JC001590.

Kawaguchi Y., and H. Mitsudera (2009) Effects of along-shore wind on DSW formation beneath coastal polynyas: Application to the Sea of Okhotsk, *Journal of*

Geophysical Research, Vol. 114, C10013, doi: 10.1029/2008JC005041.

Koseki, S., T. Nakamura, H. Mitsudera, and Y. Wang (2012) Modeling low-level clouds over the Okhotsk Sea in summer: Cloud formation and its effects on the Okhotsk high. Submitted to *Journal of Geophysical Research*, doi: 10.1029/2011JD016462.

Matsuda, J., H. Mitsudera, T. Nakamura, K. Uchimoto, T. Nakanowatari, and N. Ebuchi (2009) Wind and buoyancy driven intermediate-layer overturning in the Sea of Okhotsk, *Deep-Sea Research Part I*, Vol. 56, pp. 1401-1413.

Misumi, K., D. Tsumune, Y. Yoshida, K. Uchimoto, T. Nakamura, J. Nishioka, H. Mitsudera, F. Bryan, K. Lindsay, J. Moore, and S. C. Doney (2011) Mechanisms controlling dissolved iron distribution in the North Pacific: A model study, *Journal of Geophysical Research, -biogeoscience*, doi: 10.1029/2010JG001541.

Nakamura, T., and T. Awaji (2004) Tidally induced diapycnal mixing in the Kuril Straits and its role in water transformation and transport: A three-dimensional nonhydrostatic model experiment, *Journal of Geophysical Research*, Vol. 109, C09S07, doi: 10.1029/2003JC001850.

Nakanowatari, T., K. I. Ohshima, and S. Nagai (2010) What determines the maximum sea ice extent in the Sea of Okhotsk? Importance of ocean thermal condition from the Pacific, *Journal of Geophysical Research*, Vol. 115, C12031, doi: 10.1029/2009JC006070.

Nishioka, J., T. Ono, H. Saito, S. Nakatsuka, S. Takeda, T. Yoshimura, K. Suzuki, K. Kuma, S. Nakabayashi, D. Tsumune, H. Mitsudera, A. Tsuda, and W. K. Johnson (2007) Iron supply to the western subarctic Pacific: Importance of iron export from the sea of Okhotsk, *Journal of Geophysical Research*, Vol. 112, doi: 10.1029/2006JC004055.

Ohshima, K. I., S. Nihashi, E. Hashiya, and T. Watanabe (2006) Interannual variability of sea ice area in the Sea of Okhotsk: Importance of surface heat flux in fall, *Journal of Meteorological Society of Japan*, Vol. 84, pp. 907-919.

Sasaki, Y. N., Y. Katagiri, S. Minobe, and I. G. Rigor (2007) Autumn Atmospheric Preconditioning for Interannual Variability of Wintertime Sea-Ice in the Okhotsk Sea, *Journal of Oceanography*, Vol. 63, pp. 255-265.

Taguchi, B., H. Nakamura, M. Nonaka, N. Komori, A. Kuwano-Yoshida, K. Takaya, and A. Goto (2012) Seasonal evolutions of atmospheric response to decadal sst anomalies in the North Pacific subarctic frontal zone: Observations and a coupled model simulation, *Journal of Climate*, Vol. 25, pp. 111-139, doi: 10.1175/JCLI-D-11-00046.

Uchimoto, K., T. Nakamura, J. Nishioka, H. Mitsudera, M. Yamamoto-Kawai, K. Misumi, and D. Tsumune (2011) Simulations of chlorofluorocarbons in and around the Sea of Okhotsk: Effects of tidal mixing and brine rejection on the ventilation, *Journal of Geophysical Research*, Vol. 116, C02034, doi: 10.1029/2010JC006487.

Yamamoto-Kawai, M., S. Watanabe, S. Tsunogai, and M. Wakatsuchi (2004) Chlorofluorocarbons in the Sea of Okhotsk: Ventilation of the intermediate water, *Journal of Geophysical Research*, Vol. 109, C09S11, doi: 10.1029/2003JC001919.

Wang, Y., S.-P. Xie, and H. Xu (2004) Regional model simulations of marine boundary-layer clouds over the Southeast Pacific off South America Part I: Control experiment, *Monthly Weather Review*, Vol. 132, pp. 274-296.

第4章　オホーツク海のメタンシープと
　　　　メタンハイドレート

庄子　仁・南　尚嗣・八久保晶弘

4.1　はじめに

　メタンハイドレート(Methane Hydrate：以下ではMHと略記)は，低温高圧の条件下で安定な氷状の結晶固体で，内部に大量のメタンを包有している。天然のハイドレートは，水深数百メートル以上の海底や湖底，永久凍土層深部などに存在しており，その生成場所は世界中に広がっている。日本近海では，南海トラフ，奥尻海嶺および上越海盆の海底堆積物から，天然ガスハイドレートが回収されている。特に上越海盆のものは海底直下の表層ハイドレートであり，海底のメタンシープ(Methane seep)が成因とされている。メタンシープは，海底からのメタンガスの湧き出しであり，海洋・大気過程を規制する基本的なインプットの1つである。ガスハイドレート(Gas Hydrate：以下ではGHと略記)は，温室効果ガスの貯蔵庫であり，地球温暖化と深く関わる。また，ハイドレート中のメタンが地球上の炭素循環の研究に十分考慮されていないという重要な指摘もある。

　メタンは天然ガスの主成分であり，エネルギー資源的には，MHの回収はメタンの回収を意味する。特に原子力発電所の震災事故以来，新しいエネルギー候補としてGHの実用化が話題になっている。GH研究の重要性は，地球環境とエネルギー資源という2つの側面を持つことにある。

　オホーツク海サハリン沖にはメタンシープが密集して分布しており，海底の表層部にはMHが集積している。つまりサハリン沖の特徴として，世界有数のメタンシープ密集域であることと，広域にわたる表層MHの生成場

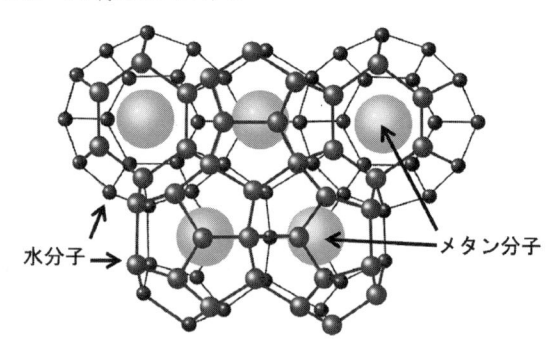

図 4-1 メタンハイドレート結晶のケージ構造
出所) 庄子作成。

所であることが挙げられる。本章では，サハリン沖海底の表層ハイドレートについて，その産状と生成環境に関する調査結果について紹介する。

4.1.1 メタンハイドレート

水分子が結合して結晶化したものが，氷である。GH も水分子の結晶であるが，多量のガスを含むところが，通常の氷と異なる。GH 結晶は，複数のケージ(水分子が結合して作るミクロな篭状の構造)を単位とし，それが多数組み合わさることによって構成されている。このケージの 1 つ 1 つにガス分子が入っている。包有されるガス分子がメタンの場合には，そのGH を特にMH と呼ぶ(図 4-1)。MH 結晶の成長には，低温および高圧の条件が必要であり，天然には永久凍土中や海底下がその条件を満たす(Ginsburg and Soloviev, 1998; Sloan, 1998)。天然 MH の大半は海底産である。高圧条件を満たすには，水深の深い方が適しているので，水深数百メートルの海底の堆積物(泥)の中に MH ができる。しかし，堆積物の中も深くなると地熱の影響で温度が高くなるため，深すぎれば低温条件が破れて MH は成長できない。したがって，海底堆積物中における MH の生成は，ある深さにおいてのみ可能である。このことを，図 4-2 を用いて説明する。海面からの深さごとの温度を破線で示す。MH 生成に必要な温度と圧力の最低条件が実線(相境

第4章 オホーツク海のメタンシープとメタンハイドレート　91

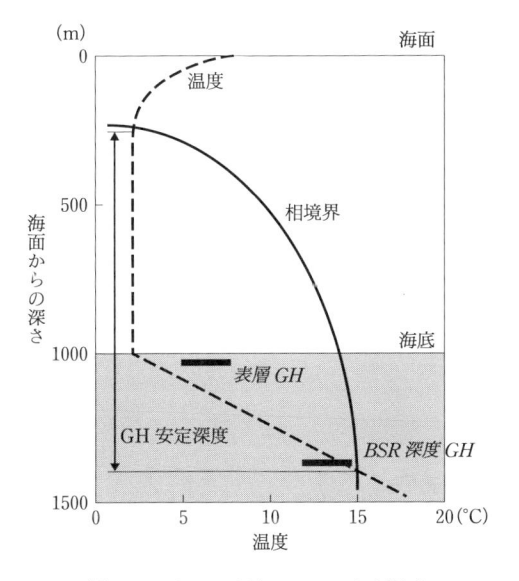

図 4-2　ガスハイドレートの安定深度

BSR は Bottom Simulating Reflector の略で，音波探査で観測される海底擬似反射面。
出所）庄子作成。

界)である。温度の値が実線より左下側にあれば，MH は安定して成長できる(GH 安定深度)。図 4-2 では，海底面直上の海水も GH 安定深度に入っているので生成可能であるが，浮き上がって(MH は海水よりも密度が低い)分解するため，MH の回収はできない。オホーツク海サハリン北東沖の海底温度は，摂氏約 2 度である。この温度で高圧条件を満たすためには，水深が約 350 m 以上必要である(Sloan, 1998)。したがってサハリン沖で MH を回収するには，水深が 350 m 以上の海底を探せばよい。しかし MH 生成のためには，温度・圧力条件を満たすことに加えて，メタンが必要なことは言うまでもない。堆積物の間隙水に溶けているガス濃度が，その場所の温度・圧力における溶解度を超えていなければいけないのである。

海底表層付近では，バクテリアが海水(硫酸イオン)を利用してメタンを消費するため，海底深部にメタンが大量にあったとしても，海底面には届かないのが普通である。したがって，海底表層部が GH 安定深度に入っていて

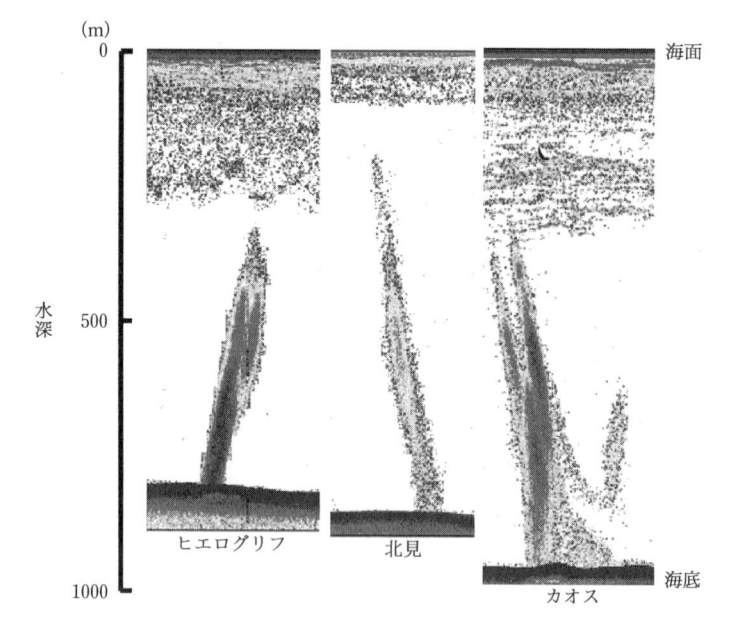

図4-3 海底から立ち昇るメタンプルーム（音響探査画像）
出所）庄子他(2009)を改変。

も，メタンが少なすぎるので表層にはMHが生成しない。しかし，海底下数百メートルの深部では，上記のバクテリア活動に必要な海水(硫酸イオン)が届かないためにメタンは分解されず，MHが生成できる。この場合，MH生成を規制するのは，温度・圧力条件である。

海底にメタンシープ(海底からのメタン湧出)があるということは，深部から表層に向けて非常に活発なメタン輸送が起きていることを示している。この場合は海底面にもメタンが届くので，海底表層部にMHが生成できる。こうした表層のMHを，海底深部のMH(図4-2ではBSR深度GHと表示)と区別して，表層MHと呼ぶ。本章で対象にしているMHは，主として表層MHである。メタンシープからは海水中にメタン泡が放出されるので，音響探査(魚群探知機のように，水中を伝わる音波の反射を利用した探査)によって炎状のメタンプルーム(Methane Plume)を画像観測することができ

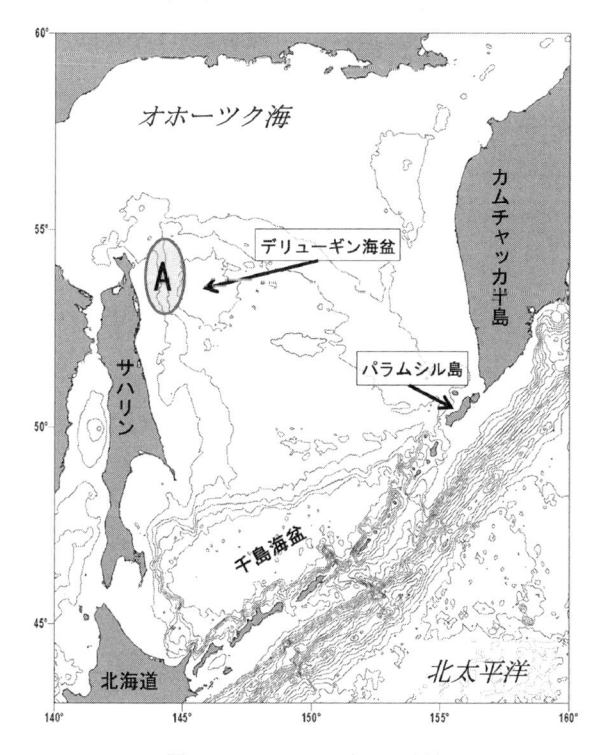

図 4-4　オホーツク海と調査域
調査域は A で示した部分。
出所）庄子作成。

る（図 4-3）。メタンプルームは，表層 MH を探す時の良い指標になる。サハリン北東沖の調査域では，泥火山が発見されておらず，堆積物深部から海底面へのメタン輸送は，海底断層の一部を通して行われていると考えられる。

　オホーツク海における表層 MH 調査は，メタンプルームの観測に始まった。1982 年にパラムシル（Paramushir）島北西沖で，1988 年にはサハリン北東沖で，それぞれ最初のメタンプルームが観測された（図 4-4）。表層 MH の直接回収は，パラムシル島沖では 1986 年に，サハリン沖では 1991 年に，ロシア研究者が海底コア採取によって行った（Ginsburg et al., 1993）。その後，サハリン沖では，ロシアとドイツの国際共同プロジェクト KOMEX（Kurile

Okhotsk Marine EXperiment，1995年開始)が海洋調査の一環としてハイドレート調査を行った(Biebow and Hutten, 1999)。また2003年からは日本，ロシアおよび韓国が主導する国際共同プロジェクトCHAOS(hydro-Carbon Hydrate Accumulations in the Okhotsk Sea，2003～2006年)およびSSGH(Sakhalin Slope Gas Hydrate，2007年に開始して継続中)がMH研究を主目的として海洋調査を行っている(Jin et al., 2006; Shoji et al., 2005; 2008; 庄子他, 2009)。

ロシアでは他にもMH研究を行っており，シベリアの永久凍土地帯にあるガス田やバイカル湖，北極海，ベーリング海等を対象にしている。このうちバイカル湖については，本研究と同様の総合研究を我々と共同で行っているが，他の地域については物理探査(地震探査，音響探査等)が主体であり，コア採取・解析の例は少ない。これは，ガス田等の資源開発に有効な物理探査を優先しているためと，天然ガスが豊富なためMHの資源的価値を相対的に低く見ているせいであると思われる。

4.1.2　オホーツク海サハリン北東沖

オホーツク海は，南北約1500 km，東西約1000 kmで，四方を陸地と千島列島に囲まれた中緯度の海洋である(図4-4)。平均水深は約800 mであるが，三方の陸域から大陸棚を経て中央北部のデリューギン(Deriugin)海盆に至ると深さは約1500 mになり，その南方の千島海盆では約3000 mの深さになる。凍結する海洋としては世界で最も低緯度に位置しており，冬期に最大で85%の海面が氷で覆われる。水温は場所と時間により複雑に変化するが，深さ50～200 mの水温が年間を通して低いことが一般的な特徴である。サハリン北東沖では，海面下の深さ数十mまでは季節変化が大きく(表層水)，水深約50～150 mでは低温域(−1.5～1.5度)になり，水深700～1000 mの海底付近では1.5～2.5度まで昇温する。水深が浅くなり陸域に近づくか，水塊が混入すると，2度程度の水温変化が起こる。オホーツク海の氷結が容易なのは，深さ100 m付近における低温域の存在と，表層水の塩分の低さが原因である。

第4章　オホーツク海のメタンシープとメタンハイドレート　　95

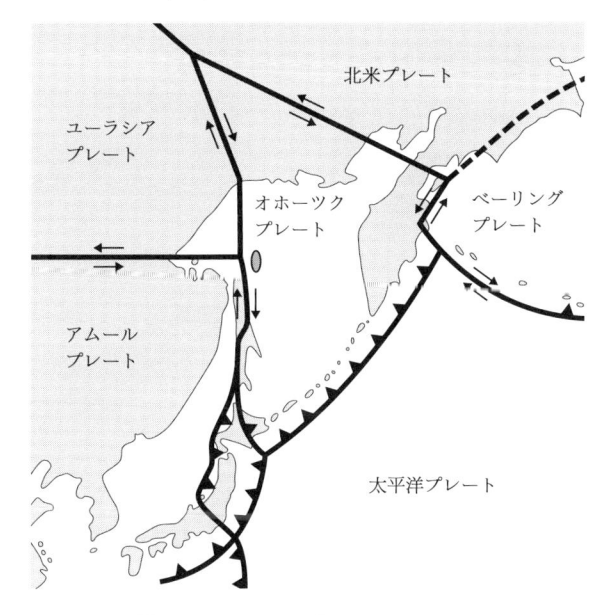

図 4-5　オホーツク海のテクトニクス
出所）庄子他(2009)を改変。

　地球表層部(地殻)は，いくつかの堅い岩盤ブロック(プレート)に分かれて移動しており，プレート境界では地殻変動が起きている。この考えをプレートテクトニクスと言うが，オホーツク海のテクトニクス(図4-5)について見てみよう(Baranov et al., 2008)。オホーツクプレートは，千島・カムチャツカ沈み込み帯と2つの横ずれ境界に囲まれている。オホーツク海西縁を南北に走るプレート境界は，北海道からサハリンを通りオホーツク海の北西方向にまで伸びている。この境界は右横ずれ断層であるが，サハリン横ずれ帯を含む複雑な分布の断層群からなり，かなり幅の広い境界である。サハリン北東沖のメタンシープ密集域(図4-4の楕円A)は，地震活動の活発なプレート境界から東へ数十キロメートル離れた大陸斜面上に位置している。このプレート境界近傍には，ずれと圧縮の力が働いているが，その圧縮力が，海底堆積物の深部からメタンを表層に輸送するための駆動力になっていると考えられる。
　サハリン東側の大陸斜面は，南北に長く広い面積を占める(図4-4)。地殻

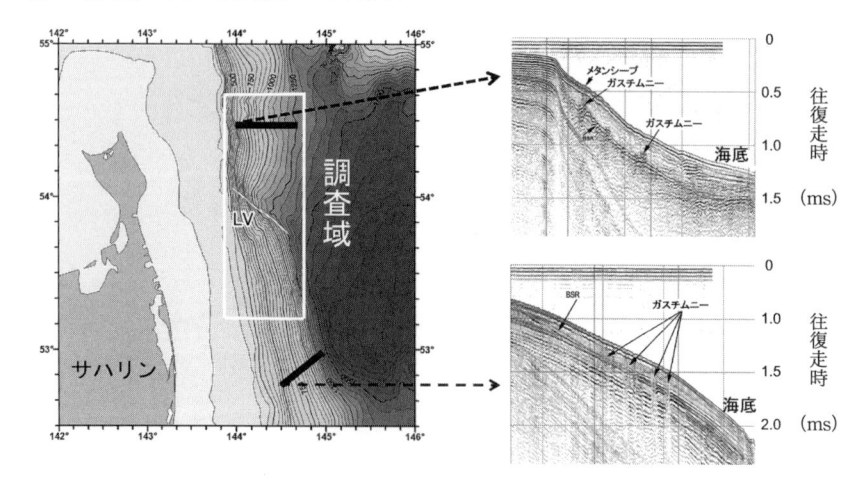

図4-6 調査域の海底

(左)サハリン北東沖(LVはラヴレンチエフ断層),(右上下)地震探査画像(往復走時は,船から音波を発射して反射波が返ってくるまでの時間で,単位は1/4秒)。
出所) Baranov et al.(2008)を改変。

の厚さは,デリューギン海盆の東側では15〜20 kmであるが,西へ行くにつれて(大陸に近づくにつれて)厚くなり,サハリン東側の大陸棚では約35 kmになる。サハリン東側の海底堆積物は,主としてアムール川によって輸送され堆積したものであり,その厚さは8 kmを超えると推定されている。この厚い堆積層の内部で,メタンが作られている。堆積物の厚さは,表層MHを探す時の重要な指標の1つである。世界で唯一MH生成の淡水湖であるバイカル湖においても,河川の輸送・堆積作用や混濁流で形成された湖底堆積物の層が厚く堆積年代の古い場所がメタン生成の有力な候補地とされている。

サハリン東側で,堆積物を載せている基盤岩の正確な深さは,詳細な地震探査(マルチチャンネル法)でもよく分からず,その理由である反射波強度の低下は,堆積物中のガス濃度が高いせいで音波が散乱するためであると考えられている。

サハリン北東沖の海底には,段差100 mを超える巨大な海底断層である

ラヴレンチエフ (Lavrent'ev) 断層 (以下では LV 断層と略記) がある (図 4-6)。サハリン東側の大陸斜面の形状は，LV 断層を境に南北で大きく異なる (Baranov et al., 2008)。断層北部の大陸斜面は，長さが短く，水深約 200 m に位置する大陸棚の末端から平均 2.5°の傾きで急に深くなる凹型を示すのに対して，断層南部では大陸棚から滑らかに続く斜面が 1100 m 以深へと緩やか (平均 1.5°) に伸びる凸型を示している。北部の凹型は南北に約 70 km 続く。断層北部の領域はもともと南部と同じような凸型であったものが，幾度かの大規模な海底地滑りを繰り返した結果，凹型に変化したと考えられている。メタンシープの密集域は，この LV 断層を中心に北と南へ各々約 100 km の範囲の海底 (水深は約 1300 m まで) に広がっている。断層北部のシープ密集域は，この海底地滑り域の中に位置している。

4.2 音波を利用してメタンシープを探す

海底にどんな MH ができているかは，実際にサンプルを採取して調べればよい。表層 MH は，メタンシープのある場所にできるので，まずメタンシープを探す必要がある。本節では，メタンシープの探し方について紹介する。

発生器から音波を発射して，対象体からの反射波を観測すると様々な情報が取得できる。音波は密度が大きく変化する面で反射するので，反射波強度から密度の変化の様子が分かる。前述の音響探査でメタンプルームを観測 (図 4-3) したのもその一例で，魚と海水の密度の違いを利用する魚群探知機と原理は同じである。暖かい海水 (密度が低い) に冷たい海水 (密度が高い) が混じり込んだ場合も，境界面で反射が起こる。各種測器では，発射する音波の周波数を変えて，観測範囲をコントロールしている (音波は，周波数が低いほど遠くまで届き，深い箇所の観測が可能になる)。次に，反射を起こした対象が音波の発生源 (調査船もしくは海水中の音波発生・受信装置) から，どのくらい離れているかを知る必要がある。この距離を直接知ることはできないので，音波を発射してから反射波が返ってくるまでの時間 (実測値) と音

速(推定値)から距離を算出している。

本調査では，調査船ラヴレンチエフ号(ロシア科学アカデミー所属，2500トン)を用いて，各種探査および海底コア採取を行った。

4.2.1　メタンシープの観測(音響探査)

海底にメタンシープがあることを直接知るには，音響探査を行ってメタンプルーム(図4-3)を観察すればよい。調査船に設置された音響探査装置(Sargan-EM，ELAC，Sargan-GM)を用いて，多数のメタンプルームを観測した。使用周波数は，12，19.7，135 kHz で，可能な限り航行中は常時測定を継続した。メタンプルームは，調査船直下から側方に数百メートル離れていても検出できるが，本調査に用いた測器では反射対象(メタン泡)が船から側方にどれだけ離れているかという位置が決定できないので，全て調査船直下にあるものとして記録された。したがって，プルームの位置観測については数百メートルの誤差が含まれることになる。

図4-3 は，LV 断層の北部で観測した3つのメタンプルーム画像である。ヒエログリフ，北見，カオスと名付けたこれらのメタンシープの水深は，それぞれ 830 m，855 m，960 m であった。どのプルームも高さは約 400〜500 m で，水深約 300 m までの画像が記録されている。北見のプルーム数は1本であるが，ヒエログリフでは2本，カオスでは4本のプルームが識別できる。音波反射の対象体はメタン泡であるが，水深約 350 m までは GH 安定深度内に入っているので，メタン泡の表面は，ほとんど MH 膜で覆われているものと思われる。

図4-3 に示すような活発なメタンシープの場合，大気中にメタンを直接放出することも起こりうる。メタンは強力な温室効果ガスであり，大気中へのメタン放出は地球温暖化の促進を意味する。つまり，海底表層の MH 生成は，メタンを海底に固定して温暖化を抑止する効果を持つ。したがって，大気中の温室効果ガスのモニタリングが重要であることと同じ意味において，海底 MH のモニタリングも必要なのである。

これまでに得られたメタンプルームの観測位置を図4-7 に全てプロットし

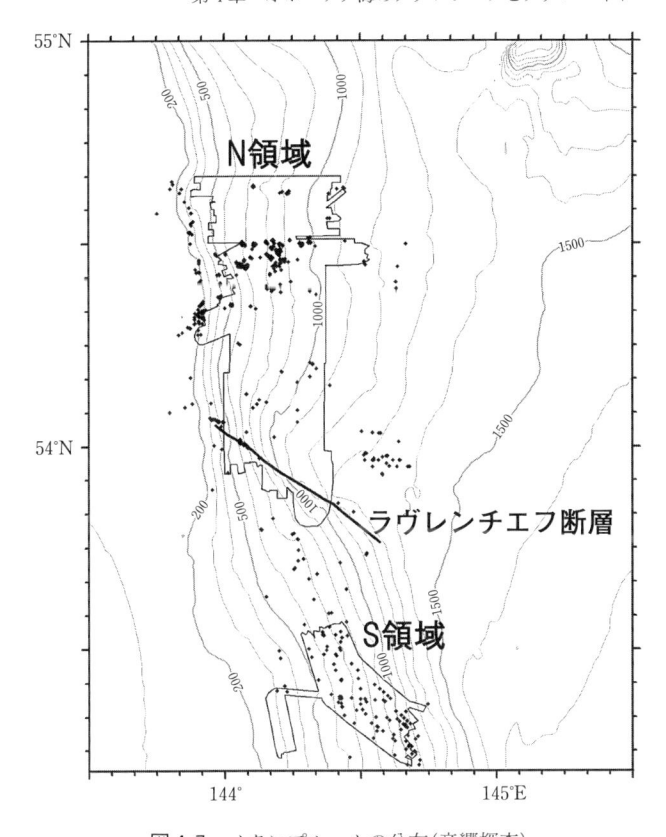

第4章 オホーツク海のメタンシープとメタンハイドレート 99

図 4-7 メタンプルームの分布(音響探査)
出所) Baranov et al. (2008) を改変。

た。図から明らかなことは，調査域がメタンシープの密集域であるということである。また，断層北部ではある程度集合化しているのに対して，断層南部では，ほぼ均一に分布しているように見える。図中にN領域，S領域として実線で囲んだ領域は，他の探査(サイドスキャンソナー探査，後述)が実施された領域である。メタンプルームの分布密度については，S領域の方が高く見える。ただし，図 4-7 には観測されたプルームの記録を単純に全てプロットしてあり，あるメタンシープが少し位置を変えて何度もプロットされているはずである。つまり，プルームのプロット数は，プルーム自体の個数

ではなく，むしろ観測回数を反映しているので，分布密度の詳細な議論は避けなければならない。

音響探査でメタンプルームが観測されると，メタンシープの直接的証拠になるため，MH調査にとって非常に強力な観測手法である。しかし，シープ位置から水平に数百メートル離れるとプルームが見えなくなることや，船から見た側方位置の把握ができないことなどの難点がある。

4.2.2 メタンシープの位置と形(サイドスキャンソナー探査)

音響探査ではシープ位置の把握に難点があったが，メタンシープの位置を正確に知ることができるのがサイドスキャンソナー探査である。サイドスキャンソナー(Side Scan Sonar；以下ではSSSと略記)探査は，音波発生・受信装置が海底から約100 m上部に位置するようにして調査船で装置を曳航し，航路の側方約2 km(片側約1 km)の海底からの反射強度を連続して記録するものである。メタンシープの近傍では，バクテリアが多量に繁殖してマット状になったバクテリアマットやカーボネート(炭酸塩)がよく観測される。これらのバクテリアマット，カーボネート，さらに表層MHなどは，音波を強く反射する。つまり，メタンシープの位置を知るには，海底面で音波を強く反射する場所を探せばよいことになる。したがって海底の反射強度をマッピングすれば，メタンシープの海底分布が分かる。ただし音波反射の強度は，海底地形にも依存するので，シープ域における地形効果を考慮する必要はある。

調査では，SONIC-3M型SSS測定装置(周波数30 kHz，測定幅800〜3200 m；口絵3)を曳航しながらSSS探査を行った。この装置には，サブボトムプロファイラー(SubBottom Profiler；以下ではSBPと略記：周波数8 kHz)も連結されている。SBP探査からは，海底下約100 mまでの鉛直断面情報が得られる。調査時の曳航速度は，通常2〜3ノット(1ノットは，約1.8 km／時)であるが，海底の地形条件が許せば4ノットでも測定可能である。

各測定航路線に沿った幅約2 kmの帯状の画像を貼り合わせると，図4-8のような広域のモザイク画像が得られる。図中に見られる直径数十から数百

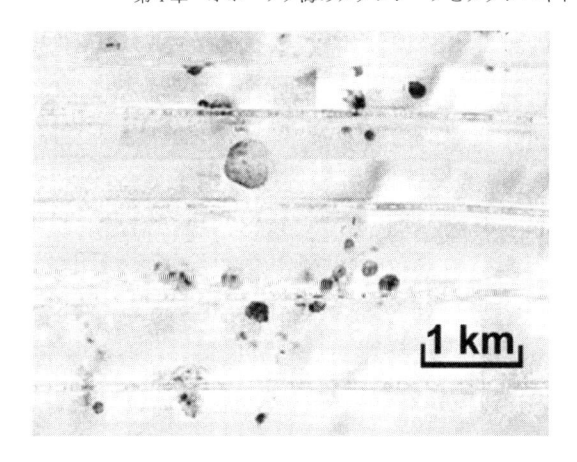

第4章　オホーツク海のメタンシープとメタンハイドレート　　101

図 4-8　海底のガス・水湧出ストラクチャー（SSS 探査画像）
出所）Shoji et al. (2005) を改変。

メートルの斑点状のイメージがメタンシープに対応する。黒一色のものだけでなく，何かの構造を反映しているようなイメージも見られる。SSS 探査で得られたメタンシープに対応する強い音波反射の領域を，湧出ストラクチャーと呼ぶことにする。断層北部において音響探査で観察された 3 つのメタンプルーム（ヒエログリフ，北見，カオス）について，観測された湧出ストラクチャーを図 4-9 に示す。

　ヒエログリフ湧出ストラクチャーは，直径約 700 m でほぼ円形をなし，ストラクチャー内部には，反射強度の高い 2 つの小さな円形域が見られる。また，1 つの小円域からは，3 本の短い線構造が見えるが，これはメタンプルームであると考えられる。拡大図を図 4-10 に示す。

　北見湧出ストラクチャーは，サイズが約 650 m で少し伸びた楕円形をしている。音波の反射強度は概ね中程度で，中心部が最も強く，端部に小さな強い反射箇所が見られる。ストラクチャーの中央部を横断した SBP 画像（図 4-11 の下図）では，深部からのガス・水湧出路が海底の地層を分断しているのが見て取れる。図 4-11 上図では，3 つのストラクチャーが写っているが（ストラクチャーA，B と北見ストラクチャー），ストラクチャーA は航路から

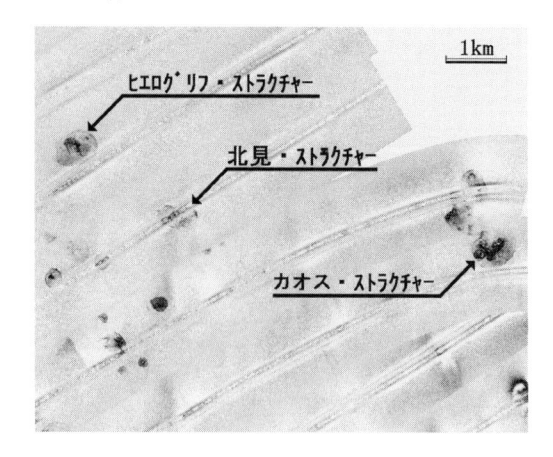

102　第1部　オホーツク海のエコシステム

図4-9　湧出ストラクチャー(ヒエログリフ，北見，カオス；SSS探査画像)
出所）Shoji et al.(2005)を改変。

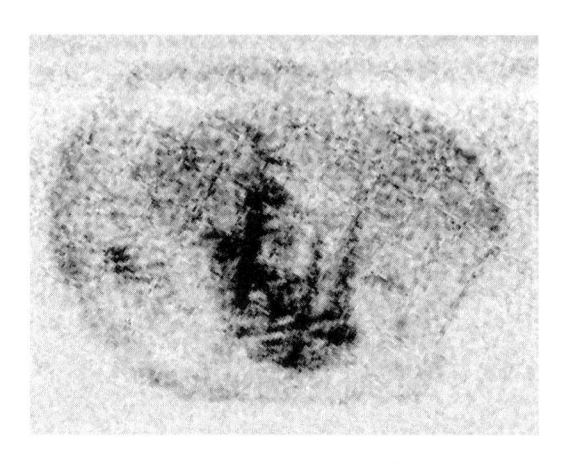

図4-10　ヒエログリフ湧出ストラクチャーの拡大図(SSS探査画像)
出所）庄子他(2009)を改変。

外れているので，下図の鉛直断面には写っていない。図4-11下図で，湧出路内部のコントラストが弱いのは，ガス充填堆積物からの反射が弱いせいか，海底面での反射が強すぎて海底下に音波が透過できていないせいであると考えられる。

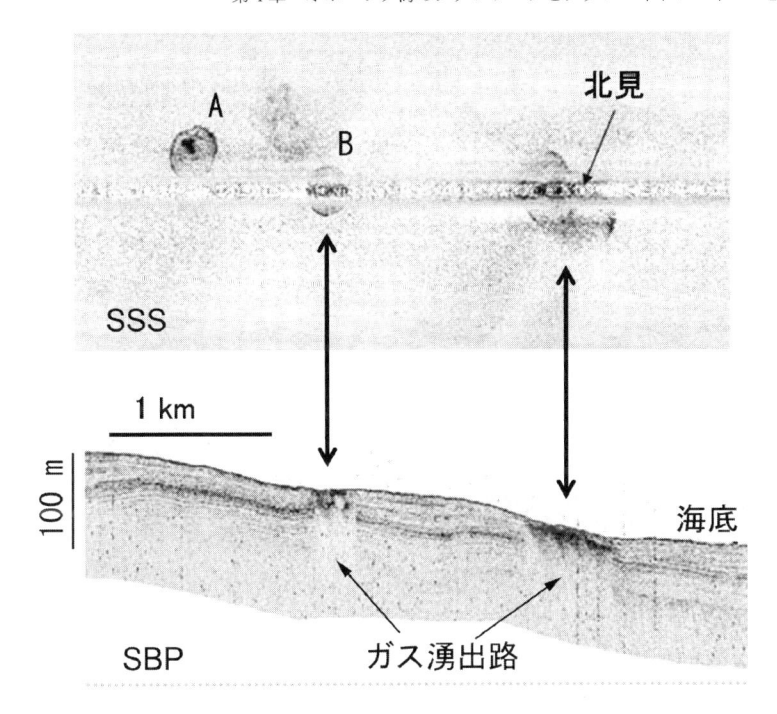

図 4-11 （上）海底の湧出ストラクチャー（SSS 探査画像），（下）鉛直断面図（SBP 探査画像）

出所）庄子他（2009）を改変。

カオス湧出ストラクチャーは，3 つのストラクチャー（それぞれのサイズはおよそ 800 m，500 m，350 m）の複合形をなしており，内部には少なくとも 4 個の副次的構造が連結しているように見える。湧出ストラクチャーの 3 次元的構造については，水深情報との比較から推定できる。ヒエログリフと北見，およびカオスの一部（サイズが約 800 m のストラクチャー）の表面は，それぞれ約 10 m 盛り上がっていることが分かった。ただし，カオスの他の 2 つのストラクチャーについては，表面はほぼ平坦であることが分かった。

これら 3 つの湧出ストラクチャーが位置する大陸斜面下部は，過去の海底地滑りの先端付近であり，大きな圧縮応力が作用した場所であると考えられる。この圧縮力が原因で堆積層が変形し，堆積層内部にいくつもの浅い断層

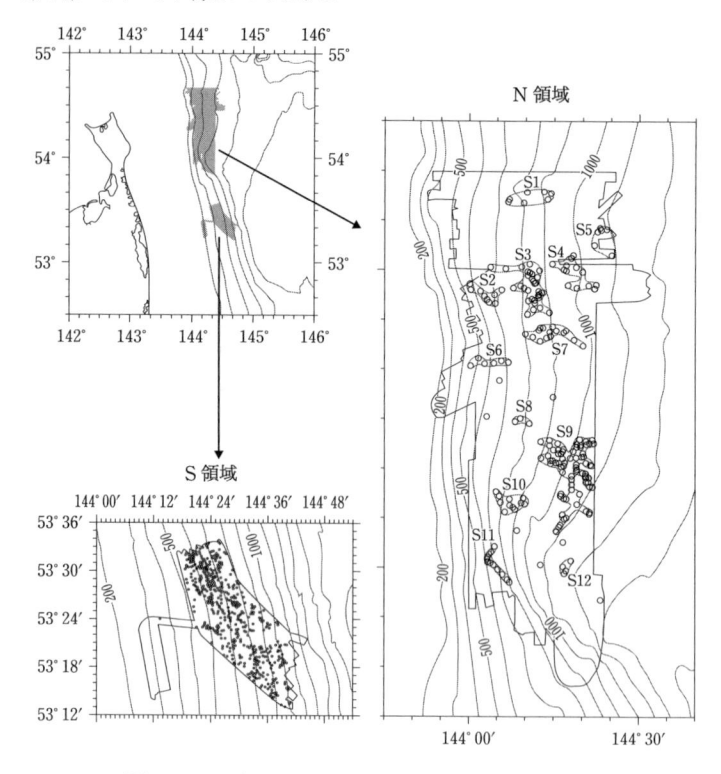

104　第1部　オホーツク海のエコシステム

図 4-12　湧出ストラクチャーの分布（SSS 探査画像）
出所）Baranov et al. (2008) を改変。

が形成されている可能性はある。この断層がガス・水の湧出路(図4-11)になれば，海底表層にガスが供給されて，表層 MH および湧出ストラクチャーが生成することは可能であろう。

　これまでに観測された湧出ストラクチャーの位置を全て，図 4-12 にプロットした。観測領域は断層北部では N 領域，断層南部では S 領域である。分布の特徴として，メタンプルームの分布(図4-7)と同様に，N 領域ではある程度集団化(構造化)しているのに対して，S 領域では，ほぼ均一に分布しているように見える。集団化(構造化)した N 領域のストラクチャー分布が，未発見の海底断層に関連している可能性は高い。

メタンプルーム位置(図4-7)と湧出ストラクチャー位置(図4-12)とを比較した結果，両者が重なる場合とずれる場合(違いは200〜500 m)が見られた。このずれが有意のずれかどうかは不明である。湧出ストラクチャーは，海底の強い音波反射領域であるが，強い反射を与えるバクテリアマット，カーボネート，表層MHなどの成長には時間がかかる。したがって，シープがごく最近形成された場合，湧出ストラクチャーがまだできていない可能性もある。また，シープ活動が停止した湧出ストラクチャーが残存している可能性もある。しかし大雑把に見ると，調査域はメタンシープの密集域であり，多くのプルームが湧出ストラクチャーに対応していると見てよいだろう。

4.2.3　メタンシープへのガス供給路(地震探査)

GH安定深度の底部は，上層のMHと下層のフリーガスの境界面であり，この面を境に密度が大きく変わるので，地震波をよく反射する。したがって，地震探査によってGH安定領域の底部を検出することができる。この反射面は，海底面とほぼ平行になるので，海底擬似反射面(Bottom Simulating Reflector：以下ではBSRと略記)と呼ばれ，堆積物の深さが数百メートルの場所で観測されている(図4-6)。このBSR深度の少し上では，BSR深度GHが生成している(図4-2)。

本調査では，スパーカーシステムSONIC-4(シングルチャンネル)を用いた地震探査を実施した。使用周波数域は200〜1200 Hz，分解能は2〜5 mで，海底下50〜300 mの情報を収集した。メタンシープ域で湧出ストラクチャーを観測(SSS探査)した時，SBP探査も同時に行い，海底から深部に続くガス湧出路を見出している。このガス湧出路はさらに深く続いていることが，地震探査により明らかになった(図4-6)。地震探査により得られたこのガス・水供給路を，ガスチムニーと呼ぶ。本調査で用いたスパーカー探査機器では，ガスチムニー内部のBSRは観測できなかったが，ガスチムニーの幅とガスチムニー外部のBSRライン変化を観測することができた。ガスチムニーの幅は，ガス・水湧出の活発さを示す指標となる。また，チムニーを通って深部からのガス・水が海底面へと輸送されるが，このとき熱も輸送

される．この熱は上方だけでなく側方にも伝わり，チムニー周辺のBSR深度を浅くすると考えられる．このBSR深度変化は輸送される熱量に依存するので，輸送物質がガスのみの場合とガス・水の場合を比較すると，熱容量の大きさから考えて，ガス・水の場合の方が深度変化を大きくすると考えられる．

ヒエログリフ湧出ストラクチャーの場合，ガスチムニーの幅は約800 mで，BSRは海底下の往復走時220 msの位置に観測された（大まかな近似として音速を2000 m/sと仮定すると，往復走時220 msの位置とは，深さ約220 mを意味する）．ガスチムニー周辺のBSRライン変化は，ほんのわずか（10 ms以内の上昇）であった．ヒエログリフの南側にはいくつかのガスチムニーが見られるのに対して，北側にはガスチムニーは見られなかった．これは，ヒエログリフの南側ではガス噴出を誘起する海底堆積物の変形が顕著であるのに対して，北側では堆積層の変形が極めて小さいことに対応していた．

北見湧出ストラクチャーでは，ガスチムニーの幅はBSR深度付近で約1000 mあった．ガスチムニー付近でBSRラインは大きく乱れ，BSR深度変化は，往復走時で約40 ms（深さで約35 mの上昇）を示した．

カオス湧出ストラクチャーでは，複合ストラクチャーを1個のストラクチャーとして見れば，カオスは非常に大きなストラクチャーである．BSR深度付近におけるガスチムニーの幅は1000 m以上あり，海底に近づくほど細くなっていた．BSRラインは，ガスチムニー付近で大きく乱れ，BSR深度変化は，往復走時で40 ms以上であった．

ガスチムニー周辺におけるBSR深度の上昇は，ガス・水湧出に伴う熱輸送に起因すると考えられる．得られた結果からは，カオス，北見，ヒエログリフの順に熱輸送は小さくなり，特にヒエログリフについては極めて小さな熱輸送が示唆された．

4.3 海底表層コアの採取と解析

4.3.1 天然メタンハイドレートの採取と解析

　海底からのコア採取とその解析により，MH生成現場に関するさらに詳しい情報が得られた．海底表層部から円柱状のコア試料を採取するために，重力コアラーを使用した．コアラーは直径約10 cm，長さ約10 mのスチールパイプで，これに約1トンの重しをつけて海底に突き刺すのである．パイプの先端には，内部に収納した海底堆積物がこぼれ落ちないような仕掛けをつけておき，ウインチを回して吊り下げケーブルを巻き上げ，コアを船上まで引き上げた．1回の作業で採取されたコアの最長記録は約6 mであるが，これは稀なケースで，平均すると3.5 m程度である．MHは，この海底コアの中に堆積物と一緒に入っている．図4-13a，b，cでは，堆積物中のMHが白く見えている．船上の温度・圧力はGH安定条件を満たさないので，船上に回収された時にMHは既に分解を始めている．分解がどんどん進むとコアはスープ状になり(図4-13c)，深さごとの解析試料を取り分けることが困難になる．MHを含むコアには，よく小石サイズのカーボネート(図4-13d)が含まれている．たまには二枚貝(しろうり貝)が含まれることもある(図4-14)．

　コア中のMHは，粒状，脈状，層状，塊状などの様々な形状をしていた．本調査で採取された最も大きなMHは，長さ35 cmの塊である(図4-15)．図4-13a，bは，オホーツク海(およびバイカル湖)で採取される典型的なMHの形状であり，図4-15のような塊はごく稀である．つまり，大部分は堆積物(泥)でありMH自体の集積性はかなり低い．MHからメタンを回収するには，高温化，低圧化，インヒビター(MH生成抑止剤)添加のいずれかを用いればよいが，この集積性の低さが実用化への一番のネックになっている．

　船上で取り分けられたMHは，すぐに液体窒素温度の容器に入れて保管・輸送して，各種解析が行われる．また，間隙水を含んでいる堆積物は，

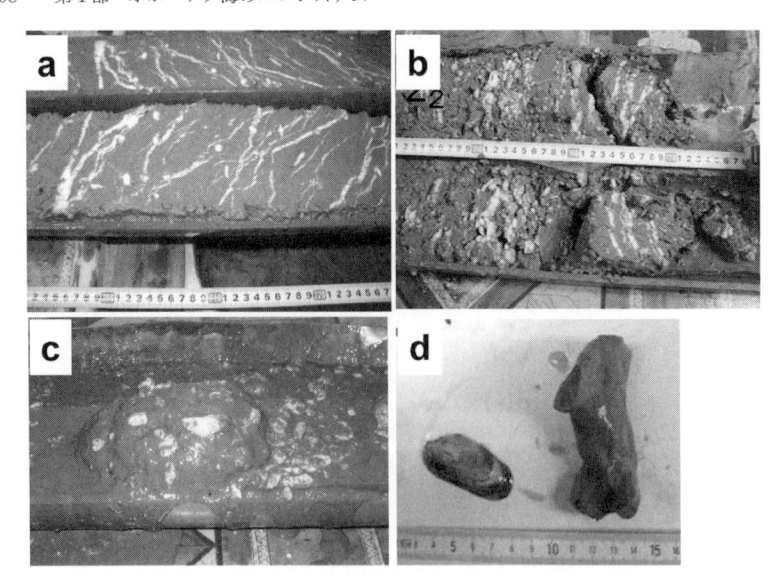

108　第1部　オホーツク海のエコシステム

図4-13　(a，b，c)海底コア，(d)カーボネート
コア中の白い箇所がMH。
出所）庄子撮影。

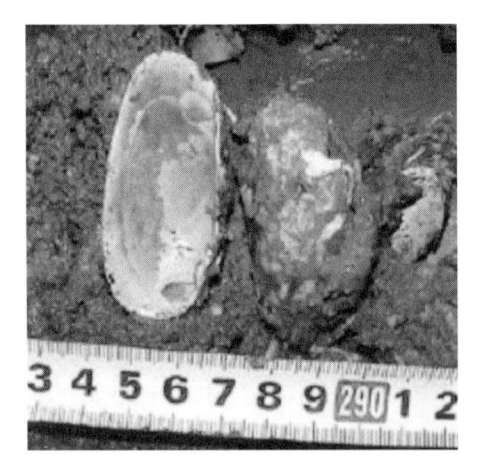

図4-14　海底コア中の二枚貝(シロウリ貝)
出所）庄子撮影。

第4章 オホーツク海のメタンシープとメタンハイドレート　109

図4-15　コア採取で得られたメタンハイドレートの塊(長さ35 cm)
出所)　庄子撮影。

図4-16　海底堆積物コアからの各種測定サンプルの取り分け
出所)　庄子撮影。

深さごとに取り分けたあと間隙水だけを分離し(図4-16)，室内測定を行う。
　採取されたMH結晶をX線解析した結果，結晶構造が全てクラスレート構造Ⅰ型の立方晶系であることが明らかになった。MH包有ガスの組成および同位体分析をすると，包有メタンの起源を知ることができる(八久保他，

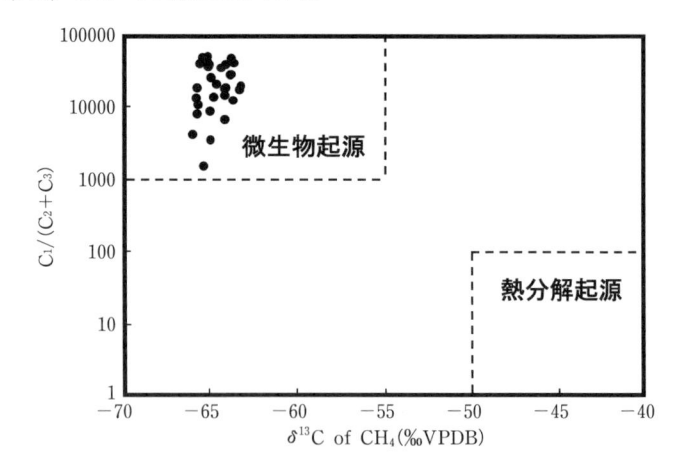

図 4-17 MH 包有ガスの組成および同位体分析
サハリン北東沖産の MH に含まれるメタンは全て微生物起源。
出所）八久保他(2009)を改変。

2009)。図 4-17 は，縦軸が包有ガスの $C_1/(C_2+C_3)$ の値(エタンとプロパンに対して，メタンが何倍含まれているかの比率)であり，横軸がメタンの $\delta^{13}C$ の値である。C_1, C_2, C_3 は，それぞれメタン，エタン，プロパンの量を示す。もし包有ガス中にあまりエタンやプロパンがなく，ほとんどがメタンであれば，縦軸の値は大きくなる。また横軸の $\delta^{13}C$ は，メタン(CH_4)を作っている炭素(C)について，同位体的に重い炭素(^{13}C)が通常の炭素(^{12}C)と比べてどれほど多く含まれているかという割合を示している。図 4-17 のように，これら 2 つの値でプロットすると，メタンがバクテリア活動で生成された場合(微生物起源)は左上に，有機物が熱分解してできた場合(熱分解起源)は右下に来ることが知られている。ヒエログリフ，北見，カオスの 3 つの湧出ストラクチャーだけでなく，調査域の各地点から採取された MH 包有ガス全ての分析結果が，図 4-17 に黒丸で示されている。図から明らかなように，サハリン北東沖の表層 MH を作っているメタンは，全て微生物起源であり，熱分解起源のメタンは 1 つも見つかっていないことが分かった。

サハリン北東沖の調査域は表層 MH の集積域であり，それはメタンシー

プの密集域であることに起因し,海底下の大量のメタンはバクテリア活動によって生まれたものであることが分かった。このバクテリア活動を支えているのが,アムール川によってもたらされた大量の堆積物(海底泥)であることも明らかである。

4.3.2 海底表層部における生物化学反応

海底深部から湧昇してきたメタン(CH_4)は,表層付近で海水中の硫酸イオン(SO_4^{2-})と反応して炭酸水素イオン(HCO_3^-)に変わる。この反応は,嫌気的メタン酸化古細菌と硫酸還元菌によって行われる。

$$CH_4 + SO_4^{2-} \rightarrow HS^- + HCO_3^- + H_2O$$

湧昇してきたメタンと海水中の硫酸イオンがともに両細菌に消費されるのであるから,ある深さで両者とも「なくなってしまう」と考えられる。深部から昇ってくるメタンについてはある深さより上では「なくなり」,硫酸イオンについてはある深さより下では「なくなる」と予想される。両者とも「なくなる」この深さを,SMI(Sulfate Methane Interface)深度と呼ぶ。この反応にはメタンと硫酸イオンの両方が必要なので,片方が「なくなる」と反応は停止する。量的には湧昇メタンの方が早く「なくなり」反応が止まる。もし深部からのメタンフラックス(メタン湧昇の強度)が場所によって違う場合は,フラックスの大きい場所で SMI 深度は浅くなり,フラックスの小さい場所では深くなると考えられる。つまり,SMI 深度をメタンフラックスの強さの指標として使うことができる(南他,2009)。3つの湧出ストラクチャーにおける堆積物間隙水中の硫酸イオン濃度を図 4-18 に示す。3つのプロファイルとも,硫酸イオン濃度は海底近傍では海水中の値とほぼ同じであるが,ある深さで急激に減少している(メタンシープから離れて採取した参照コア(黒丸)では,濃度減少はない)。この深さがそれぞれの場所の SMI 深度に相当する。ただし,どの深さを SMI 深度と決めるかについては,簡単ではない。いま仮に濃度 0.003 mol/L 以下になる深さを SMI 深度とすると,北見では 160 cm,カオスでは 200 cm,ヒエログリフでは 40 cm という深さになる。SMI 深度を単純にメタンフラックスの指標として使うと,ヒ

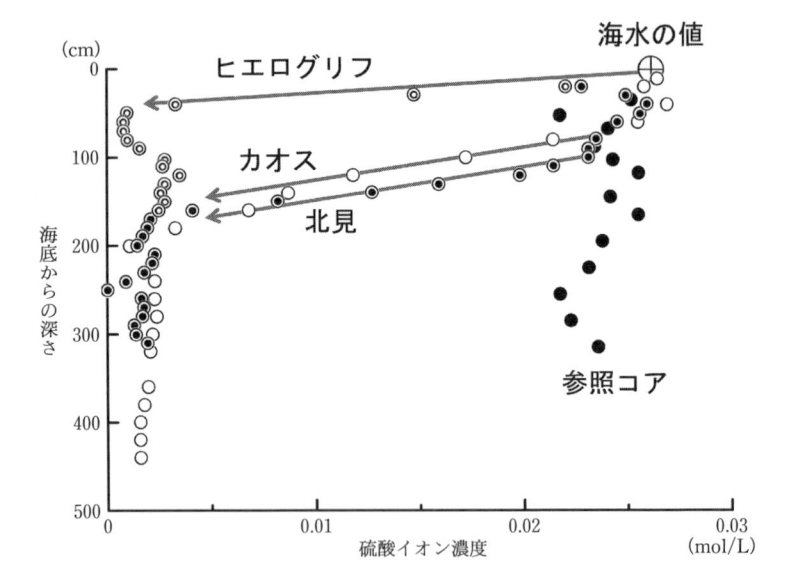

図4-18 湧出ストラクチャーにおける堆積物間隙水中の硫酸イオン濃度
メタンシープでは，海底表層のバクテリアが硫酸イオンと湧昇メタンを食べる。
出所）南他(2009)を改変。

エログリフにおけるメタンフラックスが他の2つと比べて極めて大きいということになる。しかし実際に測定を行った南ら(2009)は，海底面近傍の堆積物含水率が異常に低いことに注目して「ヒエログリフにおけるメタンシープはガス主体の湧出であり，ガス・水混合の湧出である北見およびカオスとは大きく異なる」と結論付けている。もし海底面直下の水分が下部に移動してハイドレート生成に使われ，深部からの湧昇水の供給もないとすると，海底面近傍の含水率が異常に低下するからである。SMI深度の解釈には，湧出がガス主体かガス・水混合かという湧出タイプの考慮も必要なことを示している。ヒエログリフがガス主体の湧出であることは，地震探査による「ガスチムニー周辺のBSRラインの乱れが小さく，極めて小さな熱輸送が示唆された」こととも調和的である。

湧昇メタンと硫酸イオンが反応して，炭酸水素イオンが生成するが，それはやがて海水中のカルシュウムイオンと結合して小石サイズのカーボネート

(図4-13d)を作ることになる．メタンシープでカーボネートがよく見つかる理由は，これである．

4.4 おわりに

サハリン北東沖における表層MH調査の本格的な開始は，2003年からである(カオスおよびSSGHプロジェクト)．これまでに，表層MHを採取した地点は19サイト，観測した湧出ストラクチャー数は739個，メタンプルームの観測数はのべ900本以上，ガスチムニーの観測数は約200本である．その他に，BSR観測，カーボネート採取，海水中のメタン濃度異常の測定などが行われてきた．しかし，まだ課題は多い．

最も大きな謎は，LV断層を境とする北と南の違いである．観測されたメタンプルームの一般的特徴としては，断層北部では背が高く，数は比較的少ない．しかし断層南部では，背は低く，数は非常に多い．メタンシープにガスを供給するガスチムニーの根本は，どのくらい深く伸びているのであろう．地震探査でガスチムニーを観測した結果では，断層南部ではBSR深度を超えて深く突き抜けていることが明瞭に観測されたが，北部ではBSR深度までは到達しているが，それ以深は(堆積物中のガス濃度が高いせいか)観測データが不明瞭になりよく分からない．表層MHの採取については，北部では湧出ストラクチャー内のガス湧き出し口(メタンプルームの根本)を目がけてコア採取すると，比較的容易にMHを採取できた．しかし南部ではこのやり方が通用しない．北部の湧出ストラクチャーはサイズが大きく，その中にプルームも観測されるものがかなりあるが，南部では湧出ストラクチャーの数は多いがサイズがみな小さく，プルームはストラクチャーから少し離れて観測されているようにも見える(ただし，プルーム位置は，かなりの測定誤差を含むので確かなことは分からない)．本調査に使用したコアラーでは，海底面下約5mの堆積物を回収するのが限度であり，それ以深にMHがあったとしても採取できない．いろいろ試した結果，海底地形調査に基づいてマウンド(海底の小さな盛り上がりで，幅数百メートルに対し

て10m程度の高まり)を探してコア採取することで，南部からもMH回収に成功した．SMI深度解析(北部は浅い)およびカーボネートの採取量(北部は多い)からも，北部に比べて南部のメタンシープは，数は多いが，弱いフラックスのものが多いことが示されている．

断層北部は，過去に大規模な海底地滑りを起こした地域である．その時期は確定されていないが，ウィスコンシン氷期から完新世への移行時期(現在から約1万2千年前)であろうという説もある．現在の断層北部のシープは，大規模地滑りのイベント以後に形成されたと考えられるのに対して，南部のシープは，イベント以前に形成されたものも含んでいる可能性がある．つまり，南部の方がシープ形成時期は古いと思われ，このことが南北の違いにつながっているのかもしれない．

アムール川が長期にわたってサハリン沖に大量の堆積物を運び込み，深部からバクテリア生成起源のメタンが，(断層面にある)ガスチムニーを通って湧昇し，海底にメタンシープ，湧出ストラクチャー，表層MH，カーボネートなどを形成したと考えられる．メタン湧昇の駆動力は，プレート境界近傍の圧縮応力場であろうが，LV断層の北部では大規模地滑りイベント時の堆積物大変形が関与している可能性は高い．

〈謝辞〉
　本章では，CHAOSプロジェクトI，II，III(2003～2006年)およびSSGHプロジェクト(2007年以降)の海洋研究成果の一部を紹介した．これらの調査に参加した全てのメンバーから受けた援助に対し心から感謝する．また，KOMEXプロジェクトからは特別な協力と配慮を受けた．深くお礼を申し上げる．本研究遂行にあたっては，特別教育研究経費連携融合事業，文部科学省科学研究費および北見工業大学経費等の助成を受けている．

〈参考文献〉
庄子仁・Y. K. ジン・A. オブジロフ・A. サロマーティン・B. バラノフ・V. グラディッシュ・八久保晶弘・南尚嗣・山下聡・高橋信夫(2009)「オホーツク海のメタンハイドレートとプルーム」『地学雑誌』第118巻，第1号，pp. 175-193．
八久保晶弘・坂上寛敏・南尚嗣・布川裕・庄子仁・T. マトベーヴァ・Y. K. ジン・A. オブジロフ(2009)「オホーツク海天然ガスハイドレートの同位体組成とその結晶特

性」『地学雑誌』第118巻，第1号, pp. 207-221.

南尚嗣・A. クリロフ・坂上寛敏・八久保晶弘・百武欣二・木田正人・高橋信夫・庄子仁・T. マトベーヴァ・A. オブジロフ・Y. K. ジン・J. プールト (2009)「オホーツク海のメタンハイドレート含有層の地球化学」『地学雑誌』第118巻, 第1号, pp. 194-206.

Baranov, B. V., Y. K. Jin, H. Shoji, A. Obzhirov, K. A. Dozorova, A. Salomatin, and V. Gladysh (2008) *Gas Hydrate System of the East Sakhalin Slope: Geophysical Approach*, Incheon: KOPRI.

Biebow, N., and E. Hutten, eds. (1999) *Cruise Report KOMEX I and II: RV Professor Gagarinsky Cruise 22, RV Akademik Lavrentiev Cruise 28*. GEOMAR Report 82, Kiel: GEOMAR.

Ginsburg, G. D., V. A. Soloviev, R. E. Cranston, T. D. Lorenson, and K. A. Kvenvolden (1993) Gas hydrates from the continental slope, offshore Sakhalin Island, Okhotsk Sea, *Geo-Marine Letters*, Vol. 13, No. 1, pp. 41-48.

Ginsburg, G. D., and V. A. Soloviev (1998) *The Submarine Gas Hydrates*, St. Petersburg: VNIIOkeangeologia.

Jin, Y. K., A. Obzhirov, H. Shoji, and L. Mazurenko, eds. (2006) *Hydro-Carbon Hydrate Accumulations in the Okhotsk Sea (CHAOS-II Project). Report of R/V. Akademik M. A. Lavrentyev Cruise 36, Vladivostok - St. Petersburg*, St. Petersburg: VNIIOkeangeologia.

Shoji, H., V. Soloviev, T. Matveeva, L. Mazurenko, H. Minami, A. Hachikubo, H. Sakagami, K. Hyakutake, V. Kaulio, V. Gladysh, E. Logvina, A. Obzhirov, B. Baranov, O. Khlystov, N. Biebow, J. Poort, Y. K. Jin, and Y. Kim (2005) Hydrate-Bearing Structures in the Sea of Okhotsk, *Eos*, Vol. 86, No. 2, pp. 13, 18.

Shoji, H., Y. K. Jin, and A. Obzhirov, eds. (2008) *Operation Report of Sakhalin Slope Gas Hydrate Project 2007, R/V "Akademik M. A. Lavrentyev" Cruise 43*, Kitami: Kitami Institute of Technology.

Sloan, E. D. (1998) *Clathrate hydrates of natural gases*. 2nd ed. New York: Marcel Dekker.

〈略語表〉
BSR (Bottom Simulating Reflector)　海底疑似反射面
CHAOS (hydro-Carbon Hydrate Accumulations in Okhotsk Sea)
GH (Gas Hydrate)　ガスハイドレート
KOMEX (Kurile Okhotsk Marine Experiment)
LV (Lavrent'ev) 断層　ラヴレンチェフ断層
MH (Methane Hydrate)　メタンハイドレート

SBP (Sub Bottom Profiler)　サブボトムプロファイラー
SMI (Sulfate Methane Interface)
SSGH (Sakhalin Slope Gas Hydrate)
SSS (Side Scan Sonar)探査　サイドスキャンソナー探査

第5章　オホーツク海の命運を握るアムール川

白岩孝行

5.1　アムール川と日本人

　戦後世代にとって，アムール川(中国名：黒竜江)は近くて遠い川である。かつて満州と呼ばれた地を流れるこの大河は，ソ連と中国という共産圏の二大国家の国境を流れるという地理的位置が原因で，戦後，日本人にとって最も近づきにくい川になってしまった。日本を飛び立てば1時間もかからずに眼下に広がる距離にありながら，実体験もなく，テレビで放映されることもほとんどない現在の日本では，まさに近くて遠い代名詞のような存在である。

　戦前はそうではなかった。そもそもは清朝の領土であったこの土地は，江戸後期の探検家，間宮林蔵(1780～1844年)の樺太・大陸の踏査以来，徐々に我が国の関心の的となっていった。19世紀における清国の弱体化は，ロシアに極東進出の口実を与え，アイグン条約(1858年)と北京条約(1860年)の2つの条約により，もともとは清国の領土であったアムール川左岸とウスリー川以東の地が，ロシア領となった。

　西欧列強の干渉に対抗する義和団の乱の勃発と，その鎮圧を理由に清国に進出しようとする西欧列強・ロシア・日本の確執は，不穏な20世紀初頭の北東アジアの情勢を映し出している。日露戦争が勃発する寸前の旧制第一高等学校(一高)では，学生が次のような寮歌を歌い，アムール川で起こったロシア軍と清国軍の衝突で生じた悲劇に対し，やるかたない義憤の思いをぶつけていた。

アムール川の流血や　凍りて恨み結びけん
二十世紀の東洋は　怪雲空にはびこりつ

コサック兵の剣戟や　怒りて光ちらしけん
二十世紀の東洋は　荒波海に立ちさわぐ

満清すでに力つき　末は魯縞も穿ち得で
仰ぐはひとり日東の　名もかんばしき秋津島

桜の匂い衰えて　皮相の風の吹きすさび
清き流れをけがしつつ　沈滞ここに幾春秋

向が丘の健男児　虚声偽涙をよそにして
照る日の影を仰ぎつつ　自治領たてて十一年

世紀新たに来れども　北京の空は山嵐
さらば兜の緒をしめて　自治の本領あらわさん

（作詞：塩田環，作曲：栗林宇一，旧制第一高等学校第11回記念祭寮歌）

　隣国に対する我が国の振舞いは何をおいても真摯に反省せねばならない。一方で，上の寮歌に見られるように，強烈なまでに大陸を意識していた戦前の日本人のことを思い起こすと，現在とは隔世の感がある。終戦に至るまでの半世紀，満州という傀儡国家のもとにおいて，アムール川のほとりで起こった様々な悲劇は，その後の日本を方向付ける，心の軛となったのだろうか。戦後，アムール川流域に対する興味と関心は，かつてないほど薄れていった。
　この近くて遠いアムール川が，突如として日本人の意識に再登場したのが，2005年11月中旬のことであった。2005年11月13日の午後，吉林省吉林市にある石油化学コンビナートのベンゼン類工場で爆発事故が発生。約100ト

ンのベンゼンやニトロベンゼンがアムール川の一支流，第二松花江に流出した(UNEP, 2006)。この事実は，10日間にわたって当局によって隠蔽され，事態が発覚した際には，下流の大都市ハルビン市や，松花江がアムール川に合流する地点に位置するハバロフスクで大きなパニックを引き起こした。一方，アムール川が流入するオホーツク海に隣接する我が国でも大きく報道され，限られた情報ゆえの不安を拡大させることになった。

そして，2010年10月にNHKスペシャル「日本列島奇跡の大自然」が放映された(NHK, 2011)。日本列島を取り囲む海の豊かさとその理由を紹介する番組である。ここで，本書の第1章と第2章で紹介した研究が基礎になり，親潮が世界の中でも突出して豊かな原因として，アムール川が海に運び込む溶存鉄の存在が重要であることが広く世に紹介された。同じアムール川がオホーツク海に運ぶ物質でありながら，生物にとって有害なニトロベンゼンと，海洋生態系を底辺で支える溶存鉄。この2つの相反する物質が注目されるに至り，21世紀の初頭になって，再びアムール川が日本人の意識にのぼりはじめたのである。幸い，20世紀に北東アジアを戦禍に巻き込んだ国境は，21世紀になると，少しだけ，高さを減じていた。

5.2 アムール川とその流域

流域面積205万km^2，流長4444kmのアムール川は，太平洋に注ぐ河川としては最長，最大の流域を持った河川である。流量も巨大で，毎秒平均1万m^{3}の淡水をオホーツク海に供給している。これは石狩川の約20本分の水量である。

日本の5.4倍の面積を持つアムール川流域は，モンゴルが10％，ロシアが47％，中国が43％の割合で領土を占めている。白頭山(中国名：長白山)から流れ出す河川は松花江の一支流であり，アムール川に注ぐため，朝鮮人民民主主義共和国の領土も一部流域に存在するが，他の3カ国の領土に比べると無視できる程度なので，通常は流域国に加えない。

アムール川の水系をもう少し詳しく見てみよう。ウランバートルの東，チ

ンギスハーンが眠るというヘンティ山脈に源を持つオノン川は，東流してロシア領内へと流れるとシルカ川と名前を変える。これがアムール川の源流である。一方，大興安嶺に源を持つハイラル川は，中ロ国境に至るとアルグン川と名前を変え，黒竜江省漠河県付近でシルカ川と合流し，以降，アムール川（中国名：黒竜江）と呼ばれる。オノン川同様，ヘンティ山脈に源を持つヘルレン川は，通常，流出口のないフルン・ノール湖へと流入するが，洪水時には，フルン・ノール湖を溢流した河川水がアルグン川へと流れ込む。それゆえ，ヘルレン川流域もアムール川流域に含めるのが一般的である。

　アムール川（黒竜江）と呼ばれるようになって以降，大きな支流としては，左岸からゼーヤ川，ブレヤ川，右岸から松花江とウスリー川が流入する。慣例上，ゼーヤ川より上流をアムール川上流，ゼーヤ川からウスリー川をアムール川中流，ウスリー川以降をアムール川下流と呼んでいる（裏見返し）。興味深いことに，4444 km もの長さを持つアムール川であるが，本流に架かる橋は2本しかない。コムソモリスク・ナ・アムーレとハバロフスクに架橋されたものであり，いずれもロシア領内にある。また，アムール川本流は，世界でも数少ないダムを有しない大河川の1つである。

　さて，アムール川流域はどのような陸面によって成り立っているのであろうか。LANDSAT 衛星の可視画像の助けを借りて作成した土地被覆・土地利用図を参照しながら，考えてみたい。図 5-1 は，2000 年の陸面状態を図化したものである（Ganzei et al., 2007; 2010）。流域を構成する要素を百分率で示すと，森林帯が 53.8%，灌木・草原が 18.2%，畑地が 17.0%，湿原が 6.9%，水田が 1.3% を占めている。残りの 2.8% が河川や湖などの水域，市街域，森林伐採地，森林火災地，および山岳ツンドラを構成する部分である。

　アムール川流域の土地被覆・土地利用状況を国別に見てみると，ロシアはその領土の 67% が森林によって占められているのに対し，中国の森林域は 46% とやや少なく，モンゴルではほとんどが草原帯となっている。また，中国領の 33% が耕作地であるのに対し，ロシア領のそれは 5% 程度に過ぎない。かくして，流域の全体を眺めることにより，森林のロシア，耕作地の中国，そして草原のモンゴルという国ごとの特徴が浮かび上がってくる。

第 5 章　オホーツク海の命運を握るアムール川　　121

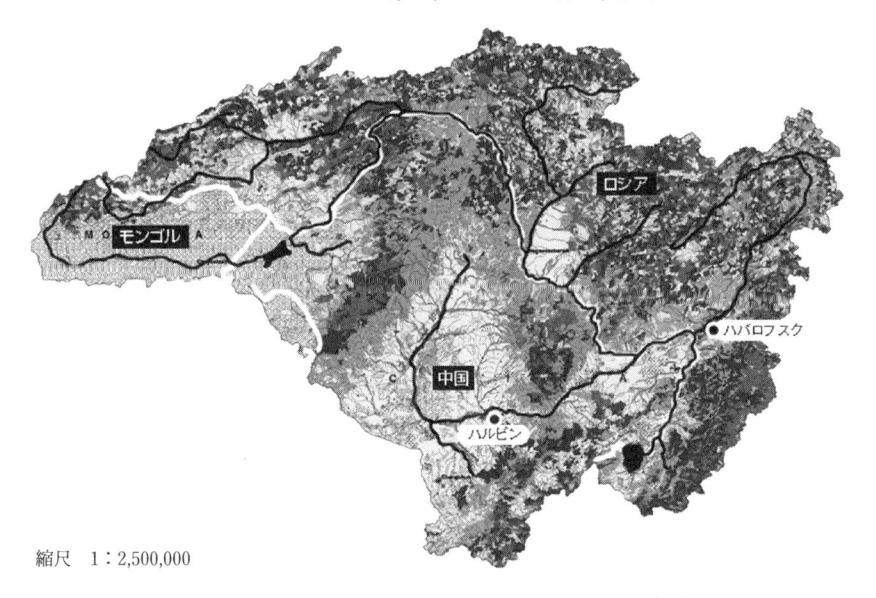

縮尺　1：2,500,000

図 5-1　アムール川流域の陸面被覆・土地利用図(2000 年時点)
灰色の濃淡は主に森林帯(ロシア 67％，中国 46％)を表す。モンゴルの大部分が草地，中国領の33％が耕作地である。
出所) Ganzei et al. (2007; 2010) より引用。

　このような陸面状態の違いは，各国の持つ自然条件のみならず，そこに住む人々の生業を反映したものであることは言うまでもない。遊牧民が暮らすモンゴルの草原は人口も希薄で，人間活動の痕跡は薄い。それに対し，耕作地の発達した中国領には，267 万人の人口を有するハルビン市を頂点に，大きな都市や町が多数存在し，アムール川流域に住む中国人の人口は 1 億人に達すると言われている。一方，森林資源に依存しているロシアでは，町の規模もはるかに小さく，中流にある流域最大の町，ハバロフスク市でさえ，ようやく 57 万人の人口を数えるに過ぎない。ロシアの流域内の人口はおおよそ 1 千万人と，中国の 10 分の 1 である。
　この流域内の著しい生業と陸面状態の違いは，アムール川をフェリーに乗って航行すると実によく分かる。左岸のロシア側の河岸が延々と森林で占められているのに対し，右岸の中国側は小興安嶺と大興安嶺の山岳地域を除

き，常時，人間の生活が望見される。

5.3 魚附林とは何か

　第2章で紹介したように，オホーツク海と千島列島をはさんでそれに隣接する親潮域の豊かな海洋の生産性は，アムール川が輸送する溶存鉄に依っている。つまり，陸で生産される物質が隣接する海洋の生態系を支えているわけである。ここでは，本章の主題である，アムール川がオホーツク海の命運を握る理由を説明する前に，一旦，アムール川から離れ，我が国における森と川と海のつながりに目を向けたい。なぜならば，我が国の漁師達が歴史的に体感してきた自然のメカニズムこそが，アムール川とオホーツク海のつながりを解明する鍵になるからだ。

　河川と海洋のつながりを考えるにあたり，我が国にある魚附林と呼ばれる森林から話を始めたい。狭義の意味では森林法に定められる「魚つき保安林」を指し，全国に約3.1万 ha の面積を持ち，主として海岸線に沿って制定されている(図5-2)。その期待される機能としては，河川および海域生態系に対する 1)栄養塩供給，2)有機物供給，3)直射光からの遮蔽，4)飛砂防止，が挙げられる。一方，広義の魚附林は，海域の生態系に対し，そこに流入する河川流域全体の森林や湿地といった陸面環境を指す。この場合の魚附林の機能には，上記の4点に加え，5)微量元素供給，6)水量の安定化，7)土砂流出安定化，8)水温安定化などが期待されている(白岩，2010，pp. 84-85)。

　沿岸上流域の陸面に由来を持つ物質が，河川を通じて沿岸域にもたらされ，そこに存在する生態系に影響を及ぼすという考えは，実はまだ完全に立証されたわけではない。もちろん，この物質が沿岸域に負の影響を与えるような，肥料起源の過剰な栄養塩であったり，生物にとって有害な汚染物質の場合は既に様々な事例が知られている。しかし，魚附林に見られるような，上流が下流に好ましい影響を及ぼすような場合についての実証的研究は数が限られている。その背景には，研究においても，行政においても，海岸線を境に陸域と海域の研究と管理が明瞭に区画されている現実がある。

図 5-2　えりも岬の魚つき保安林
出所）白岩撮影。

　その一方で，日々の糧を沿岸海域から得，変化が直接生活に密着している漁業者は，魚附林という考えを長い間にわたり経験的な知識として理解していたように見える。若菜(2004)によれば，魚附林という考え方の起源は古く，江戸時代の初めまで遡る。1623(元和9)年には，魚肥として重要であったイワシを保護するため，佐伯藩(大分県)では山焼きや湾内の小島の草木の伐採を禁じていたという。また，江戸時代の中期には，サケの保護を目的に，岩手県や新潟県において山林の保護が藩の政策として実施されたらしい。
　高度経済成長期になると，種々の原因により沿岸の荒廃が進み，これを魚附林の劣化のためと考えた漁業者は，内陸森林の保全に目を向け始めた。現在，各地で盛んに行われている漁師が主導する植樹活動の起源をたどれば，北海道において柳沼武彦氏が指導した1988年に始まる「お魚殖やす植樹運動」(柳沼, 1999)と，気仙沼の畠山重篤氏による「森は海の恋人」と名付けられた1989年からの牡蠣再生のための植樹運動(畠山, 1994)の2つの原点に行き当たる。
　1980年代になると，研究者の側から漁業者の植林活動を積極的に支持す

る学説が登場した．松永(1993)は，河川が供給するフルボ酸鉄が沿岸のコンブを育む重要な因子であり，上流の森林の荒廃がフルボ酸の供給を減少させ，これが沿岸に鉄不足をもたらし，磯焼け(沿岸の沙漠化)を引き起こしている，と主張した．また，最近では，田中克ら京都大学の研究者が，従来の魚附林思想に代表される森と川と海の関係を，人々の居住圏としての里に拡充して，分野横断的な視点から陸と海の連環を考える「森里海連環学」を提唱し始めた(田中，2007)．彼らは京都府と高知県の流域を対象に，分野横断・学際的な流域研究を展開している．一方，人の手が加わることにより，生産性と生物多様性が高くなった沿岸海域を表す言葉として，「里海」という言葉も提案されるようになった(柳，2006)．

　これらの考えは，いずれも海洋生態系に正の影響を与える森林と河川を中心とする陸域の役割を強調する．しかし，流域を構成する要素は様々であり，異なる土地被覆・土地利用状態がどのようなプロセスを経て河川に影響を与え，これが海に到達するかについてはまだ十分な研究がなされているとは言えない．次節で説明するアムール川流域においては，2005年から2009年にかけて実施されたアムール・オホーツクプロジェクトの成果(白岩，2011)に基づいて，この問題を考えてみたい．

5.4　アムール川が運ぶ溶存鉄

　第2章で詳述したように，オホーツク海と親潮は，アムール川から供給される溶存鉄を利用して高い海洋生産性を維持している．では，いったい，アムール川はどのくらいの溶存鉄を毎年オホーツク海に運び込んでいるのであろうか．図5-3は，ハバロフスクとバガロツカの2つの水文観測点において，2006年4月から2009年1月にかけて月ごとに採水された水サンプル中の溶存鉄濃度を分析した結果である(Nagao et al., 2010)．ここで言う溶存鉄とは，水中に溶出した鉄全般を指す．具体的にはワットマンGF/Fガラス繊維ろ紙と呼ばれる$0.7\,\mu$mのメッシュを通過した水を，ICP質量分析装置と呼ばれる機器で分析したものである．溶存鉄という言葉を使った場合，二価鉄，

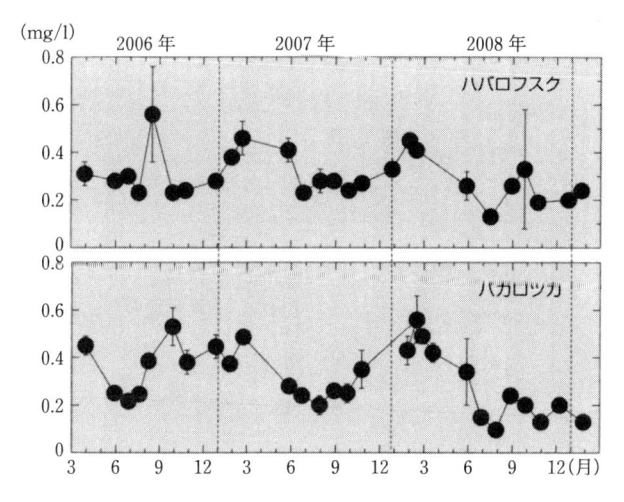

図5-3 ハバロフスクとバガロツカの溶存鉄濃度の季節変化
出所）Nagao et al. (2010) より引用。

三価鉄，腐植鉄錯体の全てを含んでいる。

　3年弱の月毎の溶存鉄濃度を見ると，ハバロフスクでは0.30 mg/l，バガロツカでは0.31 mg/lの平均濃度が得られた。この鉄の濃度がどの程度かというと，世界の河川の平均的な鉄濃度より2桁多い濃度である。一方，季節的な濃度変化を見ると，2006年の8～9月，2007年の3月，2008年の2月，2008年の9月に相対的に濃度が上昇するピークが現れる。これらの濃度が上昇する時期は，夏のモンスーン降水と，春の融雪による洪水時期に一致する。2007年の夏は渇水で，アムール川の水位が上昇しなかったため，夏の溶存鉄濃度も上昇しなかったのであろう。

　水位が高くなると溶存鉄濃度が上昇する原因はこう考えている。溶存鉄がそもそも大量に存在するのは，河川の周囲に広がる後背湿地や氾濫原であり，とりわけこれらの地域の地下水中に大量に存在する。河川の水位が上昇すると，これらの地域に河川水や地下水が流れ込み，そこにある濃度の高い溶存鉄を取り込んで再び河川水に戻ってくる。その結果，アムール川本流の溶存鉄濃度が高くなる。

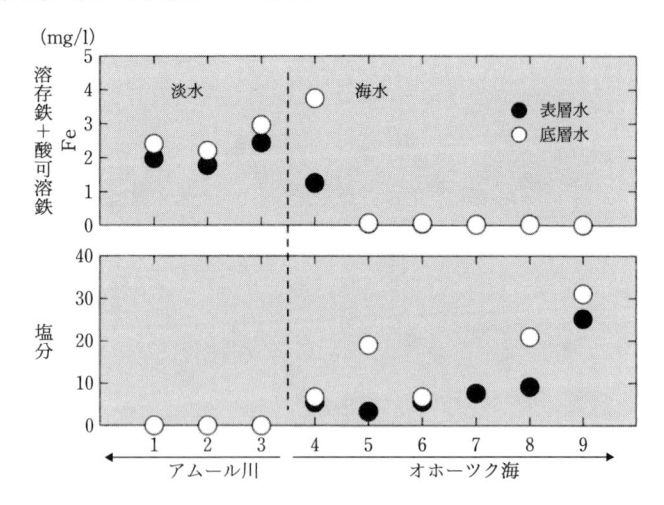

図5-4 アムール川汽水域における溶存鉄＋酸可溶鉄濃度と塩分の空間変化
出所）Nagao et al.(2010) より引用。

　さて，それでは最初の問題に戻って，いったいどのくらいの溶存鉄が毎年オホーツク海に流れ込むのかを検討しよう。ハバロフスクであれ，バガロツカであれ，河川の横断面を1年間に通過する鉄のフラックスを計算できれば，それがアムール川の河口を経て，オホーツク海に流れ込む鉄の量となる。1960～2002年にかけてロシア連邦水文気象・環境監視局が観測したデータを用いて求められたハバロフスクにおける年間の溶存鉄フラックスは，0.56×10^{11} g／年～1.57×10^{11} g／年の範囲で変動し，その平均値は $1.1 \pm 0.7 \times 10^{11}$ g／年であった(Onishi et al., 2008)。つまり，毎年11万トンの溶存鉄がアムール川からオホーツク海に流れ込んでいるのである。

　果たしてこの11万トンの溶存鉄はそのまま海洋表面を流れてオホーツク海から親潮へと広がっていくのであろうか？　答えは否である。これらの溶存鉄は，淡水から汽水域のアムールリマンに流れ込んだ途端，大部分が沈殿してしまうことが観測と室内実験から分かったのだ。

　図5-4は，アムール川河口からアムールリマンを経てサハリン湾に至る観測点に沿って，表層水と底層水の溶存鉄濃度，塩分がどのように変化するか

を示したものである(Nagao et al., 2010)。河口付近の観測点1〜3では，塩分がほぼゼロであり，溶存鉄濃度は2〜3 mg/l程度を保っている。ところが，観測点4において，塩分が上昇し始めると，溶存鉄濃度は一気に低下し始め，観測点5以降，表層水の溶存鉄濃度は極端に低くなってしまう。

　淡水から海水に至る過程で，溶存鉄に何が起こったのだろうか？　このトリックは，化学の分野で凝集作用と呼ばれる現象で説明できる。アムール川の淡水に含まれる溶存鉄は，前述したように二価や三価の鉄が陽イオンとして運ばれるもの，酸素と共有結合した水酸化鉄，そしてフルボ酸などの腐植物質と錯体を形成したものなど，様々な様態をとっている。これらの鉄が，塩分が上昇する汽水域に流入すると，海水中に溶けているNa^+，Ca^{2+}，Mg^{2+}という陽イオンと結合し，一部はそのまま溶存状態を保つものの，大部分は粒子となって海底に沈殿してしまう。様々な濃度の人工的な海水を利用して，これらの鉄の凝集作用を調べる室内実験を行ったところ，フルボ酸と錯体を形成した鉄は溶存状態を保つ傾向がある一方，それ以外の鉄は大部分が沈殿してしまうことが判明した。アムールリマンでの観測結果によれば，90％以上の溶存鉄が凝集作用によって表層の海水から除去され，海底に沈殿していた。つまり，せっかくアムール川が運んだ大量の鉄は，河口という非常に小さな範囲において，大部分が海水中から除去され，海底に沈んでしまうのである。

　このような汽水域における化学的なプロセスは，川の影響が遠くの外洋に至るのを防ぐ役割を果たしてきたと言い換えることもできる。凝集作用は溶存鉄だけでなく，様々な物質に作用する。川には海洋の生物にとって有害な汚染物質も含まれている。これらの汚染物質の多くにも凝集作用が働くので，汽水域は，川から海へと至る水を浄化するフィルターと考えることもできるだろう。

5.5 鉄を生み出すアムール川流域の湿地

　アムール川によって運ばれている溶存鉄は，そもそもアムール川流域のどこに起源を持っているのであろうか。1枚の図が鉄の起源を明瞭に物語る。図5-5は，ロシア連邦水文気象・環境監視局が2002年にアムール川水系の各所において測定した溶存鉄濃度の平均値を示した図である(中塚他，2008)。丸の大きさが濃度を示している。濃度の数値を見る限り，アムール川流域の鉄濃度は，どこでも高く，日本の平均的な河川に比べると1桁以上高い鉄濃度を有している。ところが，中でもとりわけ大きな丸が，アムール川の中流，ちょうど大支流である松花江やウスリー川の合流点付近に集中していた。ここには，三江平原と呼ばれる中国最大の湿地が存在する。

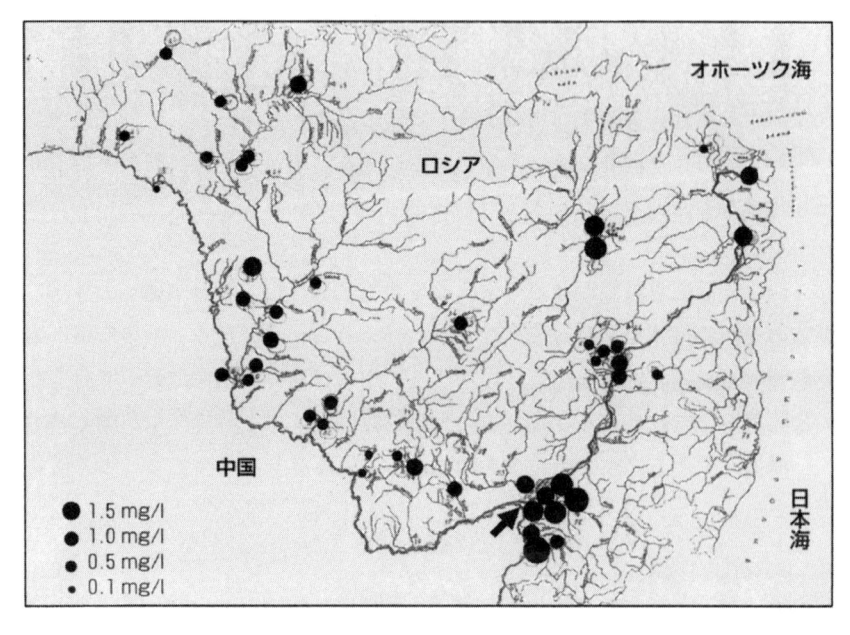

図 5-5　アムール川流域の溶存鉄濃度の空間分布
出所）中塚他(2008)より引用。

湿地で鉄濃度が高くなる原因は，腐植物質の量もさることながら，鉄自体の挙動に注目すると理解できる．地球上において鉄は4番目に多い元素であり，陸上であればどこにでもある物質である．ところが，酸素と結び付きやすい性質を持っているために，酸素が豊富な環境では，ほとんどの鉄は酸素と結合した水酸化鉄という不溶性の状態で安定となる．一方，酸素がない状態においては，鉄は一部の電子を切り離し，二価あるいは三価の陽イオンとして水に溶けることが可能である．

湿地という場所は，常時，地下水位が高く，地表付近に水が存在する．このような場所には，湿地特有の植物が繁茂する．植物は季節の移り変わりとともに枯死して，やがてはバクテリアによって分解される．北方湿地は気温の低さもあってか，分解は遅く，分解の過程で酸素が消費されるため，常時酸素の少ない還元的な環境が維持される．このような状態は，鉄の水中への溶出にとって都合が良く，それゆえ，湿地の水域には多量の鉄が溶け出すことになる．溶け出した二価や三価の溶存鉄は，豊富に存在する腐植物質と錯体を形成し，腐植鉄錯体として溶存状態を保ったまま湿地から河川，そして海洋へと輸送されるのである．

もちろん，従来言われていたように，腐植鉄錯体の形成は森林においても起こっている．我々のアムール川流域の様々な陸面環境における溶存鉄濃度の観測によれば，湿地＞＞水田＞＞自然森林＞火災を受けた森林＞畑という順で溶存鉄濃度は低下していくことが分かった．つまり，湿地がどれだけ存在するかが，河川を通じて海洋にどれだけの溶存鉄あるいは腐植鉄錯体が運ばれるかの目安となるのである．

5.6 森は海の恋人か？

「森は海の恋人」という素敵な言葉は，前述した魚附林運動のパイオニアである畠山重篤の活動から生まれた言葉である．上流域の森林が沿岸域の魚類や牡蠣に与える影響に気づいた畠山は，自ら率先して植林活動を始め，海を含む魚附林の再生に歩み出した．この活動は，現在，日本全国に広がるま

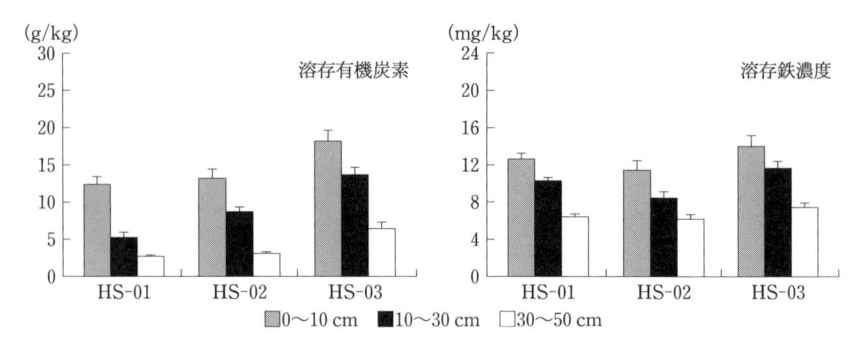

図 5-6　小興安嶺の寒月における表層土壌中の溶存有機炭素と溶存鉄濃度の分布
HS-01：カラマツ植林地，HS-02：トウヒ，シラカンバ二次林，HS-03：シラカンバ，ハンノキ，カラマツ二次林。
出所）Xu et al.(2010) より引用。

でになった。

　この魚附林思想を表すキャッチフレーズは，前節で紹介したアムール川の現状と必ずしも合致しない。我々の観測に照らせば，海の恋人は森ではなく，湿地ということになる。果たして，森は海の恋人たりえないのであろうか。

　図 5-6 はアムール・オホーツクプロジェクトが溶存鉄の生産地として，森林の役割を評価するために選んだ観測地，小興安嶺の寒月における表層土壌中の溶存鉄と溶存有機炭素(DOC)の濃度を示している(Xu et al., 2010)。溶存有機炭素とは，水中に溶けた有機物の量を表す指標であり，しばしば河川の汚濁の程度を示す指標として用いられている。なぜ人為的な汚染の指標になるかというと，人間が排出する様々な窒素やリンが水域の富栄養化を引き起こし，これがプランクトンを増殖させ，そのプランクトンがバクテリアによって分解されることにより，水中の溶存有機物が増えるからである。一方，人為的な影響が全くないか少ない山地においては，DOC は植物などの自然植生の豊かさを示す指標となる。

　図を見ると，DOC も溶存鉄も，0～10 cm の表層で濃度が高いことが分かる。これは，溶存有機物が存在する表層付近で，これと結び付いた鉄，すなわち有機物鉄錯体が多いことを示している。

　一方，流域の異なる場所でどのように鉄が振舞うかを調べた結果が，小興

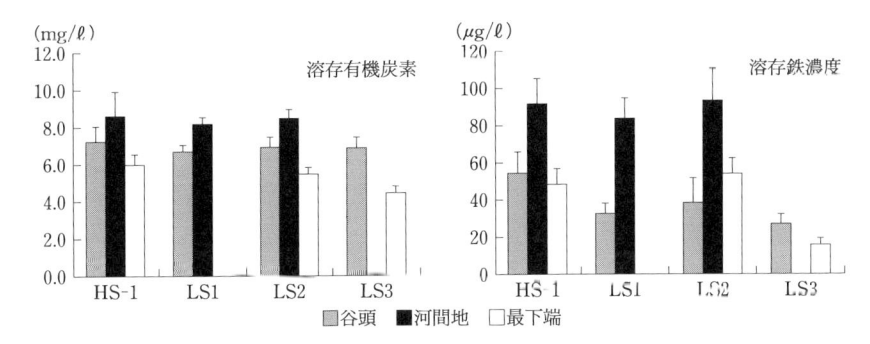

図5-7 小興安嶺の寒月(HS)および涼水(LS)実験地における異なる地形間での溶存有機炭素と溶存鉄濃度の比較
出所）Xu et al. (2010) より引用。

安嶺での観測から得られた図5-7である(Xu et al., 2010)。HS-1は寒月のカラマツ植林地，LS1，LS2，LS3は涼水の自然林で，それぞれチョウセンゴヨウ，シラカンバ林(LS1)，チョウセンゴヨウ，トウヒ，シラカンバ林(LS2)，トウヒ，シラカンバ，ハンノキ林(LS3)からなる。軸の3つのパターンは，採取した水が採られた流水の地形的特徴を示す。網かけが谷頭付近，黒が河間地，白が最下端である。4つの地点と3つの地形的特徴の違いを比較すると，植生の違いには大きな差は見られず，どこを流れる水で試料が採られたかが大きな違いを生み出している。最も高いDOCと溶存鉄濃度は，河間地のものであり，谷頭と流域最下端の値はいずれも低い。河川の谷底に近い河間地は一般に地下水位が高いので，このデータ群もやはり地下水位が高い地点で有機物鉄錯体の濃度が高いことを示している。

植生によってDOCと溶存鉄濃度が変わらないと述べたが，森林火災を受けた森林はその限りではない。図5-8は，大興安嶺の松嶺で森林火災を受けた流域と自然植生が残っている流域の河川水中の溶存鉄濃度を比較したものである(Yoh et al., 2010)。2004年，2006年，2007年の3年にわたって毎月測定された値の年平均値を示している。この図を見ると，火災を受けた森林を持つ流域から流れ出す河川には，自然森林の場合に比べて極端に低い濃度の溶存鉄しか存在していないことが分かる。おそらくは，錯体を形成する有機

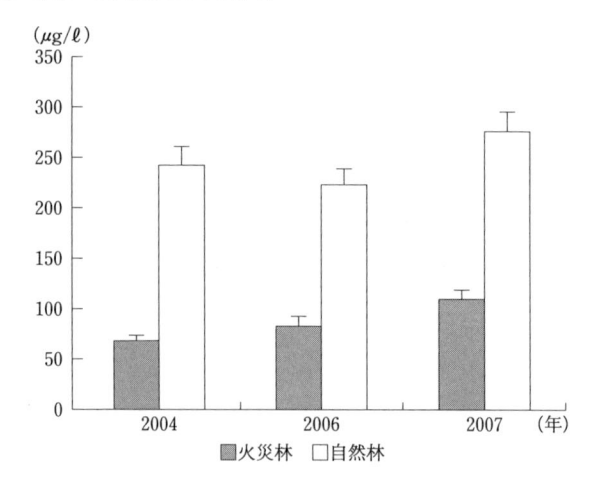

図5-8 自然林と火災を受けた森林における溶存鉄濃度の変化
出所）Yoh et al. (2010) より引用。

物が，森林火災によって焼失してしまったための結果であろう。

　森林は鉄の供給地として働いていないのであろうか？　結論から言うと，森林，とりわけ人為的な攪乱を受けていない森林は，鉄の供給源として重要である。単位面積当たりの鉄の溶出量という意味では，森林は湿原に遠く及ばないが，アムール川流域における森林の面積は膨大であり，全体としては大きな鉄の供給源になっている。

　一方，湿原はなぜ湿原たりえるのか？ということも考える必要がある。アムール川流域の湿原がどこにあるかを見ると，それはほぼ例外なく，アムール川(黒竜江)本流沿い，あるいは支流のゼーヤ川，ブリヤ川，松花江，ウスリー川の流路沿いに発達する。つまり，アムール川流域の湿原は，アムール川水系の氾濫原に広がっている。梅雨期と春の融雪期の2回，アムール川は洪水を起こす。この時に氾濫する水が，湿原の主な涵養源となっている。これらの河川氾濫は，隣接する森林域から供給される流出と，河川流路を通じて上流域から供給される流出によって規模が決まるのだが，いずれにしても，湿原以外の陸面被覆状況に大きく影響されることは間違いない。アムール川流域では，流域の50％程度が森林によって占められているので，流域の7％

弱の湿原の存続が，森林地帯の状態に大きく依存していることになる。つまり，アムール川流域の湿原は，森林の存在抜きでは語ることのできないものなのである。

以上より，魚附林の考え方を援用すると，アムール川流域はオホーツク海や親潮にとっての魚附林であると言える。さらに言えば，その空間スケールの大きさから，巨大魚附林とも称すべき，壮大な空間スケールで陸域の物質循環と海洋の生態系が結び付いている。かくして，アムール川流域はこれらの豊穣な海の永遠の恋人であることが期待されるのである。

5.7 顕在化する人為的影響

第1章，第2章で詳述した近年の海洋環境の変化に相当するような，大規模な変化は陸域でも起こっている。中でも，我々が注目したのは，土地利用変化が溶存鉄濃度に与える影響である。

土地利用がいかにして，アムール川水系における溶存鉄の輸送に影響を与えるかについて，中流域の三江平原と呼ばれる広大な湿原における観測から紹介しよう。図5-9は，中国科学院長春地理農業生態学研究所の所有する湿地研究所の実験的な圃場で観測した表層土壌中の間隙水の溶存鉄濃度の2007年における季節変化である(Yoh et al., 2010)。ここでは，10 cm と 50 cm

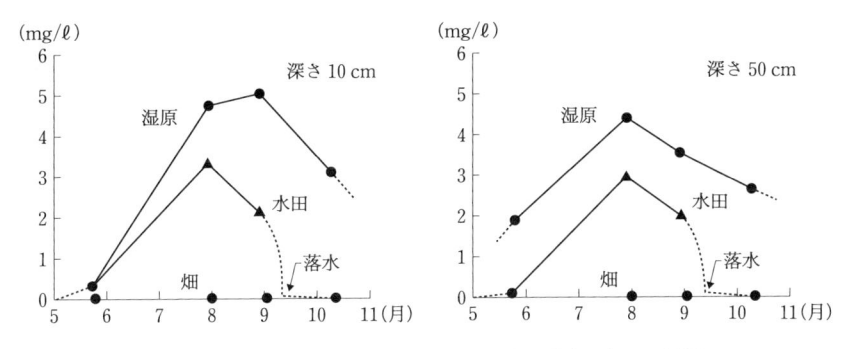

図5-9 土地利用改変が土壌水分中の溶存鉄濃度に与える影響
出所) Yoh et al. (2010) より引用。

の深さの溶存鉄濃度を雪融けの6月から凍結の始まる11月まで測定した。図で明らかなように，10 cm でも 50 cm でも，6月の雪融けとともに溶存鉄濃度は上昇する。ただし，畑地においては通年にわたって溶存鉄の存在は確認できなかった。湿原は8月に最も濃度が高くなり，その後，徐々に低下していく。一方，水田は湿原同様，夏に濃度が高くなるが，湿原ほどには上昇せず，しかも9月の収穫期の落水によって急激に溶存鉄濃度を低下させる。落水という人為的な操作の起こらない湿原では，地下水位は秋を通じて高く保たれるため，凍結によって水が得られなくなるまで，高い溶存鉄濃度を保持していることになる。

　この観測事実は，近年，アムール川流域で生じる急速な土地利用変化により，アムール川を通じてオホーツク海に輸送される溶存鉄の総量が大きく変化する可能性を示唆する。1930年代と2000年時点のアムール川全流域の土地被覆・土地利用状態を復元し，その変化の様子を見たところ，アムール川流域においては，草地と湿地の大幅な減少と，それに代わる畑や水田の増加が認められた(大西・楊，2009)。そして，これに呼応するように，湿地の減少が最も顕著に起こっている三江平原を流れるナオリ川においては，20世紀の半ば以降，河川水中の鉄濃度が急激に減少している(図5-10：Yan et al., 2010)。

　かくして，オホーツク海と親潮の永遠の恋人は，何らかの手だてを講じないと，結び付きが薄れてしまう可能性が見えてきた。

5.8　残された課題

　2005年から始まったアムール・オホーツクプロジェクト(序章参照)は，第2章と本章で詳述したように親潮域の植物プランクトンの生産に果たすアムール川起源の溶存鉄の役割を評価した。その結果，アムール川起源の溶存鉄はオホーツク海の中層を通じて親潮域に輸送され，ここで植物プランクトンの生産に寄与していることが明らかとなった。

　一方，20世紀の後半に生じたアムール川流域における急速な陸面変化は，

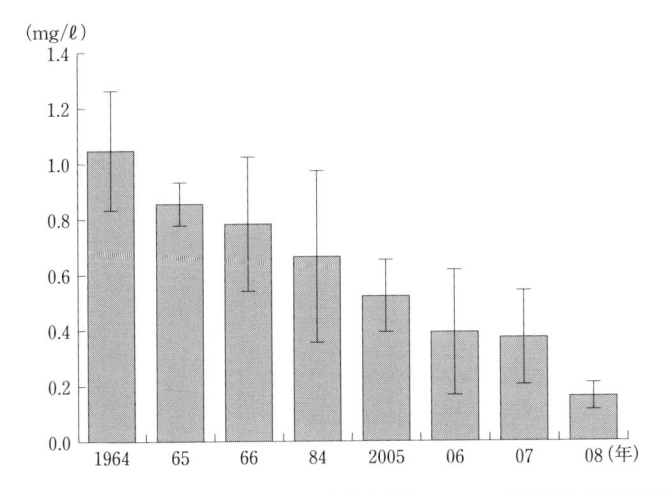

図 5-10　三江平原を流れるナオリ川の全溶存鉄($Fe^{2+}+Fe^{3+}$)濃度の時系列変化
出所）Yan et al. (2010) より引用。

巨大魚附林の機能を劣化させつつあるように見える。つまり急速に進むアムール川流域の湿原の干拓，森林の劣化，森林火災による森林の焼失は，河川中の溶存鉄濃度と腐植物質を減らし，オホーツク海や親潮域で植物プランクトンが利用できる鉄を減らす可能性がある（白岩，2011）。日本の沿岸域において牡蠣や魚類の減少が進み，漁業従事者が率先して上流域の森林保全に乗り出したように，アムール川流域の陸面環境の劣化に対し，オホーツク海や親潮域の水産資源に恩恵を受けている我々はこの問題に無関心ではいられない。

　しかし，現実は厳しい。領土問題を抱える日本とロシアの間に横たわるオホーツク海は，残念ながら共同で環境を監視する体制にはほど遠い。2005年に起きた松花江のニトロベンゼン汚染とともに記憶に残るのは，2006年2月末に北海道のオホーツク沿岸で発見された5500羽を超える油が付着した鳥の死骸である。地理的に見て，この油は東樺太海流が北方のロシア海域から運んだものである可能性が高いと思われるが，その原因については未解明であり，日本の懸念にもかかわらず，ロシア側に情報を開示する意志は未だ

見えない。アムール川が運ぶ汚染物質はやがてオホーツク海に流れ込み，最下流に位置する日本にとって他人事ではない問題であるが，国連の勧告によってアムール川流域国で設置が進められるアムール川流域委員会に日本が関与することは難しい状況にある。

　一方，2011年3月11日の東日本大震災時に発生した津波による福島第1原発の原子力事故は，大気中への放射性物質の放出に加え，汚染された冷却水の海中投棄によって，日本のみならず，近隣諸国に大きな衝撃を与えるに至った。

　オホーツク海や親潮の水産資源を潤す鉄をもたらすアムール川。その水産資源に脅威となる汚染物質や油をもたらすアムール川。そして，影響が長引くであろう日本起源の放射性物質の海洋における拡散。オホーツク海を巡って起こる，この様々な問題に対し，将来にわたってオホーツク海や親潮域の海洋生態系を保全し，持続可能な状態で未来世代に引き渡すために，我々には何ができるのだろうか。

　多くの環境問題の解明には自然科学的な手法が有効であることは言を待たない。しかし，その解決にあたっては，時として自然科学は無力である。社会科学や政治学，あるいは経済学が鍵を握る。広く言えば，人文科学的な考察なしに，環境問題の解決はありえない。アムール川流域の溶存鉄生成の問題だけを取り上げてみても，鉄の減少をもたらしているアムール川流域の土地利用変化の歴史とその背景の理解は重要である。5年間の調査の結果，湿原の急速な干拓と水田化，森林管理の混乱，森林火災の3点が土地利用変化の最大の要因として浮かび上がってきた。さらに突きつめていくと，これらの要因の背景には，アムール川流域国である中国やロシアの国内事情だけでなく，近隣諸国の社会・経済活動がアムール川流域の土地利用変化の駆動力として強く働いていることが見えてきた。すなわち，鉄や汚染物質で見ると固定されてしまう上流と下流の加害者—被害者関係が，人文社会科学の視点を加えることにより，より複層的な構図として浮かび上がってきたのである。ここでは，加害者と被害者の関係は時として逆転し，仕組みさえ整えば，双方が納得できる解決策が見つかる可能性がある。この問題については，第2

部において人文社会科学的な研究の展開を見た上で，終章でもう一度扱うこ
とにしたい。

〈参考文献〉

NHK(2011)「はるか大陸から続く鉄の道」NHK スペシャル「日本列島」プロジェク
　　ト編著『日本列島奇跡の大自然』NHK 出版，pp. 122-135.
大西健夫・楊宗興(2009)「土地利用の変化が溶存鉄フラックスに及ぼす影響」『地理』
　　第 54 巻，第 12 号，pp. 52-58.
白岩孝行(2010)「魚附林」総合地球環境学研究所編『地球環境学事典』弘文堂，pp.
　　84-85.
白岩孝行(2011)『魚附林の地球環境学：親潮・オホーツク海を育むアムール川』昭和堂.
田中克(2007)「「森・里・海」の発想とは何か」山下洋監修『森里海連環学』京都大学
　　学術出版会，pp. 307-333.
中塚武・西岡純・白岩孝行(2008)「内陸と外洋の生態系の河川・陸棚・中層を介した物
　　質輸送による結びつき」『月刊海洋』号外，第 50 号，pp. 68-76.
畠山重篤(1994)『森は海の恋人』北斗出版.
松永勝彦(1993)『森が消えれば海も死ぬ』講談社.
柳哲雄(2006)『里海論』恒星社厚生閣.
柳沼武彦(1999)『森はすべて魚つき林』北斗出版.
若菜博(2004)「近世日本における魚附林と物質循環」『水資源・環境研究』第 17 巻，
　　pp. 53-62.
Ganzei, S. S., V. V. Yermoshin, N. V. Mishina, and T. Shiraiwa (2007) Recent use of lands within the Amur River basin, *Geography and Natural Resources*, No. 2, pp. 17-25.
Ganzei, S. S., V. V. Yermoshin, and N. V. Mishina (2010) The landscape changes after 1930 using two kinds of land use maps (1930 and 2000), in T. Shiraiwa, ed., *Report on Amur-Okhotsk Project, No. 6*, Kyoto: RIHN, pp. 251-262.
Nagao, S., M. Terashima, H. Takata, O. Seki, V. I. Kim, V. P. Shesterkin, I. S. Levshina, and A. N. Makhinov (2008) Geochemical behavior of dissolved iron in waters from the Amur River, Amur-Liman and Sakhalin Bay, in T. Shiraiwa, ed., *Report on Amur-Okhotsk Project, No. 5*, Kyoto: RIHN, pp. 21-25.
Nagao, S., M. Terashima, O. Seki, H. Takata, M. Kawahigashi, H. Kodama, V. I. Kim, V. P. Shesterkin, S. I. Levshina, and A. N. Makhinov (2010) Biogeochemical behavior of iron in the lower Amur River and Amur-Liman, in T. Shiraiwa, ed., *Report on Amur-Okhotsk Project, No. 6*, Kyoto: RIHN, pp. 41-50.
Onishi, T., H. Shibata, S. Nagao, H. Park, M. Yoh, and V. V. Shamov (2008) Longterm trend of dissolved iron concentration and hydrological model incorporat-

ing dissolved iron production mechanism of the Amur River basin, in T. Shiraiwa, ed., *Report on Amur-Okhotsk Project, No. 5*, Kyoto: RIHN, pp. 199-207.

UNEP (2006) *The Songhua River spill China, December 2005, Field Mission Report*, United Nations Environment Programme.

Xu, X., K. Zhang, T. Cai, H. Sheng, and H. Shibata (2010) Iron dynamics in forest ecosystems: effects of topography and vegetation type, in T. Shiraiwa, ed., *Report on Amur-Okhotsk Project, No. 6*, Kyoto: RIHN, pp. 203-211.

Yan, B. et al. (2010) Concentration and species of dissolved iron in waters in Sanjiang plain, China, in T. Shiraiwa, ed., *Report on Amur-Okhotsk Project, No. 6*, Kyoto: RIHN, pp. 183-194.

Yoh, M., H. Shibata, T. Onishi, M. Kawahigashi, Y. Guo, B. Ohji, K. Yamagata, V. V. Shamov, I. S. Levshina, A. Novorotskaya, L. Matyushkina, B. Yan, D. Wang, X. Pan, B. Zhang, X. Chen, B. Huang, G. Chi, Y. Shi, F. Shi, X. Xu, K. Zhang, T. Cai, and H. Sheng (2010) Iron dynamics in terrestrial ecosystems in the Amur River basin, in T. Shiraiwa, ed., *Report on Amur-Okhotsk Project, No. 6*, Kyoto: RIHN, pp. 51-62.

第 2 部
環オホーツク海地域の資源開発と経済

第6章　環オホーツク海地域の経済発展

田畑伸一郎

6.1　はじめに

　本章では，環オホーツク海地域の経済発展が持続可能なものであるのかについて分析する。本書が環オホーツク海地域の環境と経済の検討を目的とすることから，本章でも，オホーツク海の環境に影響を及ぼす経済活動という視点から考察する。ただし，筆者がロシア経済を専門とすることから，ロシア極東経済についての叙述が中心となることをお断りしたい。また，環オホーツク海地域の重要な産業である石油・ガス，木材，水産業については，本書第2部の個々の章で取り上げられていることから，本章では詳述しない。本章では，個々の産業ではなく，全体としての経済発展を取り上げている。

　ロシア極東では，ソ連崩壊に伴い，1990年代初めに大きな変化が生じた。ロシア極東は，閉鎖経済を基本前提とする国内分業体制が崩壊したことの影響をロシアの中で最も強く受け，1990年代を通じて経済が大幅に縮小した。ところが，2000年代には，極東・東シベリアにおけるエネルギー開発の進展，東アジア諸国からの輸入の増加，ロシア連邦政府主導の極東発展プログラムの実施などにより，ロシア極東において再び大きな変化が生じることとなった。筆者は，2000年代後半になってロシア極東はアジア・太平洋諸国・地域の1つとして再登場したと考えている。ロシア極東は，ソ連崩壊後20年を経て，70年間のソ連時代の「鎖国状態」からようやく抜け出し，近接する地域との間で，本来あるべき関係を取り戻しつつあるように思える。

　本章で焦点を当てるのは，この2000年代の大きな変化である。次節では，

現時点における環オホーツク海地域の経済の概要について説明する。6.3 では，2000 年代の発展の契機について解説する。6.4 では，2000 年代後半の時点で見たこの発展の成果について分析する。6.5 では，この地域の持続的発展の可能性を検討することによって，本章をまとめる。

6.2 環オホーツク海地域の経済の概要

6.2.1 その特徴

本章では，ロシア極東連邦管区の 9 つの連邦構成主体，中国東北部の黒竜江省と吉林省，日本の北海道を環オホーツク海地域と位置付ける(表見返し図参照)。すなわち，オホーツク海を取り囲む地域(サハリン州，ハバロフスク地方，マガダン州，カムチャツカ地方，北海道)に，アムール川とその支流の流域を含む沿海地方，ユダヤ自治州，アムール州と中国東北部の 2 省を加え，さらに，極東連邦管区に含まれるサハ共和国，チュコト自治管区を加えている。最後の 2 つの地域を加えるのは，ロシアでは，83 の連邦構成主体が 8 つの連邦管区に分けられており，連邦管区ごとの統計データが作成されていることが理由の 1 つである[1]。

ロシア極東，中国東北部 2 省，北海道の人口と経済の規模には非常に大きな差がある。人口は，ロシア極東が 629 万人(2010 年 10 月 14 日)，中国東北部 2 省が 6577 万人(同年 11 月 1 日)，北海道が 551 万人(同年 10 月 1 日)であり(本書第 10 章参照)，2009 年の GDP は，ロシア極東が 545 億ドル，中国東北部 2 省が 2323 億ドル，北海道(2008 年度)が 1776 億ドルであった[2]。

このような規模の違いがあるものの，環オホーツク海地域の経済には共通する次のような特徴がある。第 1 に，鉱物資源が豊富である。ロシア極東や黒竜江省の鉱物資源の豊富さについては後述する。北海道も昔は石炭，鉄鉱石，金，非鉄金属の生産量が多かった時期があった。第 2 に，農林水産業が全体として盛んである。ただし，農業はロシア極東では南部の一部でしか発展しておらず，水産業は黒竜江省，吉林省ではそれほど発展していない。第

3に、ロシア極東、中国東北部、北海道は、それぞれの国において中央から遠く離れた地点に位置し、移住地域、後発の開拓地域という特徴を有する。すなわち、国策として、国の資金によって、経済発展が進められたわけである。製造業も、特定の分野において国策として発展がはかられた。逆に、民間資本による経済発展という尺度で見ると、この3地域はそれぞれの国において最も遅れた地域の1つとなっている。しかし、ロシア極東と中国東北部においては、2000年代にロシアと中国がBRICsの一角として高成長を達成する中で、積極的な経済振興策が取られたという共通点も有している。

6.2.2 ロシア極東経済の特徴

極東連邦管区は、人口(2010年10月14日の国勢調査)ではロシア全体の4.4%を占め(本書第10章)、GDP(2009年)では5.4%を占める(*Natsional'nye*, 2011)。ロシア極東経済の第1の特徴は、エネルギーと金属を含む鉱物資源の採掘が経済の牽引力となっていることである。表6-1のGDPの生産部門別構成によれば、2009年において、鉱業の構成比が21.8%で最大となっており、ロシア全体における鉱業の比重(8.9%)を大幅に上回っている[3]。また、鉱業の

表6-1 ロシアと極東連邦管区のGDPの生産部門別構成

(%)

	ロシア 2004	ロシア 2009	極東 2004	極東 2009
農林業	5.2	4.4	5.9	4.0
水産業	0.4	0.2	4.0	3.4
鉱業	9.5	8.9	14.9	21.8
製造業	17.4	14.5	9.3	5.3
電気・ガス・水道業	3.7	4.0	5.5	4.6
建設業	5.7	6.2	9.3	11.6
卸売・小売・修理業	20.3	18.1	13.0	10.9
運輸・通信業	11.1	9.6	14.3	12.5
金融業	3.2	5.1	0.3	0.1
不動産・事業サービス	9.5	12.1	7.3	6.5
公務・国防・社会保障	5.4	6.5	4.9	8.6
教育	2.7	3.4	4.5	4.0
保健衛生・社会事業	3.2	4.0	4.6	4.7
その他	2.8	2.8	2.2	2.0

出所) *Natsional'nye* 各年版、ロシア統計局ウェブサイトから作成。

表6-2 ロシアと極東連邦管区の鉱工業出荷高の部門別構成

(%)

	ロシア 2005	ロシア 2010	極東 2005	極東 2010
鉱業	22.5	22.1	45.5	59.6
燃料・エネルギー	19.7	19.4	14.3	38.0
その他	2.8	2.7	31.2	21.6
製造業	65.1	65.0	30.2	23.9
食品・飲料・タバコ	10.9	11.4	10.8	9.2
繊維・縫製，皮革・製靴	0.8	0.8	0.3	0.2
木材加工・同製品	1.0	0.9	0.9	0.8
紙パルプ・出版・印刷	2.3	2.1	0.7	0.5
コークス・石油製品	10.5	12.4	2.5	1.4
化学工業	4.9	5.0	0.6	0.4
ゴム・プラスチック製品	1.4	1.7	0.3	0.4
その他非金属鉱物製品	3.1	2.9	2.5	1.7
冶金・金属製品	13.9	12.0	3.0	1.8
機械・設備	3.5	3.3	1.4	0.9
電気・電子・光学機器	3.3	3.6	0.9	0.5
輸送機器	6.1	5.9	3.8	4.3
その他	3.1	3.1	2.4	1.7
電気・ガス・水道業	12.4	12.9	24.3	16.5
電力	7.1	7.9	13.2	9.1
温熱	3.7	3.7	9.1	5.8
その他	1.6	1.3	2.0	1.6

出所）*Regiony* (2006; 2011) から作成。

構成比が増加傾向にあることも分かる。ロシアの鉱業の GDP に占める極東連邦管区の比重は，2009年に12.1％であり，サハリン州だけで7.0％である[4]。鉱工業の部門別構成を見ても（表6-2），2010年において鉱工業出荷高の過半を鉱業が占めている。鉱業の中では，燃料・エネルギーの比重が大きく，その比重が増加傾向にあるが，金属などの鉱業を示す「その他」の比重もロシア全体と比べると著しく大きい。ロシア経済はその石油・ガス依存で特徴付けられるが（田畑，2008），ロシア極東経済の鉱物資源依存はそれ以上であり，特に，その中でも石油・ガス依存が強まっていることになる。

石油と天然ガスについては，ロシア極東の2010年の生産量はそれぞれ1830万トンと266億m³であり，ロシア全体の3.6％と4.1％を占める[5]。サハリン州の生産量がそれぞれ1480万トンと243億m³であり，サハリンⅠ

とIIがロシア極東最大の油・ガス田となっている(図6-1)[6]。石炭は，2010年に極東連邦管区でロシア全体の10.0%(3170万トン)を産出しており，サハ共和国(1120万トン)，沿海地方(1040万トン)の生産高が大きい。貴金属・貴石に関しては，ダイヤモンド，金，銀などについて極東はロシア最大の生産地である。このうち，近年ロシアが世界第1位の生産国となっているダイヤモンドについては，サハ共和国がロシアの生産量のほぼ全量を産出している。金はロシアが世界第5位の生産国であり(2010年の生産量は175.2トン)，その生産シェアはチュコト自治管区が14.2%，アムール州が11.3%，サハ共和国が10.6%，マガダン州が8.8%，ハバロフスク地方が8.7%，カムチャツカ地方が1.3%となっており，以上の6地域の合計で54.9%である[7]。銀はロシアが世界第6位の生産国であり(2008年の生産量は1381.7トン)，同年のマガダン州のシェアが39.4%，チュコト自治管区が12.3%となっている(Braiko and Ivanov, 2009)。

第2に，ロシア極東では水産業とその加工業が強い。GDPに占める水産業のシェアは2009年に3.4%であるが，ロシア全体ではそのシェアが0.2%に過ぎないことと比べると，非常に大きいと言える。ロシアの水産業のGDPに占める極東連邦管区の比重は2009年に61.2%であり，カムチャツカ地方が21.7%，沿海地方が20.6%，サハリン州が11.4%となっている。また，製造業の中では，食品が最大のシェアを占めているが，そのかなりの部分は，水産物の加工であると見られる(表6-2)。食品は2010年に極東の製造業全体の38.5%を占めており，ロシア全体における食品の比重(17.5%)を大きく上回っている。食品工業は，カムチャツカ地方，サハリン州，沿海地方で盛んである(図6-2)。

第3に，従来は林業や木材加工業が極東経済を支える部門の1つであったが，近年ではその比重が下がっている(表6-1，表6-2)。これには，近年における丸太の輸出関税の引き上げが影響している(本書第9章参照)。なお，農業はもともと強くなく，極東の南部の地域のみで行われている状況である。2010年において極東連邦管区の耕地面積の57.1%をアムール州が，22.7%を沿海地方が占めている。耕地面積は，1990〜2010年にロシア全体では

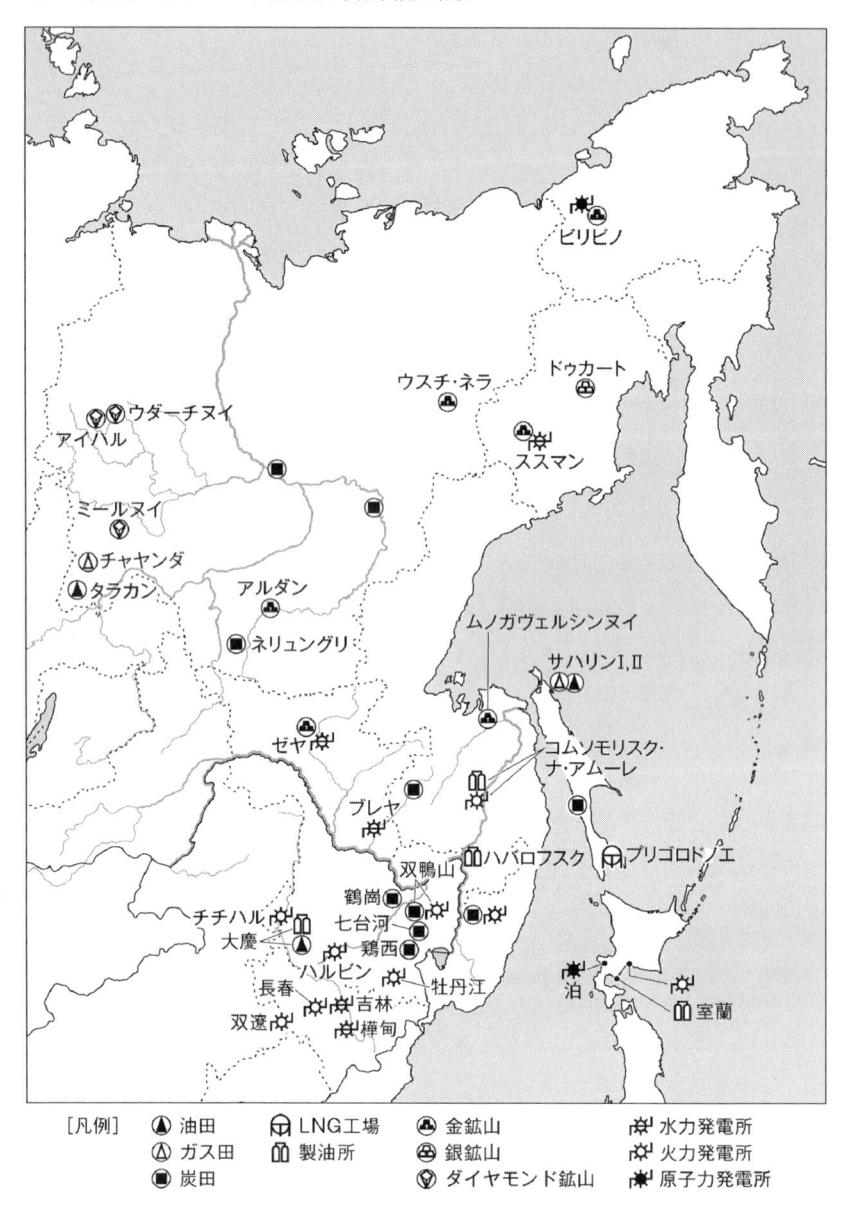

146　第 2 部　環オホーツク海地域の資源開発と経済

図 6-1　環オホーツク海地域の鉱業・電力業

出所）Roskartografiia (2008) などに基づいて作成。

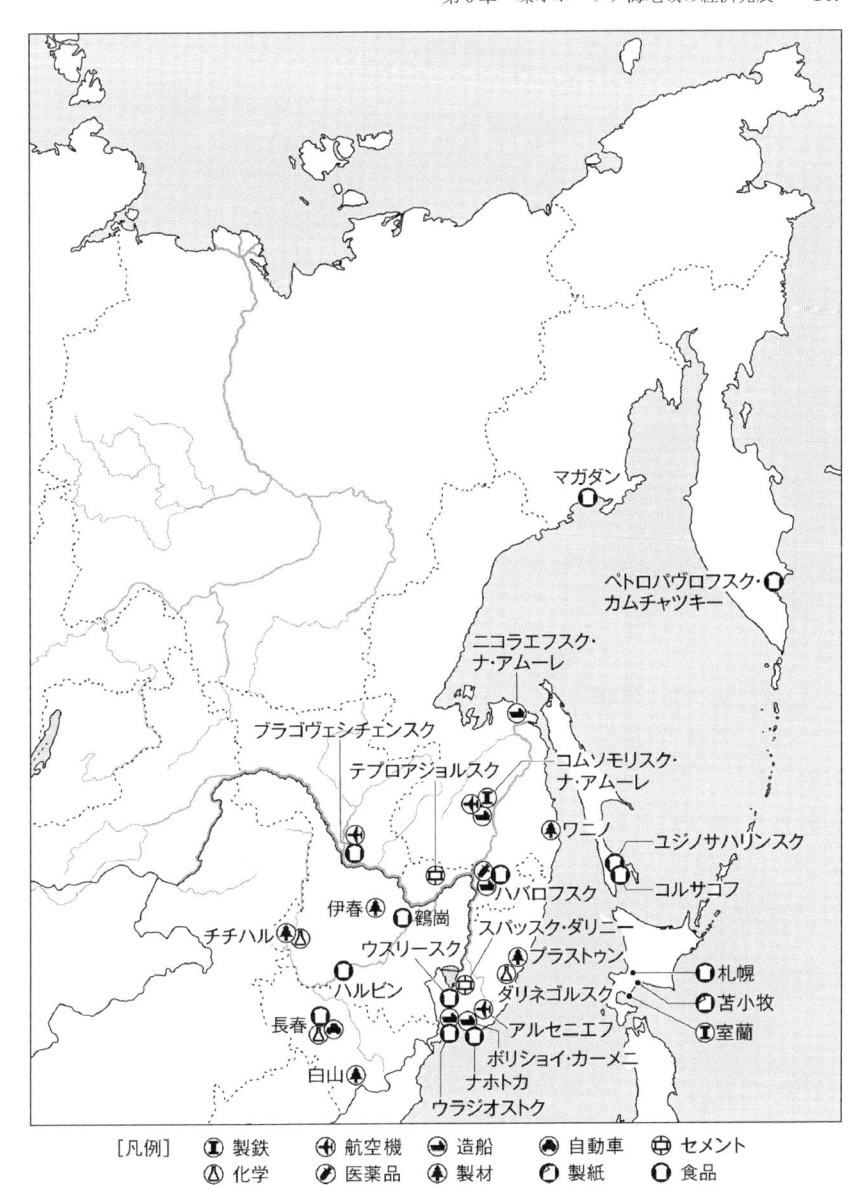

第 6 章 環オホーツク海地域の経済発展　147

図 6-2　環オホーツク海地域の製造業

出所）図 6-1 に同じ。

36.1％減少したが，極東では52.2％と大きく減少した(*Regiony*，各年版)。

　第4に，運輸部門がGDPに占める比重が相対的に高い。2009年において運輸・通信部門は極東のGDPの12.5％を占めているが，これはロシアの対応する数値(9.6％)をかなり上回っている(表6-1)。運輸部門GDPの内訳を示すデータは得られないが，シベリア鉄道による輸送と石油パイプラインによる輸送が大きいものと推測される[8]。また，極東の港湾が位置する極東水域は，ロシアの3つの水域のうちの1つとして，重要な役割を担っている(他の2つは，バルト海，バレンツ海，白海方面の北西水域と黒海，アゾフ海，カスピ海方面の南部水域である)。2010年の取扱貨物量で見ると，ヴォストーチヌイ港がロシアの港の中で第4位，ワニノ港が第7位，ナホトカ港が第8位，ウラジオストク港が第12位である(図6-3)。このうち，ヴォストーチヌイ港は石炭の取扱量では首位，ワニノ港は木材の取扱量で首位である(辻，2011；Mortsentr-TEK, 2011)。

　第5に，製造業部門は食品を除いて全般的に発展していないが，国防に関係する輸送機器工業の発展に特徴がある。GDPに占める製造業のシェア(5.3％)や鉱工業出荷高に占める製造業のシェア(23.9％)がロシア全体と比べてかなり小さいことは，表6-1と表6-2から明らかである。特に，石油製品，冶金，化学の比重がロシア全体と比べて小さい。一方，国防産業に関しては，ハバロフスク地方と沿海地方のいくつかの都市において軍用機，軍艦などの建造が行われている(図6-2)。

6.2.3　中国東北部経済の特徴

　黒竜江省と吉林省は，人口(2010年11月1日の国勢調査)ではそれぞれ中国全体の2.9％，2.0％を占め(本書第10章)，GDP(2009年)ではそれぞれ2.4％，2.0％を占める(NBS, 2010)。両省の経済の第1の特徴としては，鉱物資源が豊富であることが挙げられる(図6-1)[9]。特に，黒竜江省には中国最大の大慶油田があり，同省は2009年に中国の原油生産量の21.1％を占めている[10]。また，第2次世界大戦前は，遼寧省を含む中国東北部では，石炭や鉄鉱石の生産も盛んであった。

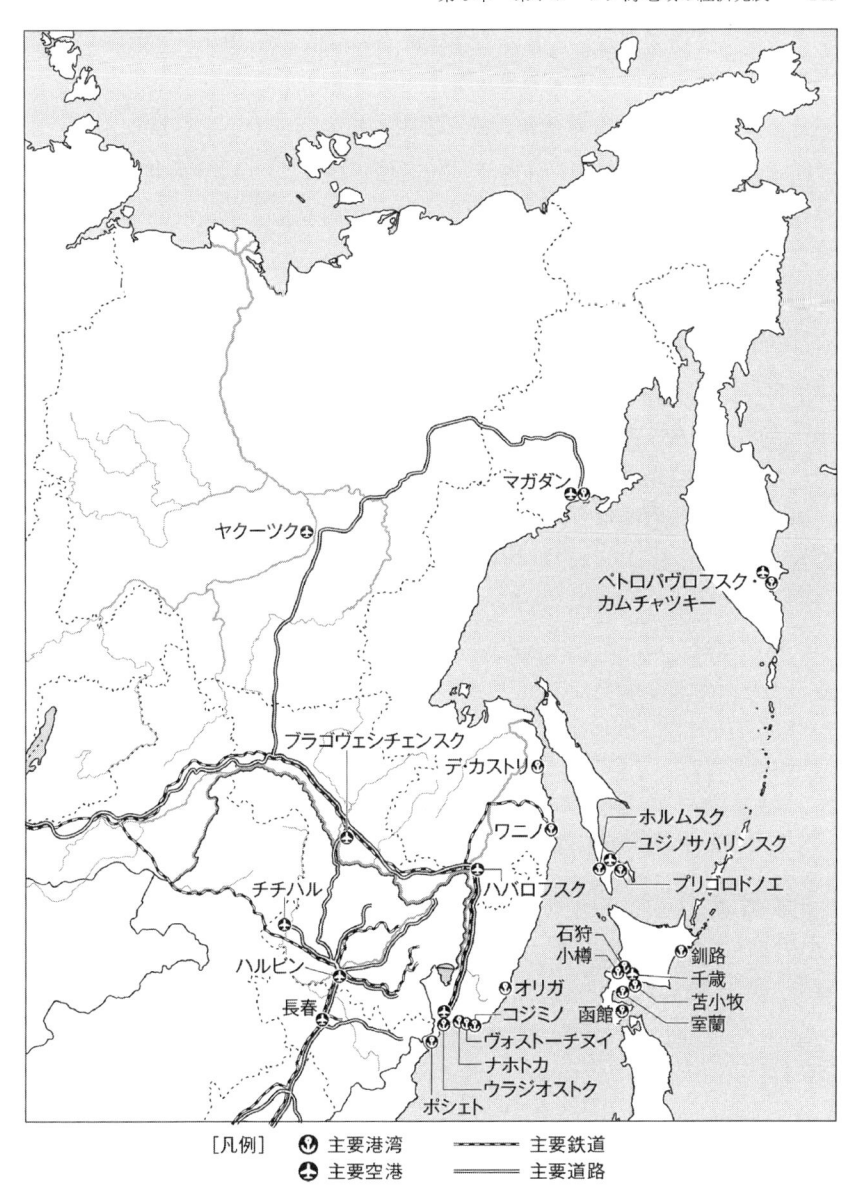

第 6 章　環オホーツク海地域の経済発展　　149

図 6-3　環オホーツク海地域の交通

出所）図 6-1 に同じ。

第2に，製造業については，日本統治下の時代から1960年代頃まで，東北地域は中国有数の重化学工業基地となっていたが，近年，変革を迫られている。すなわち，1970年代末以降，中国の対外開放や市場経済化が進む中で，東北地域は中国経済に占める地位を低下させていき，「東北病」あるいは「東北現象」という言葉が使われるようになった。これは，国有大型重工業企業を中心とする発展が隘路に陥ったことを意味する。そのような中で，2003年に改革の深化，市場の重視を眼目とする「東北振興戦略」が採択され，2004年から実施に移されている。製造業の中では，吉林省が2009年の乗用車の生産で11.5％のシェアを占めている。また，吉林省と黒竜江省では化学工業も盛んであり，エチレンの生産では，両省の生産シェアが2009年にそれぞれ7.8％，5.4％となっている（図6-2）。

　第3に，東北地域は全国有数の食糧生産基地である。たとえば，2009年の黒竜江省のシェアは，豆類が32.0％，甜菜が15.3％，とうもろこしが11.7％（吉林省は11.0％），麻類が11.5％，米が8.1％などとなっている。なお，耕地面積では，黒竜江省と吉林省がそれぞれ全国の9.7％，4.5％を占める。また，中国全体では1996年から2008年までの間に耕地面積が6.4％減少したのに対し，黒竜江省では0.5％の増加，吉林省では0.8％の微減に留まっている。

6.2.4　北海道経済の特徴

　北海道は，人口（2010年10月1日国勢調査）では日本全体の4.3％（本書第10章），GDP（2008年度）では3.6％を占める[11]。北海道経済の特徴は，第1に，農業，林業，水産業に最大の強みがあり，これらの産業で全国をリードしていることにある。北海道は全国の耕地面積の約4分の1を占め，農業産出額（2008年）では全国の11.8％を占める。特に，麦類では53.2％，雑穀・豆類で42.5％，いも類で30.3％，乳用牛で46.6％を占める。耕地面積は，1990～2009年に4.2％の減少に留まっている。林業については，北海道は全国の森林面積の22.1％，森林蓄積の16.2％を占め（2009年4月1日現在），素材生産量で全国の25.2％，木材生産による林業産出額では19.5％を占めている（2008年）。水産

業では，漁業生産量で全国の 24.0%，漁業生産額で 18.2% であり，ともに全国 1 位である (2008 年)。

　第 2 に，従来は鉄，石炭などの鉱業も強く，北海道の開拓はこれらの産業を梃子に進められた。しかし，現在ではこれらの産業は衰退した。

　第 3 に，製造業はそれほど発展しておらず，製造品出荷額 (2008 年) で全国に占める比重は 1.8% に過ぎない。また，GDP に占める製造業の比重も，日本全体では 19.9% であるのに対して，北海道では 8.1% に過ぎない (2008 年)。

　第 4 に，政府サービス中の公務の比重が高い。GDP に占める公務の比重は日本全体では 5.9% であるのに対し，北海道では 11.8% となっている (2008 年)。

6.3　2000 年代におけるロシア極東経済発展の契機

　ソ連時代においては，ロシア極東は，閉鎖経済を基本的な前提とする分業体制の中で，資源開発と国防の 2 つにおいて重要な役割を担っていた。資源開発には，石油，ガス，石炭，金，ダイヤモンドのほか，森林資源や水産資源も含まれていた。こうした役割の遂行は，基本的に中央からの補助金によって賄われていた。ウラジオストクをはじめ，極東の多くの都市や地域では，外国人の立ち入りが禁止されており，まさに鎖国状態であったと言える。また，極東で生産されないような物資は欧露部から供給され，生産された工業品は，日本などに輸出される資源の一部を除いて，多くは欧露部に運ばれていた (小川・村上，1991, p.55；堀江，2010, p.12)。

　ソ連崩壊とともに，このような分業体制は存在意義を失った。政治と経済の体制転換に伴う混乱と連邦予算の大幅な赤字が続くもとで，中央からの補助金はほとんどなくなった。また，冷戦の終結は，ロシア極東の軍事的意義を低めることとなった。このような中で，1990 年代を通じて極東の経済発展はいわば放任された。輸送に対する補助金がなくなり，輸送コストというものを初めて意識しなければならなくなった中で，欧露部とのつながりが薄くなり，東アジアとのつながりがなし崩し的に深まったと言える。ロシアの

GDPに占める極東の比重は，1994年の6.6%から2000年には5.4%にまで下がった(*Natsional'nye*，各年版)。1989年と2002年の国勢調査の間にロシアの人口は1.3%(186万人)減少したが，極東では15.8%(126万人)減少した(本書第10章参照)。ロシア全体でも，1990年代には大幅な経済縮小が生じたが，極東は，その中でさらに遅れを取ったことになる。

2000年代に入ると，ロシアでは原油価格高騰の影響を受けて年平均7%程度の高成長が達成された。そのことがロシア極東においても大きな変化を生み出すことになった。これについては，以下の3つの契機が重要であった。

第1に，ロシア極東がアジア・太平洋地域に対する重要なエネルギー供給源となった。生産で見ると，ロシアの原油生産に占める東シベリア・極東の比重は，2000年の1.2%から2010年には6.8%に，天然ガスについては同期間に0.7%から4.4%に上昇した。輸出に関しては，2000年には西シベリアから中国に130万トンほどの原油が鉄道で輸出されただけであったが，2010年には東シベリア＝太平洋(ESPO)原油パイプラインとサハリンから原油が約2800万トン，液化天然ガス(LNG)が約1000万トン輸出されるようになった[12]。2011年には，上記パイプラインの支線を通じて，中国向けの原油輸出1500万トンがこれに付け加わることになった。ここで重要なことは，東シベリア・極東における石油・ガス生産の進展は，ESPOパイプラインの建設や東シベリア産原油に対する減免税措置など，連邦政府の強力なイニシアティヴによって可能になったという点である。近年のロシアのエネルギー政策は，石油・ガスの生産と輸出における「東方シフト」で特徴付けられる(本書第7章；田畑，2011；Tabata and Liu, 2012参照)。

このロシアからの石油・ガスの輸出は，ロシアから東アジア，特に，日本，中国，韓国への輸出を大幅に増やしている。ソ連時代を含めて，これまでは石油・ガスの輸出のほとんどが欧州向けであったため，ロシアの輸出に占める欧州の比重がアジアの比重を圧倒していたが，状況が大きく変わってきたわけである。たとえば，日本のロシアからの輸入額を日本の通関統計で見ると，2000年の46億ドルから2010年には161億ドルに増加している。2010年の輸入のうち，その3分の2に相当する107億ドルが石油・ガス(LNG)

(10億ドル)

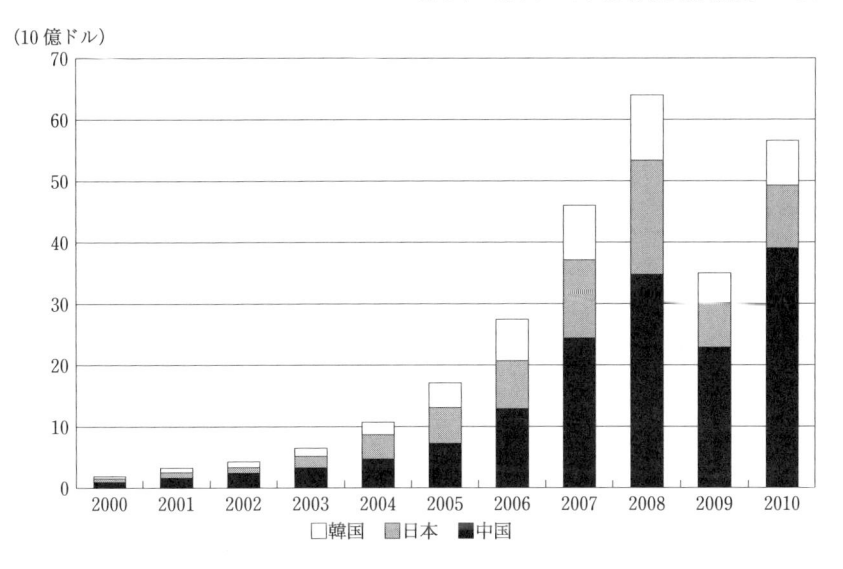

図 6-4 ロシアの東アジア 3 カ国からの輸入

出所）FTS(各年版)；*SEP*, 2011, No.1 から作成。

であった。

　第 2 に，中国，日本，韓国の 3 カ国がロシアの輸入の中で大きなシェアを占めるようになり，ロシア極東はその入口として機能するようになった。これら 3 カ国からのロシアの輸入額はこの 10 年間に 30.1 倍増え，ロシアの輸入に占めるこの 3 カ国のシェアは，2000 年の 5.5% から，2010 年には 24.7% となった(図 6-4)。2010 年における 3 カ国からの輸入の 60% は自動車や家電製品をはじめとする機械類であった。

　第 3 に，連邦政府が主導する形で，2007 年 11 月 21 日付政府決定第 801 号により「2013 年までの極東・ザバイカル地域の経済・社会発展連邦プログラム」が採択されて，2008〜2013 年の 6 年間に連邦予算から 5105 億ルーブル(約 170 億ドル)の支出がなされることとなった[13]。これには，2012 年におけるアジア太平洋経済協力(APEC)ウラジオストク会議開催に向けた準備も組み込まれた。確かに，これに類する極東の開発プログラムは 1987 年以降で見ても，何回となく策定されてきたが，大した効果をもたらさなかっ

た(堀江，2011，pp. 175-177)。そのような過去のプログラムと今回のものとの最大の違いは，今回は費用の大半を連邦予算から支出するとしたことにある。2000年代半ばから財政に余裕が出てきた連邦政府が，極東開発に本腰を入れてきたと見なされる。

　この関係では，2009年9月23日に「ロシア連邦極東・東シベリアと中華人民共和国東北部の諸地域の間の協力プログラム(2009～2018年)」が両国首脳によって承認されたことも特筆に値する[14]。これは，上記の極東・ザバイカル地域発展プログラムによって同地域の発展をはかるロシアと，東北振興戦略によって東北地域の発展をはかる中国の思惑が一致したものと考えられる。このようなロシア側の狙いは，同年5月21日にハバロフスクで開かれた「中国・モンゴルとの国境協力およびロシア連邦東部地域発展の課題」に関する会議におけるメドヴェージェフ大統領の発言でも明らかにされていた。両国国境地域の協力プログラムには，国境通過ポイントのインフラ，運輸，科学技術，労働，観光，文化，環境などに関わる幅広い分野での協力が盛り込まれ，さらに，付属文書には両国の国境地域ごとに計二百余の協力案件が列挙されている。

6.4　2000年代におけるロシア極東経済の変化

　本節では，前節で見たような契機によって2000年代にロシア極東経済にどのような変化が生じたかについて分析する。ロシア極東の貿易，マクロ主要経済指標，地域財政収入を分析の対象とする。

6.4.1　貿　　易

　ロシア極東の貿易については，ロシア極東税関のデータがある。これは，極東連邦管区で登録された業者による貿易データであり，たとえば，ESPOパイプラインを通じたコジミノからの原油輸出は，生産者の大半が極東連邦管区外であるため，ほとんどカバーされていない[15]。このデータには2種類のものがあり，1つは極東税関を通じた輸出入であり，もう1つは極東税関

以外の税関を通じた輸出入を含むものである（以下，それぞれ，通関統計 A，B と呼ぶ）。輸出の場合，最も大きな違いは，通関統計 A は「貴石・貴金属・同製品」の輸出をほとんど含まず，通関統計 B はそれを含むことにある[16]。ダイヤモンドや金の輸出額の大きいサハ共和国，チュコト自治管区，アムール州については，通関統計 A と B では特に大きな違いが出てくる。

　通関統計 A によると，ロシア極東からの輸出は，2000 年の 37 億ドルから 2010 年の 159 億ドルにまで 4.3 倍増加した[17]。これは，同期間におけるロシア全体の輸出増加率（3.8 倍）を上回っている[18]。品目別では，2010 年の極東の輸出額の 74.3％（118 億ドル）が燃料・エネルギーであった。このうち，サハリン州からの燃料・エネルギーの輸出額が 111 億ドルに達しており，近年の石油・ガス開発が輸出の増加に大きく寄与したことが分かる。輸出の中で次に多いのは水産品（輸出全体の 12.0％）と木材（同 6.6％）であった。以上の統計は通関統計 A によるが，通関統計 B が得られる 2009 年の輸出の内訳を見ると，燃料・エネルギー（62.1％），水産品（13.3％）に次いで，「貴石・貴金属・同製品」のシェアが 10.1％に達しており，ダイヤモンドや金が重要な輸出品目になっていることが確認される。

　サハリン州からの石油・ガスの輸出が増えたことを反映して，2010 年のロシア極東の輸出相手国の中では，日本（38.9％）と韓国（33.7％）の比重が高く，2000 年代前半に最大の貿易相手国であった中国の比重（19.1％）を上回っている[19]。一方，日本の側から見ると，2010 年の日本の対ロ輸入のうち，鉱物性燃料（原油，LNG，石炭，石油製品）が 75.8％，魚介類が 7.3％，木材が 2.6％を占めるが，このほぼ全てが極東・東シベリアからの輸入であると考えられ，10.5％を占める非鉄金属についてもかなりの部分が極東・東シベリア産であると見られることから，日本の対ロ輸入の 90％程度は極東・東シベリアからであると推測される（『ロシア NIS 調査月報』2011 年 5 月号，p. 65）。

　一方，中国の場合は，2008 年に対ロ輸入の 52.3％を占めた原油の大半は西シベリアからの鉄道輸送あるいは海上輸送であり，対ロ輸入に占めるロシア極東の比重は日本ほど大きくない[20]。ただし，同年に対ロ輸入の 11.7％を占めた木材は，ほとんどがロシア極東からの輸入であろう。なお，中国の対

ロ輸入に占める黒竜江省の比重は 2008 年に 13.0%, 2009 年に 10.9% であるが, このほとんどはロシア極東からの輸入であると考えられる[21]。

次に, ロシア極東の輸入については, 通関統計 A によると, 2000 年の 8 億ドルから 2010 年の 76 億ドルまで 9.6 倍増加し, ロシア全体の輸入の増加 (6.8 倍) を大きく上回る増加率となった[22]。2010 年のロシア極東の国別輸入データによれば, 中国からの輸入が全体の 51.5% を占め, 韓国 (11.7%), 日本 (10.1%) がそれに次いでいる。品目別では, 機械類が 37.9% で最も大きく, 繊維・靴 (22.9%), 食品 (12.0%) が続いている。

前節で述べたように, この 10 年間にロシア全体の輸入に占める日中韓 3 カ国のシェアは 5.5% から 24.7% に増えており, 3 カ国からの輸入額は, 19 億ドルから 565 億ドルへと 30.1 倍増加した。このような 3 カ国からの輸入に関しては, ロシア極東による輸入はそれほど多くないと見られる。このうち中国からの輸入については, 中国の対ロ輸出に占める黒竜江省の比重が 2008 年に 24.1%, 2009 年に 18.7% であり, そのほとんどがロシア極東向けの輸出であると考えられる[23]。

日本からの輸入については, 近年大きな比重を占めている自動車に着目する必要がある。すなわち, 新車はほとんどがスエズ運河経由で欧露部に直接輸出されるのに対し, 中古車の大半は日本海経由で極東に輸出されるという違いがある。極東の日本からの輸入は, 2008 年にピーク (27 億ドル) になったが, 2009 年には中古車に対する輸入関税の引き上げと世界金融危機の影響で, 5 億ドルまで減少した。特に, 沿海地方の日本からの輸入額は, 22 億ドルから 3 億ドルに減少した (『ロシア NIS 調査月報』2010 年 9-10 月号, p. 64)。また, 極東の機械類の輸入額を見ると, 2008 年の 46 億ドルから 2009 年には 18 億ドルに減少した。2009 年初めからの関税引き上げは, ロシア極東経由で輸入される日本製中古車の 90% 以上を占めていた製造後 5〜7 年の車の輸入関税を 3〜7 倍に引き上げるもので, 事実上の輸入禁止を意味した (齋藤, 2009, p. 23)。一方, 日本の通関統計によると, ロシアへの中古車 (乗用車・バス・トラック) の輸出額は, 2008 年の 35 億ドルから 2009 年に 3 億ドルに急減した後, 2010 年においても 7 億ドルまでしか回復していない。自動車

輸出は 2008 年に日本の対ロ輸出総額の 75.9％を占め，うち新車が 54.8％，中古車が 21.0％であったが，2010 年には全体で 61.6％，新車が 52.9％，中古車が 8.6％となっている(『ロシア NIS 調査月報』2010 年 5 月号, p. 40；2011 年 5 月号, p. 64)。これに伴い，日本の対ロ輸出に占める極東向け輸出の比重が大きく下がったことになる。

このように，ロシア極東の貿易については，2000 年代に空前の発展が見られ，ロシア極東地域のアジア・太平洋諸国との統合がこれまでになく強まったと言えるであろう。しかし，ロシア極東の輸出と輸入では，その統合の度合いに大きな違いがあることも分かる。ロシアの東アジア諸国への輸出については，そのかなりの部分がロシア極東から搬出されているのに対し，ロシアのこれら諸国からの輸入については，ロシア極東に向かう部分はそれほど大きくないのである。これは，ロシア極東の輸入が人口 1 人当たりの絶対量として少ないということではなく，市場規模(人口)が小さいことによるものである。

6.4.2 マクロ経済指標

鉱工業総生産高は，2000〜2010 年にロシア全体では 1.47 倍増加したのに対し，極東では 2.06 倍増加した(図6-5)。特に，サハリン州では 4.30 倍増加したほか，沿海地方でも 1.94 倍の増加となった。鉱工業生産の中で，この時期に最も大きく成長したのは，鉱業部門，特に，その中の燃料・エネルギー部門であることは，表 6-1 と表 6-2 からも明らかである。極東の鉱工業出荷高に占めるサハリン州のシェアは，2005 年の 12.6％から 2010 年には 33.1％に高まっており，鉱業だけで見るならば，このシェアは，18.2％から 50.4％に高まった。サハリン I，II の石油・ガス開発により，サハリン州は極東の鉱工業生産の牽引車となったわけである。沿海地方については，2005〜2009 年の部門別増加率のデータから，ゴム・プラスチック，繊維，電気機械，輸送機器，食品をはじめとする製造業部門の増加率が高いことが分かる[24]。

固定資本投資では，ロシア全体の 2.26 倍の増加に対し，極東では 3.91 倍の増加，中でも沿海地方では 7.46 倍，サハリン州では 6.81 倍もの増加と

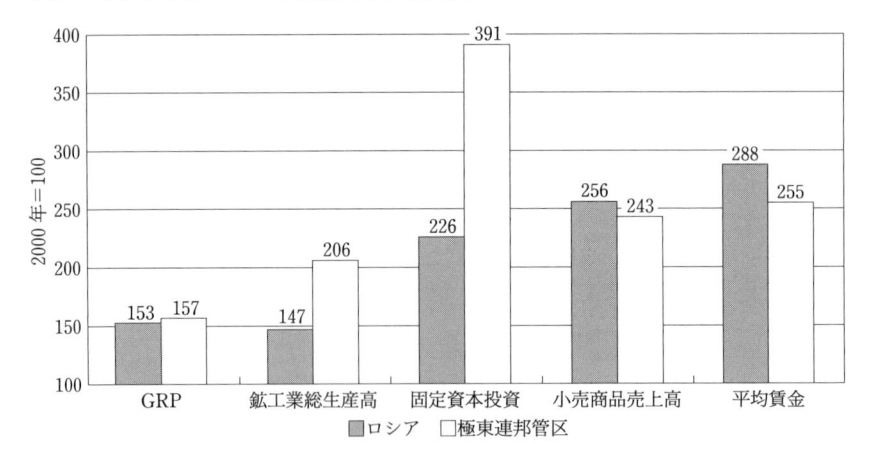

158　第2部　環オホーツク海地域の資源開発と経済

図6-5　ロシア全体と極東の経済成長の比較(2010年の対2000年比：%)
注）GRPは2009年の対2000年比。
出所）ロシア統計局ウェブサイトから作成。

なった。沿海地方については，パイプライン建設に関係すると見られる運輸部門への投資が2005〜2009年に著増している[25]。サハリン州については，石油・ガス採掘に関わる投資が2009年に総投資額の63.2%を占めた(Sakhalinstat, 2010, p.14)。外国直接投資を見ると，2000〜2010年のロシア全体の合計額の51.3%が中央連邦管区であったのに対し，極東連邦管区がそれに次ぐ18.5%を占めた(*Investitsii*, 2007；ロシア統計局ウェブサイト)。地域別に見ても，モスクワ市(34.9%)に次ぐのが，サハリン州(16.6%)であり，総額232億ドルの外国直接投資をこの期間に受け取った。

以上に見た生産や投資の指標では，エネルギー開発や極東・ザバイカル地域発展プログラム実施の好ましい影響が明瞭に現れていると言える。

一方，小売商品売上高を見ると，ロシア全体の2.56倍の増加に対して，極東では2.43倍の増加に留まった。サハリン州(3.63倍)と沿海地方(2.79倍)では，ロシアの増加率を上回ったが，サハ共和国では1.99倍の増加に留まった。平均賃金においても，ロシア全体の2.88倍の増加に対して，極東では2.55倍の増加であった。サハリン州を含めて，ロシア全体の増加率を下回り，特に，サハ共和国(2.15倍)とハバロフスク地方(2.19倍)の増加率が低

かった。極東は，消費や収入の増加においてはロシアの他の地域に後れを取ったことになる。

地域総生産(GRP)で見ても，極東では2000～2009年において1.57倍の増加であり，ロシア全体の増加(1.53倍)をわずかに上回るに留まった。サハリン州(2.77倍)はロシア全体の増加率を上回ったが，特に，サハ共和国(1.37倍)とハバロフスク地方(1.39倍)の増加率が低かった。ロシアのGDPに占める極東の比重は2000年の5.4％から2006年には4.4％にまで下がっていたが，2009年に5.4％に戻った(*Natsional'nye*，各年版)。これも，サハリン州の貢献によるところが大きい。

6.4.3　地域財政収入

地域財政収入に注目する理由の1つは，地域のインフラ整備にとっての地域予算の重要性にある。ロシアの税収の連邦と地域の間の配分は次のようになっている。地域予算の税収となるのは，個人所得税の全額，法人税の大半，資産税の全額，物品税の一部などであり，個人所得税と法人税が2大税収となっている。ロシアの税収の中で額が大きい付加価値税，石油・天然ガスの鉱物資源採掘税，輸出入関税などは，全額が連邦予算の税収である。所得税収は，大雑把に言って，人口に比例すると見られることから，1人当たり地域予算税収の大きさを左右するのは法人税収であり，それが少ない地域は中央からの補助金に依存することになる。ロシアでは連邦と地域の財政関係における中央集権化が2000年代に進められ，1990年代と比べると，連邦がより大きな税収を得た上で，地域への補助金の配分額も大幅に増やすという方向性が顕著になっている。

2000～2010年の地域財政収入データを見ると，ロシア全体ではこの10年間に歳入が6.13倍となったのに対し，サハリン州では8.93倍の増加となった。2010年の1人当たりの地域財政収入で見ても，サハリン州では10万8800ルーブルであり，ロシアの平均(4万5700ルーブル)を大きく上回っただけでなく，モスクワ市(9万8000ルーブル)をも上回った[26]。サハリン州について特筆すべきことは，歳入に占める法人税収の割合が2000年の

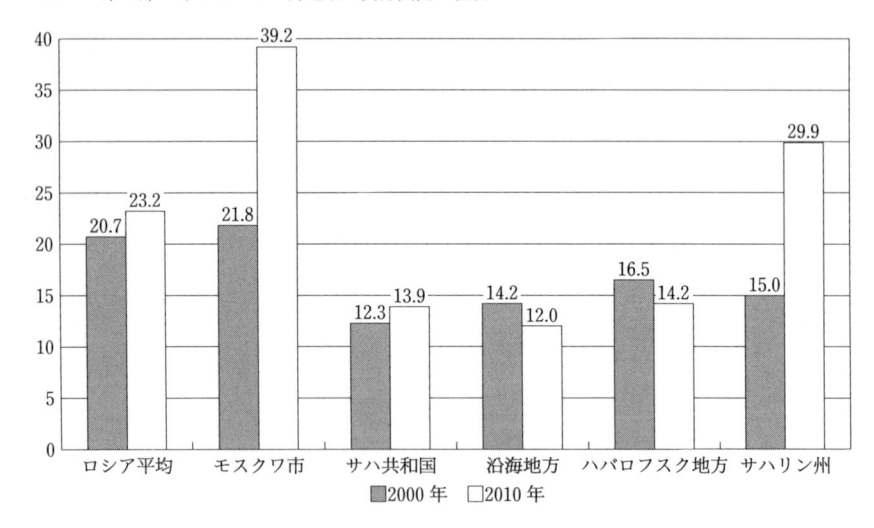

160　第 2 部　環オホーツク海地域の資源開発と経済

図 6-6　地域予算歳入に占める法人税収の比重(%)
出所) *Regiony* (各年版) から作成。

15.0％から 2010 年の 29.9％に倍増したことである (図 6-6)。サハリン州は，ロシアの地域の中で 2000 年代に地域財政が最も好転した地域の 1 つであると言える。一方，沿海地方においては，この 10 年間の歳入の増加が 9.92 倍で，サハリン州の増加率を上回ったが，歳入の過半が連邦からの補助金という状況に変わりはなかった。沿海地方，サハ共和国，ハバロフスク地方においては，2010 年の歳入に占める法人税収の比重が，ロシアの地域予算全体では 23.2％であるのに対し，12～14％程度に留まっている (図 6-6)。これらの地域では，経済発展の地域財政に対する影響はそれほど大きくなかったと言える。

　以上をまとめるならば，ロシア極東がアジア・太平洋地域に再登場を果たしたにもかかわらず，ロシア極東経済自体は，特にその地の住民自身は，その恩恵を十分には享受していないということになる。このことは，ロシア極東地域において，最も経済状況が好転しているサハリン州を含めて，人口の流出と減少が依然として続いていることに象徴的に現れている (本書第 10 章参照)。

6.5　持続的経済発展の可能性

環オホーツク海地域，特にロシア極東の持続的経済発展の可能性に関しては，次の点を指摘できよう。

第1に，ロシア極東地域経済の牽引力となっている石油・ガス開発については，今後の発展のための一定の基盤が整いつつあると言えよう（本書第7章参照）。次の段階の発展においては，ロシアにおける新規油田に対する税制の問題，世界および東アジアにおける天然ガスの需要動向などが鍵を握るであろう(Tabata and Liu, 2012)。福島第1原子力発電所の事故の影響で予測されている今後の天然ガス需要の増加は，極東や東シベリアにおけるガス開発を促進させるであろう。ただし，北海道や中国東北部の経験から，我々は，資源は何百年も持たないということを学ぶべきであり，現在採掘されている極東の石油・ガス資源も，近い将来ではないにせよ，いずれ枯渇するということを肝に銘じる必要があろう。

第2に，このような石油・ガス開発の進展は，ロシア極東からアジア・太平洋地域への輸出を増加させるものであり，また，ロシアにおける購買力の増大と中国をはじめとする東アジアにおける供給力の増大が予測される中で，ロシア極東と東アジアの間の貿易がさらに発展すると考えられる。これによって，アジア・太平洋地域の一角としてのロシア極東の経済発展が続くことは間違いないであろう。2012年のAPECウラジオストク会議は，プーチン首相が政治生命をかけて準備しているものであり，その開催はこのような発展に資するものとなろう。特に，輸送インフラの整備の点でもある程度の貢献が期待される。ただし，ロシア極東地域を経由する貿易の発展については，輸送インフラがボトルネックとなることが懸念されており，そのいっそうの整備が大きな課題になると考えられる。

第3に，以上のように経済発展にとっての好ましい要素はあるものの，ロシア極東の持続的経済発展のためには，この地域の住民の生活水準向上が急務であろう。住民をこの地域に定着させるという意味でも，雇用の確保が最

も重要であると思われる。そのためには，石油・ガスや商業，運輸部門の発展だけでは，おそらく不十分であり，後述する製造業の発展が必要とされるであろう。また，住宅や交通などのインフラ整備も課題となる。

　第4に，製造業に関しては，ロシア極東ではその発展が遅れており，今後も大々的な発展は見込まれないであろうが，現在，メドヴェージェフ政権が経済の多様化戦略(過度の石油・ガス輸出依存からの脱却)を目指していることから，ロシア極東においても製造業の何らかの発展が望まれると思われる。ロシア極東における資源の豊富さと製造業の技術水準の全般的な低さを前提に考えるならば，製造業と言っても，資源の加工度を少しでも引き上げるような方向で考えることが現実的であると思われる。すなわち，想定されている木材加工業や石油精製業の発展は，特に中国などへの輸出を考慮するならば，可能性を持っているように思われる。この文脈で考えるならば，丸太の輸出関税の引き上げやウラジオストク近郊における製油所の建設計画は，日本の産業界からは評判が悪いが，方向性としては正しい政策であると言えよう。さらに，2009年12月からロシアの自動車メーカーが韓国の四輪駆動車の組み立てをウラジオストクで開始したのを皮切りに，トヨタ，マツダ，日産なども極東地域における新車生産を始める計画を明らかにしていることも注目される。これには，完成車の極東から消費地への鉄道輸送運賃を無料にする措置(2010年4月12日付政府決定第222号，12月20日付政府決定第1070号)が大きく貢献しているが，これは，中古車の事実上の輸入禁止で大打撃を被った地元への見返りとして，プーチン首相の強力なイニシアティヴで導入された措置である。

　このような製造業の発展については，外国直接投資をはじめとする外国からの技術導入が必須であることは世界の経験から自明であるが，ロシアは，投資環境の劣悪さにより製造業への外国直接投資が増えないという問題を抱えている。投資環境の改善は，上述の多様化戦略の成否にも関わるロシアにとっての最重要課題の1つであるが，ロシア極東においても，技術力の高い東アジアからの投資を引き込むことができるか否かという点は，製造業の発展を考える上で鍵となる課題であろう。

〈謝辞〉
　中国東北部の経済に関するデータ収集や記述の面で星野真氏が適切なアドバイスをしてくださった。また，一部の資料はロシア NIS 貿易会の服部倫卓氏から提供を受けた。記して謝意を表したい。また，本稿は環境省の環境研究総合推進費 E-0901 に含まれる「ロシア：エネルギー政策が気候変動政策に及ぼす影響に関する研究」の成果の一部である。

〈注〉
1) アムール川とその支流の流域ということでは，シベリア連邦管区に属するザバイカル地方も分析の対象とすべきであろうが，諸般の事情により，本章の分析の対象としていない。
2) *Natsional'nye* (2011)，NBS (2010)，北海道総合政策部(2010)から得られる各地域の GDP を当該年の名目レート(*IFS* による)でドルに換算した。
3) ロシアでは，各地域の GDP が地域総生産(GRP: Gross Regional Product)として計算・公表されている。なお，ロシアでは，2004 年頃から国際的に標準となっている産業部門分類が採用されるようになり，表6-1 はそれに基づいている(後出の表6-2 についても同様である)。ただし，これ以前の時期については，この分類の統計は得られない。
4) 各地域の GDP 部門別構成については，絶対額は示されず，構成比しか得られないので，ここでは，地域別 GDP に構成比のデータを乗じて計算した。すぐ後に出てくるロシアの水産業の GDP に占める極東の比重についても同様である。
5) 本段落での石油・ガス・石炭のデータの出所は *SEP*, 2010, No. 12。
6) 後出の図6-2，図6-3 を含む3つの図において，記入する都市・産地等を選ぶ基準は，ロシア，中国，日本において，必ずしも同一ではないことをお断りしたい。3カ国の各都市の産業，あるいは，企業レベルの生産能力を比較検討する作業は，今後の課題としたい。
7) データは，公式統計によるもので，http://gold.investfunds.ru/news/1515 などのサイトに掲載されている。
8) ロシア全体の輸送部門の GDP の内訳(2009 年)によれば，陸上輸送が67.1％，水上輸送が1.6％，航空・宇宙が3.9％，その他が27.4％である(*Natsional'nye*, 2011)。陸上輸送には，鉄道輸送，その他の旅客輸送や自動車貨物輸送，パイプライン輸送が含まれている。GDP に占める運輸・通信の比重が最も高いのはアムール州であり(2009 年に21.8％)，沿海地方，ハバロフスク地方，ユダヤ自治州がそれに次いでいる。
9) 本項の以下の部分では，特に注記しない限り，加藤(2005)と松野・雲(2010)pp. 39-52 を参考にしてまとめている。
10) 本項の以下の部分における黒竜江省，吉林省などの生産シェアと耕地面積は，NBS (2007；2010)による。
11) 本項の以下の部分のデータは，北海道総合政策部(2010)による。

12) ESPOパイプラインを通じて輸送された原油の多くは東シベリアのクラスノヤルスク地方とイルクーツク州で採掘されたものであり，極東産としては，サハ共和国のタラカン油田産のものなどが含まれている。
13) このプログラムは，実際には，1996年4月15日付政府決定第480号で採択されたプログラムを修正するものである。また，連邦予算からの支出額は，政府決定によって2008年以降何度も修正されており，ここに示した金額は2010年12月8日付政府決定第1004号による修正額である。なお，2009年12月28日付政府指令第2094号により，この連邦プログラムの上位文書と位置付けられる「2025年までの極東・ザバイカル地域の社会・経済発展戦略」が採択されている（新井，2011, pp. 25-28）。
14) ニューヨークにおける国連総会時の両国首脳会議で承認された。原文は，http://www.chinaruslaw.com/RU/CnRuTreaty/004/201035210624_735729.htmから得られる（2011年6月29日アクセス確認）。
15) より正確には，ロシアには地域別の税関の他に，中央エネルギー税関（Tsentral'-naia energeticheskaia tamozhnia）という税関があり，幹線パイプラインを通じた石油・ガスの輸出はこの税関が管轄している。
16) 通関統計AとBによる品目別輸出額が得られる2007～2009年について両者を比べると，輸出総額の差額の97.9%～99.7%が「貴石・貴金属・同製品」の差額であった。この品目については，中央物品税税関（Tsentral'naia aktsiznaia tamozhnia）という専門の税関が管轄している。
17) 2000年の数値は，ロシアNIS貿易会がロシア科学アカデミー極東支部経済研究所から提供された資料に基づき，同会の調査月報に毎年掲載しているデータから得られた。『ロシアNIS調査月報』（2010年9-10月号，p.59）によると，このデータは，2005年までは「貴石・貴金属・同製品」の取引額を含んでいなかったが，2006年以降含むようになったということであり，2005年までは通関統計Aであり，2006年以降，通関統計Bに代わったものと解釈される。一方，2010年のデータは，極東税関のウェブサイト（http://dvtu.customs.ru/ru/statistics/）による。このウェブサイトでは2006～2010年のデータが得られるが（2011年6月9日現在），年によって，通関統計A, Bのいずれの統計が発表されるかが異なっており，2010年は通関統計Aしか得られない。本章で引用するロシア極東の貿易データは，注記がない限り，このウェブサイト掲載のデータである。
18) ロシアの通関統計データによる計算値（FTS, 2005, p.5; *SEP*, 2011, No. 11）。
19) 2000年代前半のロシア極東の相手国別貿易については，平泉（2006, pp. 96-98）参照。
20) 本段落における中国の対ロ輸入のデータは，FTS (2010)による。
21) 数値は，NBS (2010)と黒竜江省 (2010)からの計算値。なお，後者によると，黒竜江省の輸入に占めるロシアの比重は2008年に48.9%，2009年に37.6%である。
22) 極東の2000年のデータは，『ロシアNIS調査月報』（2010年9-10月号，p.61）による。ロシア全体のデータの出所は，注18に同じ。

23) 数値の出所は，注21に同じ．その後者の出所によると，黒竜江省の輸出に占めるロシアの比重は，2008年に48.1％，2009年に32.4％である．
24) 沿海地方統計局ウェブサイト(http://www.primstat.ru/default.aspx)掲載の新部門分類データによる．
25) 沿海地方統計局ウェブサイト掲載の部門別投資構成のデータによる．それによると，総投資額に占める運輸の比重は，2005年の40.3％から2009年の66.8％に増えており，内訳の掲載されている鉄道，海上，航空の比重が2009年に7.8％に過ぎないことから，パイプライン建設に関わる投資が多いと推測できる．
26) サハ共和国は，地域予算の歳入総額やその1人当たり歳入額が従来からロシア極東地域の中で最大であり，2010年の1人当たり歳入額は，サハリン州を上回る10万9600ルーブルであった．

〈参考文献〉
新井洋史(2011)「ロシア極東地域の地域開発政策の展開状況」『ERINA REPORT』No. 101, pp. 18-48.
大津定美・松野周治・堀江典生(2010)編『中ロ経済論』ミネルヴァ書房．
小川和男・村上隆(1991)『めざめるソ連極東』日本経済評論社．
加藤弘之(2005)「中国東北地域の開発と北東アジア」大津定美編『北東アジアにおける国際労働移動と地域経済開発』ミネルヴァ書房．
黒竜江省(人民政府・社会科学院)編(2010)『黒竜江年鑑2010』ハルビン：黒竜江年鑑社(中国語)．
齋藤大輔(2009)「暗雲低迷の極東中古車ビジネス」『ロシアNIS調査月報』2009年11月号, pp. 21-36.
田畑伸一郎(2008)編『石油・ガスとロシア経済』北海道大学出版会．
田畑伸一郎(2011)「ロシア：エネルギー政策と気候変動政策」亀山康子・高村ゆかり編『気候変動と国際協調：多国間条約の行方』慈学社出版, pp. 331-351.
辻久子(2011)「2010年のロシア港湾物流」『ロシアNIS調査月報』2011年6月号, pp. 112-115.
平泉秀樹(2006)「市場化過程におけるロシア極東地域の貿易構造の変化」『ロシア東欧貿易調査月報』2006年9-10月号, pp. 89-101.
北海道総合政策部計画推進局参事(経済調査)(2010)編『北海道経済要覧2010(平成22年)版』[http://www.pref.hokkaido.lg.jp/ss/ksk/sng/01/2010youran.pdf]．
堀江典生(2010)「北東アジアのなかの中ロ経済：反省と展望」大津定美ほか(2010)所収, pp. 3-20.
堀江典生(2011)「ロシア極東地域」吉井昌彦・溝端佐登史編『現代ロシア経済論』ミネルヴァ書房, pp. 167-189.
松野周治・雲和広(2010)「国境周辺の地域経済と発展計画」大津定美ほか(2010)所収, pp. 39-64.

Braiko, V. N., and V. N. Ivanov (2009), "Itogi raboty promyshlennosti po dobyche i proizvodstvu dragotsennykh metallov v 2008 godu i ee perspektivy na blizhaishie gody," *Zoloto i tekhnologii*, No. 3(原文は入手しておらず, http://www.vistgroup.ru/pressroom/14/82/掲載の要約を利用した)。

FTS (Federal'naia tamozhennaia sluzhba), *Tamozhennaia statistika vneshnei torgovli Rossiiskoi Federatsii*, Moscow: FTS, various years.

IFS (International Financial Statistics), available from a website maintained by the International Monetary Fund [http://www.imfstatistics.org].

Investitsii v Rossii, Moscow: Rosstat, various years.

Mortsentr-TEK (2011), *Obzor perevozok gruzov cherez morskie porty Rossii, Baltii, Ukrainy za 2010 g.*, Moscow: Mortsentr-TEK.

Natsional'nye scheta Rossii, Moscow: Rosstat, various years.

NBS (National Bureau of Statistics), *China Statistical Yearbook*, Beijing: China Statistics Press, various years.

Regiony Rossii. Sotsial'no-ekonomicheskie pokazateli, Moscow: Rosstat, various years.

Roskartografiia (Federal'noe agenstvo geodezii i kartografii) (2008), *Natsional'nyi atlas Rossii. Tom 3 Naselenie, ekonomika*, Moscow: Roskartografiia.

Sakhalinstat (Territorial'nyi organ federal'noi sluzhby Gosudarstvennoi statistiki po Sakhalinskoi oblasti) (2010), *Vliianie neftegazovogo kompleksa na sotsial'no-ekonomicheskoe razvitie Sakhalinskoi oblasti. 2000, 2005-2009 g.g.*, Iuzhno-Sakhalinsk: Sakhalinstat.

SEP (Sotsial'no-ekonomicheskoe polozhenie Rossii), Moscow: Rosstat, monthly.

Tabata, S., and Xu Liu (2012), "Russia's Energy Policy in the Far East and East Siberia," in Pami Aalto, ed., *Russia's Energy Policy: National, Interregional and Global Dimensions*, Cheltenham, UK: Edward Elgar, pp. 156-181.

第 7 章　ロシア極東・東シベリアにおける
　　　　エネルギー開発

本村眞澄

7.1　はじめに

　サハリンの南部は地質的に北海道の北方延長に当たる。このため，地形や景観において類似しており，小規模の油ガス田が点在している点など，多くの共通点を見出すことができる。一方，サハリンの北部は，一転して緩やかで広大な地形となり，大規模な油ガス田が形成されている。これは地質時代の「古アムール河」のデルタに当たる地域で，北部では大陸的な地形要素が加わっている。オホーツク海側では北部にのみ長大な砂州が形成されているが，これも大規模な堆積物供給が続いた痕跡である。

　本章では，サハリンおよびロシア極東・東シベリアでの石油ガス開発の現状と，その日本に与える影響について検討する。言うまでもなく，オホーツク海とロシア極東・東シベリア地域の環境保全に対しても石油ガス開発は大きな影響を及ぼしている。サハリンは日本にとって隣接の地であることから，日本の鉱業界はロシア革命の頃から進出しており，戦後も含めてこの地域の資源開発の歴史の一端を担ってきた。今日，サハリン大陸棚の石油開発は開花期を迎えたと言ってよいが，その背景にはロシアとともに日本企業による長い参画の歴史がある。現在，東シベリアにおいては幹線石油パイプラインの建設が進められ，これに伴い日本も含め積極的な資源開発投資が進められている。これの持つエネルギー安全保障から見た日本に対する意義について述べる。さらに，整備が進みつつあるこの地域の天然ガス・パイプライン・システムの現況とそれを受けてのガス田開発にも触れる。

7.2 サハリンの石油開発の歴史

7.2.1 明治からソ連の成立，第2次世界大戦まで[1]

サハリンでは北東のオハ(Okha)近隣においてギリヤーク人の間で「死の黒い湖」と呼ばれた石油滲出地が知られていた。最初の試掘は1889年からオハ近辺でなされ，1910年にZotov-1号井(口絵4参照)による試掘成功が報じられ，その後オハ油田となった。

日本の鉱山王久原房之助は1918年に，まだ革命の混乱のさなかにサハリンでの石油探査に乗り出した。翌年5月には，政府の支援で5大会社のコンソーシアム「北辰会」[2]が結成され，北サハリンの石油調査と開発を行うこととなった。1920～1925年の間に，日本は石油開発を展開し，1921年にはサハリンで最初の出油を見た。その後オハ，エハービ(Ekhabi)，チャイヴォ(Chaivo)，ピリトゥン(Pil'tun)，ヌトヴォ(Nutovo)，ノグリキ(Nogliki)，ウグレクチ(Uyglekuty)，カタングリ(Katangli)の8油田を開発し，1925年には年間10万トンの石油を産した。当時の国内生産量は年産40万トン，消費量は84万トンで，サハリン原油は日本の需要の12％を賄った。

1925年1月に，日本はソビエト連邦を国家承認し，日本側は北緯50度以北からの軍の撤退と引き換えに石油と石炭に関して45年間にわたる利権を獲得した。そして，前記8油田の50％の開発権と，新規に石油を探鉱する権利を確保した。これにより，日本はソ連に先行して，本格的な石油開発に乗り出した。北辰会は，この年に「北樺太石油会社」へと名称を変更した。

ソ連側は，1925年に北緯50度以北の領土を回復するとともに，「サハリン石油公社」を設立し，バクーや北コーカサスで働いていた地質家，油田技術者，熟練工などを送り込んだ。当時はまだ，西シベリアも東シベリアも石油が賦存するとは思われておらず，ボルガ＝ウラルすらも油田は発見されていなかった。バクーに続く新規の石油地帯として，そして極東の拠点として，サハリンの戦略的な価値は当時のソ連にとって非常に高いものであった。

1928年の第1次5カ年計画の始動とともに，ソ連は油田開発において日

本に対するキャッチアップをはかり，増産への足掛りを模索し始めた。この時期，日本側が，生産原油の輸送に関して，冬季に流氷で覆われるオホーツク海側を経由せざるを得ず，搬出に苦労し，生産量も20万トン弱で低迷していたのとは対照的に，ソ連側は1932年には日本を抜き，1940年代には年産50万トン以上を達成するなど，目覚しい成果を挙げている。ソ連側の生産原油は当初は，鉄道とはしけで大陸側へ運ばれていたが，軍需工場の集まっていたコムソモリスク・ナ・アムーレ(Komsomolsk-na-Amure)に製油所が建設され，1946年にはサハリン北東部から間宮海峡をくぐり，対岸のラザレフ(Lazarev)で陸揚げしてコムソモリスク製油所に至る総延長655 kmのパイプラインが建設された。

　一方で，日本側の原油生産は1930年代の終わり頃から急落している。ソ連産原油の一部は日本へも売り渡されていたが，1936年に締結された日独防共協定にソ連側が反発し，北サハリンでの日本の石油分野での活動に対する締め付けを強化するとともに，日本側利権の取り消しの圧力を強めるようになった。日本海軍の認識は，サハリンの石油だけでは，日本軍の行動を支えるには不十分というもので，南方の油田地帯への攻略という「南進論」が優先された。第2次世界大戦中のサハリンで，日本軍は国境警備に専心し摩擦は回避された。

　1944年3月30日，日本への石油供給が危機的状況にあるまさにその時，権益移譲議定書において日本は北サハリンでの石油利権を放棄する。これは，ソ連の中立を遵守するための苦渋の取引であったと言われる(村上, 2004)。大戦後，サハリンの石油生産は，1945年に75万トン，1966年には261万トンを達成し，極東，特にコムソモリスクを中心とするアムール川コンビナートを支えるエネルギー源となった。当時，シベリアの開発は緒に就いたばかりであり，極東での石油生産は，ソ連において大きな役割を果たしたと言える。

7.2.2　日ソ経済委員会の活動と「日本サハリン石油開発協力」
　　　　（1965～1995 年）

　1965 年から始まった日ソ経済委員会では，資源開発案件が議論されてきたが，1974 年 10 月の第 6 回日ソ経済委員会で，サハリン大陸棚開発の推進が勧告された[3]。

　この勧告を受けて，サハリン大陸棚開発へのローンを行う「サハリン石油開発協力（株）」(SODECO) が 1974 年に設立され 1975 年 1 月には基本契約が調印された。

　サハリン大陸棚では，1976 年から 1983 年までの探鉱期間で，7 構造に対して 25 坑が掘削され，1977 年 10 月には，オドプト構造に対する試掘 1 号井で出油に成功し，次いで 1979 年にはチャイヴォ構造からも出油を見た。

　しかしながら，1980 年代半ば以降の油価の急落を受けて，開発段階への移行は困難となり，事業は 1990 年第半ばに生産物分与 (PS) 契約に切り替わるまで中断を余儀なくされた。

7.2.3　サハリン I の石油・ガス開発事業

(1)　開発の経緯

　サハリン石油開発協力の事業を継承するものとして，サハリン I のコンソーシアムが 1995 年 6 月，オペレーターの Exxon Neftegas(30%)，日本はサハリン石油ガス開発(新 SODECO)(30%)，ロシアのロスネフチ(Rosneft)(17%) と Sakhalinmorneftegaz(SMNG, 23%) で形成された。生産物分与 (PS) 契約は「PS 法」の施行に先行して 1995 年締結され，翌 96 年 6 月に発効した。その後，2000 年にインドの ONGC Videsh が 20% 参加し，ロスネフチのシェアは 8.5%，SMNG は 11.5% となった。

　主要な 3 油ガス田であるチャイヴォ，オドプト，アルクトゥン・ダギ(Arkutun-Dagi)（図 7-1, 7-2）は SODECO の協力時代に発見されていたが，特にチャイヴォについては，地震探鉱データの解析からガス層の下位に油層の存在が推定され，2000 年夏のチャイヴォ 6 号井の掘削によって膨大な石油

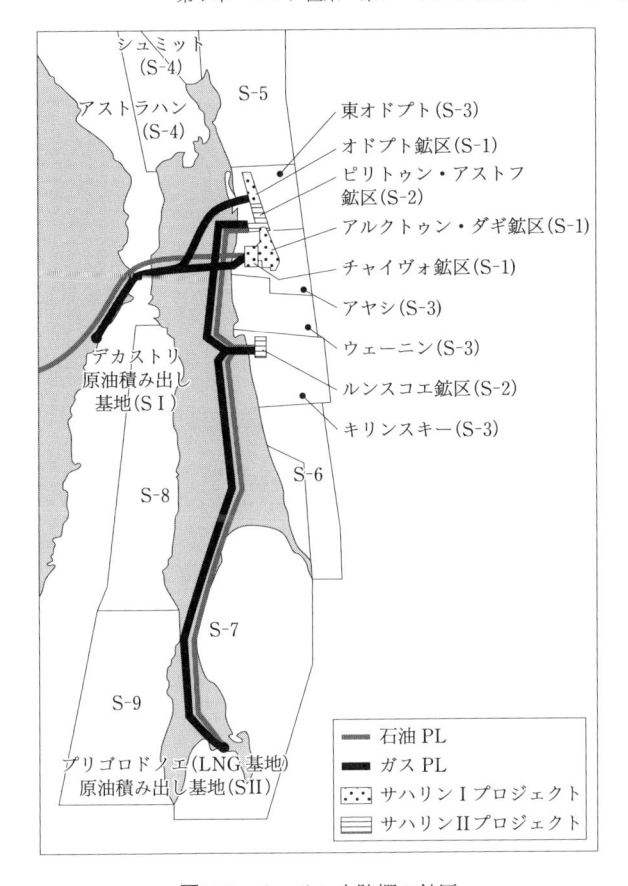

第 7 章　ロシア極東・東シベリアにおけるエネルギー開発　171

図 7-1　サハリン大陸棚の鉱区
出所）JOGMEC 作成。

埋蔵量が確認された。2001 年には，プロジェクトの経済性が宣言された。

　サハリンⅠの石油の可採埋蔵量は 23 億バレル（3.25 億トン），ガスは 17 兆立方フィート（4850 億 m³）で，日本近隣の油ガス田としては十分に規模が大きい。また，軽質，低硫黄と優れた品質に恵まれている。流氷対策として陸上から東方向へ海底の油田地域まで，最長 11 km の大偏距掘削（Extended Reach Drilling）を行い，技術的には画期的な成果を挙げている。総事業費は 120 億ドルである。

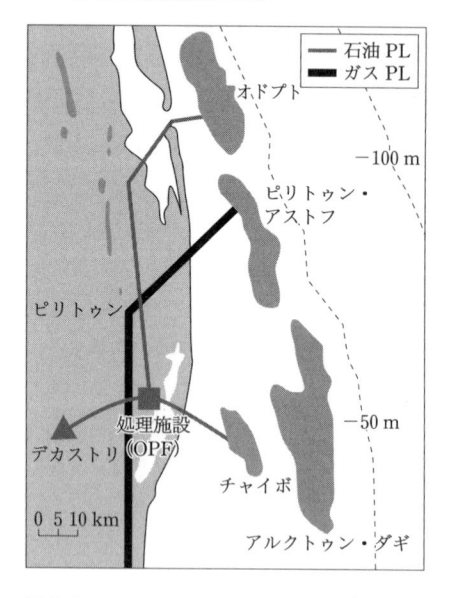

172　第2部　環オホーツク海地域の資源開発と経済

図7-2　サハリンIとサハリンIIの油ガス田
出所）Exxon Neftegas および Sakhalin Energy のウェブサイトから作成。

(2) チャイヴォ油ガス田の今後の開発事業

　チャイヴォ油ガス田は2005年10月に生産開始となり，まず域内供給が行われた。2006年10月からは間宮海峡対岸のデカストリ(De-Kastri)ターミナルまでのパイプラインが完成し，原油輸出が開始された。当初，2005年の原油生産量は日量25万バレルであったが，その後急速に減退し，2010年には日量14万バレルまで低下している(Interfax, 2010/9/29)。一方，天然ガスの生産量は，2010年に対前年6.5%減の84億m^3／年となったが，2011年には，オドプト油ガス田からの分を加えて91億m^3／年が見込まれている(Interfax, 2011/1/28)。このうち，約20億m^3／年がハバロフスクまでパイプラインで送られ，残りは圧入されている(Interfax, 2011/3/21)。

(3) オドプト油田の開発事業

　2010年9月，2番目の油田としてオドプト油田から初めて生産開始となっ

た。2011年には，日量3万バレルを見込んでいる。OP-11号井は偏距1万1475 m(総掘進長1万2345 m)で世界最大となる(The Moscow Times, 2011/1/31)。2010年10月のサハリンIの生産量は，オドプト油田からの生産を加え，前年同期比22%増の日量18万8000バレルとなった(International Oil Daily(以下 IOD), 2010/12/13)。

(4) アルクトゥン・ダギ鉱床の開発

アルクトゥン・ダギ鉱床では生産井掘削に使用されるリグをロシアおよび韓国で建造中である。2014年の生産開始を目指しており，生産量は当初200万トン／年(日量4万バレル)の見込みで(IOD, 2011/3/01)，ピーク時には450万トン／年(日量9万バレル)となる。

(5) サハリンIのガス輸出計画

サハリンIのガス輸出に関しては，当初 Exxon Neftegas はパイプラインによるものとし，主たる市場を日本と想定して販売交渉がなされたが，十分な需要が見込めなかった。2004年11月，ExxonMobil は，日本に対する天然ガス輸出交渉が進捗しないことから中国とも交渉を開始する旨を日本政府に伝え，同月，Exxon Neftegas と中国石油天然気集団公司(CNPC)との間で合意書(MOU)が締結された。さらに2006年10月に CNPC との間で年間80億 m^3 のガスを中国東北部に供給するという予備的合意に署名した。

サハリンIの PS 契約にはコンソーシアム側に生産物を輸出する権利のあることが明記されている。一方で2007年に制定された「ガス輸出法」においては，第3条で天然ガスを輸出する権利をガスプロム(Gazprom)のみと定めているが，第1条2項には PS 契約に基づいて生産されたガスに関しては同法は適用されないと定めている。しかし法的な次元での問題よりも，現実には Exxon Neftegas がサハリンから中国国境までパイプラインを敷設することは困難で，天然ガスを輸出するには，ガスプロムと何らかの協調が不可欠となっている(本村，2009b)。

7.2.4　サハリンIIの石油・ガス開発事業

　サハリンIIにおけるPS契約は1994年6月に，ロシア政府とShell(20%)，Marathon(30%)，MacDermott(20%)，三井物産(20%)，三菱商事(10%)の参加するSakhalin Energyとの間で締結された。PS契約は，1996年1月に発効した。本鉱区は，ピリトゥン・アストフ(Pil'tun-Astov)とルニ(Luni)の2つの油ガス田を有し，その埋蔵量は，石油が10億バレル(1.4億トン)，天然ガスが14.4兆立方フィート(4080億m³)である。その後，MarathonとMacDermottの2社が抜け，一方2006年にはガスプロムが参加し[4]，権益はガスプロム(50%＋1株)，Shell(27.5%－1株)，三井物産(12.5%)，三菱商事(10%)となった。

　フェーズ1は，ピリトゥン・アストフ油ガス田において，モリクパック(Moliqpak)プラットフォームから夏季限定の石油生産を行うもので，1999年から開始された。フェーズ2では，原油とLNGの生産で，ルニ・ガス・コンデンセート田においてプラットフォームを建設し，サハリン島最南部のプリゴロドノエ(Prigorodnoye)まで800kmの陸上の原油およびガスのパイプライン，そしてプリゴロドノエに年産960万トンのLNGターミナルを建設した。LNG設備の建設は東洋エンジニアリングおよび千代田加工建設の施工であり，その技術力は高く評価された。原油は2008年12月，LNGは2009年3月に出荷開始となった。

　2009年の輸出実績は526.4万トン，LNGの輸出先は，日本55%，韓国21%，インド10%，クウェート6%，中国5%，台湾3%である[5]。2010年には能力一杯の操業を達成した。

　事業予算は，当初の100億ドルから，2005年には200億ドルと大幅なコストオーバーランになった。この原因としては原材料の高騰や当時の対ユーロでのドル安などが挙げられる。

　北東アジア圏における堅調なLNG需要を背景に，第3トレーンを建設することでLNG生産量の増加を目指す議論が活発化している。プリゴロドノエ基地には第3トレーンを設置するだけのスペースは十分にあり，現状のパ

イプライン・システムをそのまま使用することができる。このソースガスとしては，サハリンⅡのガス増産のみでは不足と考えられ，サハリンⅢあるいはサハリンⅠのガスが期待されている。第3トレーンのLNGの容量は年間500万トンで，2015年完成を見込んでいる。

7.2.5　サハリンⅢ～Ⅴの石油・ガス開発事業

(1) サハリンⅢ，キリンスキー鉱区

キリンスキー(Kirinsky)鉱区は，2008年に東オドプト鉱区，アヤシ(Ayash)鉱区とともに，ガスプロムが無競争でライセンスを取得し，2009年7月から5坑の試掘を行った。鉱区の中央部にあるキリンスキー構造では4坑が掘削され，天然ガス推定埋蔵量1360億 m^3 の賦存が確認された。離岸距離は28 km，水深は91 mである。鉱区南部に位置するミンギンスキー(Mynginsky)構造は2011年に掘削され，ガスの賦存を確認した。

キリンスキー鉱床からの生産開始は2012年前半の計画となっているが(Interfax, 2011/3/21)，早まる可能性がある。これは，サハリン―ハバロフスク―ウラジオストク(SKV)パイプラインにつなぎ込まれ，ウラジオストクまで運ばれる計画である。ガスの埋蔵量はサハリンⅢ事業の鉱区全体では約5000億 m^3 と見られている(Interfax, 2011/3/21)。これは当初推定値7200億 m^3 を大きく下方修正しているが，依然サハリンⅠ，Ⅱと同等の水準である。ガスプロムはサハリンⅢからのガス生産量を2020年までに160～180億 m^3 ／年とする計画である。

(2) サハリンⅢ，ウェーニン鉱区

ウェーニン(Venin)鉱区は，ロスネフチが100%の権益を保有していたが，2007年，中国のSinopecが25.1%の権益を取得して参加した。2007年から3坑の試掘がなされ，北ウェーニン構造でガス徴を確認していた。2013年まで探鉱ライセンスが延長され，2012年には最終投資決定に向けた評価井が1坑掘削予定となっている。埋蔵量は石油1億6940万トン，天然ガス2581億 m^3 となっている(East & West Report, 2011/4/11)。

(3) サハリンⅣ

サハリンⅣは，アストラハン(Astrakhan)鉱区と西シュミット(West Shmidt)鉱区とからなり，前者においては，ロスネフチが2000年にアストラハン構造に試掘したもののドライであった。後者での探鉱事業を行うために，BP(49%)とロスネフチ(51%)の合弁企業 Elvari Neftegaz が設立され，2007年に2坑が掘削されたがいずれも失敗し，2009年3月に鉱区を返還した。

(4) サハリンⅤ

サハリンⅤの最南部に位置するカイガノ・ヴァシュカンスキー(Kaigano-Vasyukansky)鉱区では，これまでに Elvari Neftegaz により3坑で成功し，石油埋蔵量4400万トン，ガス埋蔵量450億m^{3}を発見しているが，商業生産には十分ではない。水深は100m以上あり，開発条件は厳しい。ロスネフチは，埋蔵量を増加するために探鉱は継続していく意向で，ライセンス期間も延長され，目標達成に向けた事業方針を決定している(Interfax, 2011/3/28)。2012年までに追加の評価井を掘削する計画である(Interfax, 2011/3/21)。

7.3 ESPO原油の北東アジアでの波紋

7.3.1 極東での新しい石油フローの出現

2010年は，日本を含む極東での石油の輸送構造が大きく変化した年である。

変化したのは供給地である。ロシアから北東アジアへの石油の輸出が増えた。それも，これまでのサハリンに続いて，日本海の対岸にあるナホトカという至近距離から供給され始めた。2009年の12月末に「東シベリア＝太平洋(East Siberia-Pacific Ocean, ESPO)」パイプラインの第1期工事が完成し(図7-3)，「ESPO」という新ブランド名の原油がナホトカ港の南東部にあるコジミノ(Koz'mino)ターミナルから日量30万バレル，具体的には10万

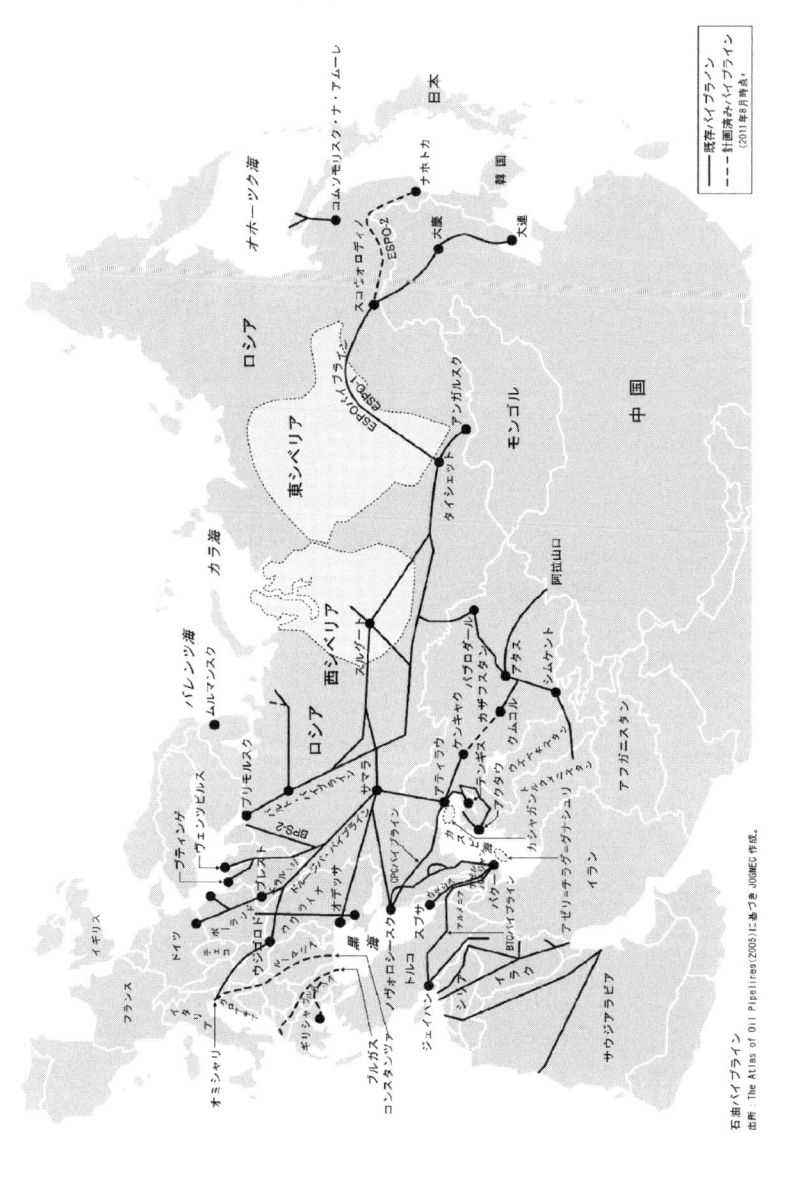

第7章 ロシア極東・東シベリアにおけるエネルギー開発 177

図7-3 ユーラシアの石油パイプライン・ネットワークとESPOパイプライン
出所：JOGMEC作成。

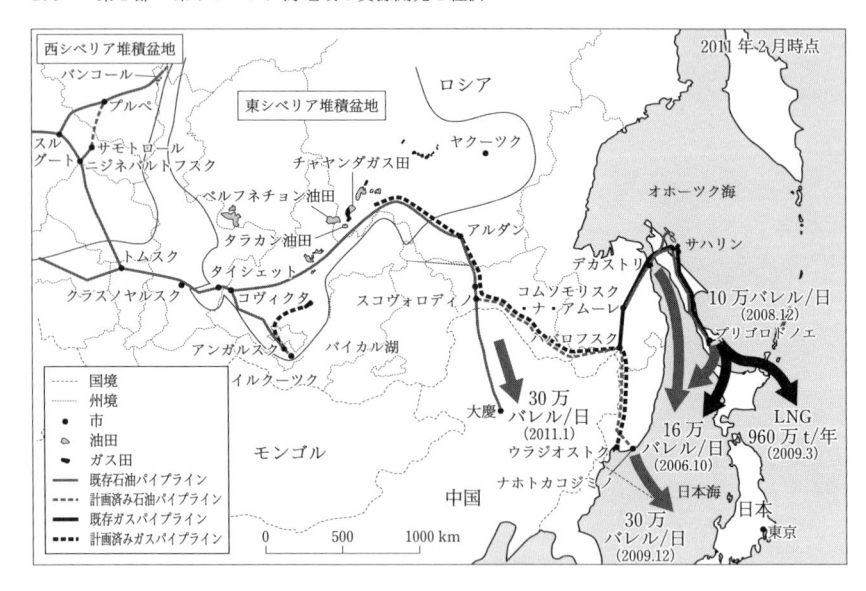

178　第 2 部　環オホーツク海地域の資源開発と経済

図 7-4　北東アジアの新しいエネルギー輸出

出所）JOGMEC 作成。

トン(Aframax)級タンカーが平均して 2.5～3 日に 1 隻のペースで出荷されるようになった(図 7-4)。

　2010 年の ESPO 原油の総輸出量は 1530 万トン，供給先で見ると日本が 30％で首位，次いで韓国(29％)，米国(16％)，タイ(11％)，中国(8％)，フィリピン(3％)，シンガポール(2％)，台湾(1％)である(Izvestia, 2010/12/28; IOD, 2010/12/30)。米国はハワイと西海岸向けで，アラスカ原油の輸出落ち込みを補っている。ESPO 原油の市場は北太平洋全域に拡大している。

　ESPO パイプラインの稼働前にも，2006 年 10 月から間宮(タタール)海峡のデカストリ・ターミナルからサハリン I のソコル(Sokol)原油が，2008 年 12 月からサハリン島南部のプリゴロドノエ・ターミナルからサハリン II のヴァティアス(Vityaz)原油が続々と輸出されるようになってきており，これらも合わせるとここ 4 年ほどの間に合計で日量約 60 万バレルの原油が日本近海から日本を含むアジア・太平洋市場に輸出されている。これらに加え

て，2009年3月からは同じくプリゴロドノエ・ターミナルからサハリンII の LNG 輸出が始まっている。2011年の元日からは ESPO パイプラインから大慶支線(Daqing Spur)を通り，日量30万バレルの中国向け原油輸出も始まった。極東には，新しいエネルギー資源のソースが次々と出現している(図7-4)。

7.3.2　ESPOパイプラインに見るロシアの戦略

これらの動きは，プーチン政権下でのエネルギー戦略に基づくもので，政策的な展開と言える。2004年5月，プーチン大統領(肩書は当時のもの。以下同じ)は2期目の就任演説とも言える年次教書において，「ロシアはパイプラインなどの輸送インフラを高度に発達させることにより，広大な地域に広がるロシアの特殊性を逆に競争力へと転換させうる」と指摘し，ユーラシアの中央に位置し，西に欧州，東に経済的な発展センターとなった東アジアを擁するロシアの地理的な強みを強調した(Putin, 2004)。この中で太平洋を目指したESPOパイプラインの建設を宣言し「アジア市場の獲得」という明確な戦略を掲げた。

ESPOパイプラインに関しては，1997年以降，ルートを巡って様々な議論が繰り広げられたが，ようやく2006年4月から建設を開始した(本村, 2008, pp. 11-13)。

ESPOパイプラインの第1期はタイシェット(Taishet)―スコヴォロディノ(Skovorodino)間の2694 kmで，口径は主要区間で48″(1220 mm)で，さらにその先となるハバロフスクの製油所を過ぎると40″(1020 mm)と細くなる。最終的に42箇所のポンプステーションを配置する。第1期の全区間は2009年10月に完成し，10月26日にスコヴォロディノまでのパイプ内の原油による充填が完了した。11月5日にはスコヴォロディノから最初の石油タンクの車列がコジミノの原油貯蔵タンクを目指して出発した。

大慶支線に対しては2010年から工事が開始され，2011年1月1日から年間1500万トン，合計で3000万トンがスコヴォロディノまで送られ始めた。

総工費は第1期が3780億ルーブル(約126億ドル)で，その他コジミノの

ターミナルの建設費用が 600 億ルーブル（約 20 億ドル）であった。

2009 年の 12 月 28 日，ナホトカ港の南東部に位置するコジミノ湾の積み出しターミナルにおいてプーチン首相自らがパネルを操作して第 1 船となる 10 万トンタンカーへの原油の積み出しが開始され，ESPO 原油の輸出がスタートした。プーチン首相はその時のスピーチで「ESPO パイプラインによる出荷開始は，アジア太平洋地域に市場を求めるロシアの「戦略的な」プロジェクトであり重要な意義を持つ」と述べた[6]。この「戦略的」という表現は，2004 年の大統領演説とまさに呼応するものである。

7.3.3　なぜロシア原油が歓迎されているのか？

通常，エネルギー供給においては，「経済性」「安定性」「柔軟性」の 3 要素が重要と言われている。ESPO 原油はこのうち，「安定性」「柔軟性」において非常に優れており，これが市場で活発に受け入れられている理由である。

原油を日本までタンカーで運ぶのに，中東からは 20 日かかるのに対して，サハリンやナホトカからならほぼ 3 日で来る。途中の日本近海は安全な海である。ホルムズ海峡やマラッカ海峡のようなチョークポイントを通らないので，国際情勢や海賊のことは特段心配しなくてよい。大寒波が急に日本を襲って灯油の需要が増えた，といった短期の市場の変化があっても，すぐに原油が手当てできる。当然のことだが，近距離の供給地から輸入するということが安定的な供給に他ならないということを日本の石油企業も実感した。それだけ日本のエネルギー安全保障にとっては，立場が強化されたことになる。

近距離のソースであることは，原油購入契約をしてから製品化までの日数がはるかに少なくて済むという会計上のメリットもあり，企業にとっては歓迎できる状況である。

これに加え，中東産原油には厳しい「仕向け地条項」(Destination Clause) の規定があって購入者は転売が許されないのに対して，ロシア産原油にはこのような条件が付かない。たとえば原油手当ての遅れている石油会

社が，在庫の積み上がった近隣の石油会社から原油を融通してもらうといった柔軟な対応も可能である。ロシア産原油は中東産原油に比較して「安定性」と「柔軟性」において優れていると言える。

では「経済性」はどうか？　極東のロシア産原油は硫黄分が0.6%，API（米国石油協会）基準による比重が35°と品質が良い。品質が良いということは，それだけ単価も高いということである。日本の製油所は，硫黄を2%程度含む中東の高硫黄原油の処理を前提に脱硫装置を装備しており，低硫黄の品質の良い原油を入れるのでは割高な原油を調達していることになる。製油所の能力がオーバースペックとなり，「経済性」ではマイナスになるということである。それでも石油会社がロシア産原油を輸入している理由は，「安定性」「柔軟性」のメリットが非常に大きく，多少の高値を上回る経営的価値をもたらすからである。石油会社にとって「経済性」に優れた中東の原油に加えて，一定量をこのような「安定性」「柔軟性」に優れた原油も組み合わせてポートフォリオとすることは，経営上合理的な判断であると言える。

7.3.4　日本の中東依存度は低下した

ロシアが輸出先として，伝統的な対欧州市場に加え，極東向けを増やしていることは，ロシア側の戦略でもあるが，同時に日本のエネルギー関係者の長年の努力がようやく実ってきたということでもある。日本の協力によるサハリン大陸棚の石油開発が始まったのは1974年，途中でソ連の崩壊などもあり，プロジェクトは幾度も危機にさらされてきたが，ロシア連邦となってサハリンⅠとサハリンⅡという新たな生産物分与(PS)契約を結び直して事業を再スタートさせ，生産開始に漕ぎ着けた。そして，ESPOパイプラインに対しても，日本は早くから強い支持を打ち出していた。

ロシアからの原油輸入は，2006年までは1%程度であった。これは，サハリンⅡの沖合いのピリトゥン・アストフ油田のヴィティアスプラットフォームから夏季のみ輸出していたものである。サハリンⅠの原油が通年で輸出されるようになると，この比率は4%にまで上昇した。2010年，東シベリアのESPO原油の出荷が始まると，日本でも高い支持があり，ロシア原油は日

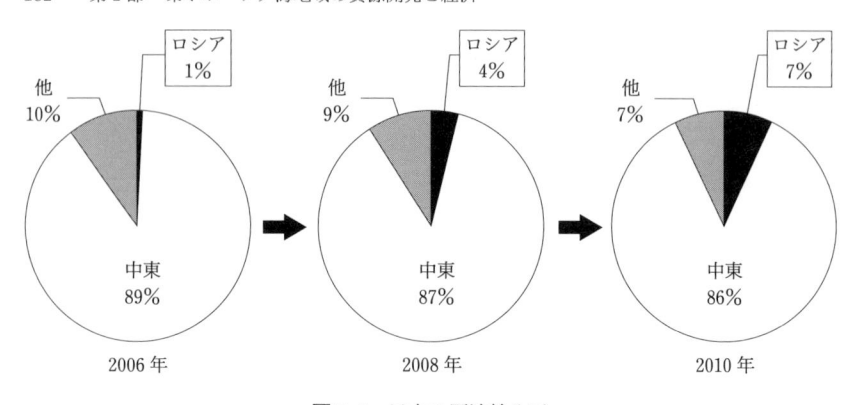

182　第2部　環オホーツク海地域の資源開発と経済

図7-5　日本の原油輸入元

ロシアから日本への原油輸出は最近急増し中東依存度は徐々に下がりつつある。

本の輸入量の7%程度を占めるようになった。そして，それまで約90%となっていた中東依存度は，80%台の半ばまで下ってきた(図7-5)。原油における高すぎる中東依存は，長らく日本のエネルギー事情の主要な懸念事項であったが，ロシア産原油の輸入が活発化することにより，徐々に改善が見られるようになっている。

7.3.5　中国向けの石油輸出・パイプライン建設に対する融資

2009年2月17日，セーチン副首相が北京を訪問し，ESPOパイプラインの大慶支線建設に関連して温家宝首相および王岐山副首相との間で，ロスネフチとトランスネフチ(Transneft)に対して中国開発銀行が250億ドルを融資することで合意した(Vedomosti, 2009/2/18)。これは「石油のための融資」(Loans for Oil)というもので，合意内容は2件にわたる。

ロスネフチ向けに中国開発銀行は150億ドルの融資を実行し，ロスネフチはCNPCに対して2011年から2030年までの20年，毎年1500万トン，合計3億トンの原油を輸出する。原油価格はナホトカFOB価格に準拠し，ArgusとPlattsの価格指標を基に毎月改定する。金利は平均5.69%，返済期間は20年間と言われている(Interfax, 2010/5/17)。

トランスネフチ向けに中国開発銀行は総額100億ドルを融資し，トランス

ネフチはスコヴォロディノからアムール川渡河地点までのロシア領大慶支線を建設し、またその他のパイプライン建設にこれを充てるというものである。中国領の大慶支線は CNPC が建設に当たり、全線は 2010 年に完成、2011 年 1 月 1 日から石油の輸出が開始された。

7.3.6　輸送タリフ

ロシア連邦タリフ庁は 2009 年の暮れに、コジミノまでの輸送タリフを原油 1 トン当たり 1598 ルーブル（約 53 ドル）とした[7]。これにはパイプライン・鉄道による輸送料金、コジミノでの石油積み替え料金が含まれる。ただしトランスネフチによれば、この区間の輸送原価は 2 倍以上の原油 1 トン当たり約 130 ドルという (Vedomosti, 2009/12/29)。

この差額は全国の石油パイプライン・システムのタリフを引き上げることで対応する。2010 年 1 月 1 日から、連邦タリフ局は幹線パイプラインのタリフを平均 15.9％引き上げた (Nakanune.ru, 2010/1/20)。東シベリアから太平洋というパイプライン計画を単体で立案しても商業性を出すことは難しい。トランスネフチというユーラシア大陸規模で展開する事業体が全体で支えることで初めて可能な措置と言える。

7.3.7　ESPO-2 の工事開始

ESPO パイプラインの第 2 期となるスコヴォロディノからコジミノまでの区間工事は、ESPO-2 と称し、全長 2045 km、建設費は 3736.6 億ルーブル（124.5 億ドル）と見積もられている。第 2 期工事は、2012 年の完成を目指している。タイシェットからスコヴォロディノまでの区間の容量は年間 5000 万トン（日量 100 万バレル）に拡大される。この時点では、3500 万トン（日量 70 万バレル）をコジミノへ、1500 万トン（日量 30 万バレル）が大慶支線へと振り分けられる予定である。最終的には、コジミノまで年間 5000 万トン（日量 100 万バレル）となる計画である。

7.4 北東アジアでの天然ガス・パイプライン敷設計画

7.4.1 SKV（サハリン—ハバロフスク—ウラジオストク）天然ガス・パイプライン

2009年7月31日，ハバロフスク市近郊においてプーチン首相によるSKVパイプライン（図7-6）の初溶接セレモニーで工事が開始された。これは，ロシア極東におけるガス化（gasification），すなわち発電と給熱について石炭からガスへの燃料転換をはかるものであり，国内ガス供給量を増大させ，さらにアジア諸国に向けてガスを輸出することも目的としている。総費用は110億ドルと見積もられている。

パイプライン計画の概要は以下のとおりである（IOD, 2009/8/03）。第1段階は起点がサハリンとなり，350 kmを経てコムソモリスク・ナ・アムーレへ，そしてハバロフスクから1000 kmでウラジオストクに至る全長1350 kmが対象である。APEC会場となるウラジオストクのルスキー島までの支線122 kmが別途ある。輸送能力は60億m³／年，2011年9月に完成した。2012年秋のAPECの前に沿海地方における発電，給熱を石炭からガスへ転換するというものである。事業費は66億ドルである。供給されるガスとしては，サハリンⅢのキリンスキー・ガス田があり，他にガスプロムはサハリンⅠを想定してオペレーターのExxon Neftegasと交渉中と伝えられる。

第2段階では，コムソモリスク・ナ・アムーレ—ハバロフスク間の新規ライン併走が加わり，総延長は1800 kmとなる。これにより容量も拡大して年間300億m³となる。48″（1220 mm）という口径はこの輸送能力まで対応できる。さらに，これにつなぎ込む東シベリアのチャヤンダ（Chayanda）ガス田からのラインも2012年着工される計画である。この距離は約3000 kmありヤクーチャ—ハバロフスク—ウラジオストク（YKV）天然ガス・パイプラインと呼ばれる。また，チャヤンダ・ガス田（埋蔵量1.24兆m³）の生産能力は約200億m³／年あり，このパイプラインで十分対応可能である。

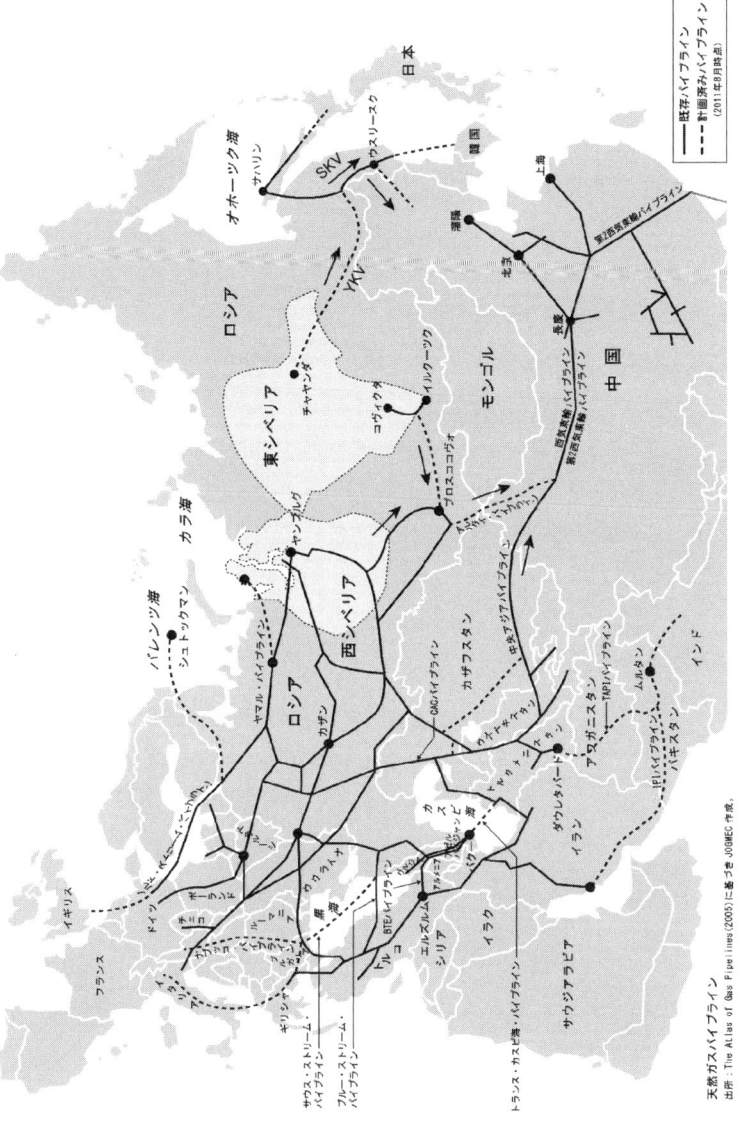

第 7 章　ロシア極東・東シベリアにおけるエネルギー開発　185

図7-6　ユーラシアでの天然ガス・パイプライン・ネットワーク

出所）JOGMEC 作成。

7.4.2 「東方ガスプログラム」の考え方

ウラジオストク向けのパイプライン建設は2007年9月に承認を受けた「東方ガスプログラム」(図7-7)に基づくものであり，その原型は1990年の"Vostok Plan"にまで遡りうる。このプログラムの正式な名称は「中国その他のアジア太平洋諸国へのガス輸出を考慮した東シベリアおよび極東における統一ガス生産・輸送・供給システム構築計画」と言い，2002年7月16日付ロシア連邦政府令第975-R号に基づきガスプロムを東シベリア，極東における全ての天然ガス事業のコーディネーターに指名し，計画の策定に当たらせた。

プログラム策定には5年かかり，2007年6月15日，政府燃料エネルギー部門委員会(Commission on the Fuel and Energy Sector, FES)の承認を経て，6月19日に閣議で承認，そして9月3日に産業エネルギー省省令第340号[8]で承認され，9月7日に公表された[9]。その概要は，図7-7に示したように，サハリン，東シベリア(ヤクーチャ，イルクーツク，クラスノヤルスク)に4つの天然ガス生産センターを確立し，イルクーツク，クラスノヤルスクは主に域内と統一ガス供給システム(UGSS)への供給に向け，域内供給と太平洋諸国に対する輸出をサハリンとヤクーチャ地域が担うというものである。サハリンからはハバロフスク，沿海地方まで供給される。総投資額は2.4兆ルーブル(940億ドル)と見込まれる。

7.4.3 天然ガスの市場はどこを見込むか？

ハバロフスク，ウラジオストク等の極東での天然ガス需要は年間60億m³であるが，「東方ガスプログラム」によれば，ウラジオストクまで年間500億m³以上のガスが供給される計画となっている。この余剰分は，同プログラムに記されたVostok-50計画によれば，ウスリースク(Ussuriysk)―綏芬河経由でパイプラインにより中国へ年間380億m³，さらに韓国に対して年間120億m³輸出されるというもので，両者合計して500億m³となる。「Vostok-50計画」とは，西(ザバイカリスク(Zabaikalsk)―満州里)や中央

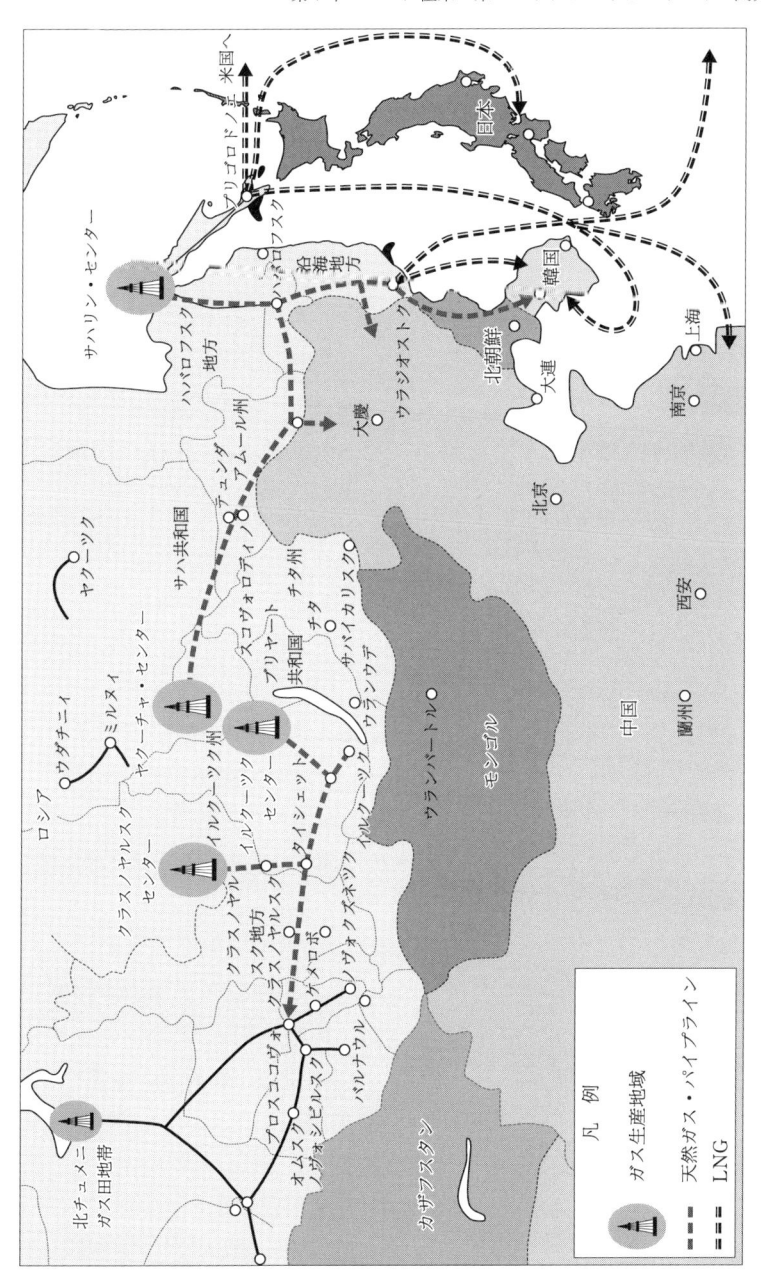

第 7 章　ロシア極東・東シベリアにおけるエネルギー開発　　187

図7-7　「東方ガスプログラム」に記された主要な天然ガス生産センターとパイプライン計画（2008年版）

(ブラゴベシェンスク(Blagoveshchensk)―黒河)からではなく東のウスリースク―綏芬河経由で，年間500億(50 billion)m³のガスを供給するという意味である。

対中国年間380億m³という量は，2006年のプーチン大統領(当時)の訪中で既に合意しているレベルである。韓国に関しては，2008年9月に李明博大統領が訪ロした際に，Kogas・ガスプロム間の覚書として，2015年から30年間，パイプラインならば年間100億m³，LNGならば750万トンを供給することで合意しており(中央日報，2008/9/30)，「東方ガスプログラム」にほぼ沿った内容となっている。

7.4.4　天然ガス輸出に関するガスプロムとCNPCの協議

これまでの，ロシアからの中国向け天然ガス輸出に関する協議を時系列順に見ると以下のとおりである。

2006年3月21日，プーチン大統領が中国を訪問し，西ルートのアルタイ(Altai)経由(年間300億m³)と東ルートのコヴィクタ・サハリンからのパイプライン(年間380億m³)の建設で合意した。ただちにワーキング・グループが設立され，ロ中で詳細作業に入ったものの，アルタイ・パイプラインに関して天然ガス価格の合意ができず，2007年6月には合意が凍結された。

2009年6月17日，胡錦濤主席が訪ロ，中断していた天然ガス交渉が再開され，ガスプロムとCNPCの間で「天然ガス部門における協力関係の覚書」が締結された。

2009年10月13日，プーチン首相が訪中し，ガスプロム・ミレル社長がCNPC蒋潔敏総経理と「枠組み合意」に調印した。この10月の合意に関してミレル社長は，西シベリアからアルタイ越えの西ルート，極東・東シベリア，サハリン大陸棚から東ルートを想定し，供給量は年間約700億m³とすると発言し，これが基本的に年間680億m³の輸出を決めた2006年合意を踏襲するものであることを示した。また価格については，欧州向けの輸出価格と連動した価格フォーミュラが契約書内に記載されることになると述べた(Interfax, 2009/10/13)。

2010年12月，ガスプロムは，中国側との交渉は最終段階に入っており，天然ガス価格で合意が結ばれれば2011年中頃にアルタイ経由の全長2600 kmの中国向けパイプライン建設工事を開始する準備は整っていること，2015年から30年間，西ルートすなわちアルタイ経由のパイプラインで西シベリアから調達されるガスを年間300億m³供給することを明らかにした(IOD, 2010/12/16)。

しかし，2011年6月の価格交渉において，ロシア側は欧州並みの1000 m³当たり350ドルを，中国側は250ドルを主張し，依然として100ドル近くの開きがあり合意に至っていない(Kommersant, 2011/6/17)。

7.4.5 東シベリアの天然ガス開発——サハ共和国チャヤンダ油ガス田の開発

ガスプロムは，2010年からチャヤンダ油ガス田の試掘を開始し，石油生産を2014年に，ガス生産を2016年に開始する予定である(IOD, 2010/3/15)。石油は，工事の完了したESPO-2でコジミノまで出し，ガスは2016年完成を目指すヤクーチャ—ハバロフスク—ウラジオストク・ガスパイプラインで運ぶ。

チャヤンダ油ガス田は，天然ガスが1.24兆m³(43.8兆立方フィート)，石油およびガス・コンデンセートが6840万トン(5億バレル)の埋蔵量を有する(Prime-Tass, 2010/2/24)。2008年9月2日にガスプロムがテンダーなしでライセンスを取得した。貯留岩の下部にリング状の油層を持つという特徴がある。

チャヤンダ油ガス田での試掘は，2010年から4坑の掘削が開始され，2011年に5坑，2012年に6坑掘削の予定である。掘削深度は平均約2000 mで，より深部にある油層まで探鉱する。ガスプロムは，チャヤンダ鉱床におけるガス生産量を170〜250億m³／年とする計画である(Prime-Tass, 2010/2/24)。これは，後述するように，極東ロシアの地域的な需要をはるかに上回るもので，当然ながら輸出を志向した開発計画である。

ガスプロムはチャヤンダ油ガス田に加え，近隣のタス・ユリアフ(Taas-Yuryakh)ガス田，ベルフネヴィリュイチャン(Verkhnevilyuchan)ガス田，

および隣接するレナ=ビリュイ堆積盆地のソボロフ・ネジェリン(Sobolokh-Nedzhelin)ガス田とスレドネトゥング(Srednetyung)ガス田の計4ガス鉱床のライセンスを申請した(IOD, 2010/3/15)。これらで一体開発を志向している。

7.5 日本との関係

7.5.1 石油天然ガス・金属鉱物資源機構(JOGMEC)による東シベリア探鉱事業

2003年1月の小泉首相訪ロにおいて合意した「日露行動計画」[10]では、「日露両国は、ロシアの極東及びシベリアにおける石油ガス田開発分野での両国企業の協力を支持する」と記され、次いで2007年6月のハイリゲンダム・サミットにおける日ロ首脳会談での「極東・東シベリア地域での日露間協力強化に関するイニシアティブ」[11]でこの方針はさらに強化された。これを受けて日本のJOGMECは、2007年10月と2009年5月に現地企業イルクーツク石油(INK)と合弁企業を2社設立し、イルクーツク州での共同探鉱事業を開始した。所期の探鉱で3鉱区において出油ガスを見ており[12]、2010年10月にロシアの埋蔵量認定国家委員会に対して、鉱量計算報告書の提出を行った。今後は、民間事業への承継が期待される。

7.5.2 日ロ経済フォーラムにおけるプーチン首相提案

2009年5月12日、日本を訪問したプーチン首相は「日露経済フォーラム」の席上で、日本側に対して、ウラジオストクLNG、ウラジオストク・ガス化学プラント、そしてSKVパイプラインへの日本の参加について提案し、その後、日本企業が事業検討をすることとなった。ただし、アジア太平洋地域では、既に稼働中のLNG事業が7件、FID(最終投資決定)のなされたものが6件、計画中のLNG案件が9件ある。ウラジオストクLNGはサハリンや東シベリアからの長距離パイプラインで輸送した上でのLNG事業ということになり、東南アジア・大洋州で検討中の他の数多くのLNGプロ

ジェクトと操業の安定性と経済性の上での競争状態に置かれている。

7.5.3　2011年3月の東日本大震災後のロシアによる対日エネルギー協力

プーチン首相は東日本大震災翌日の3月12日，日本から要請があればサハリンIIからの日本向けLNGの供給量を引き上げることにつき検討を指示した。そして，「日本は隣人であり，友人である。いかなる苦難があろうとも，我々は信頼できるパートナーであらねばならないし，地震と津波で供給能力の落ちた日本へのエネルギー供給で最善を尽くさねばならない」とその姿勢を示した(Interfax, 2011/3/12)。

3月22日，セーチン副首相は河野雅治駐ロシア日本大使を呼び，危機状態にある日本を支援するために，日本の電力部門向けLNG輸送が最優先事項であると述べ，先のプーチン発言を踏まえチャヤンダ，コヴィクタ(Kovykta)両ガス田の開発に関する参加，ワーキング・グループ(WG)設立の提案がなされた(Interfax, 2011/3/22, Komersant, Vedomosti, 3/23)。7月には，このWGがモスクワで開催され，実務レベルでの協議に移っている(Interfax, 日本経済新聞, 読売新聞, 2011/7/27)。

7.6　カムチャツカ半島西方の探鉱

7.6.1　オホーツク海の資源ポテンシャル

サハリン大陸棚から離れて，オホーツク海の中央部からカムチャツカ半島の西方にかけては，オホーツク堆積盆地と呼ばれ，1976年にはソ連政府において炭化水素の賦存する堆積盆地として認定されている。ガスプロムによる推定ガス埋蔵量は，1.6兆 m³ と大規模である(日本経済新聞, 2011/6/29)。

オホーツク海は，千島列島の北側で最大水深3658 mとなるが，中央部では水深が1000〜1600 mと比較的浅く，大陸棚域も含めていずれも石油・ガス探鉱には良好な条件を有している。オホーツク海では冬季の主要な流氷は

サハリン大陸棚に集中し，カムチャツカ半島の西方は流氷の分布が少ない。これにより，ほぼ通年での作業が可能で，サハリン大陸棚に比較して，事業環境，コストの面で優れている。

7.6.2　韓国石油公社のカムチャツカ半島西方石油開発への参加

西カムチャツカ沖合い鉱区は，2003年にロスネフチが取得した。

2005年12月，韓国石油公社(KNOC)はロスネフチの率いる西カムチャツカ開発プロジェクトの運営会社(West Kamchatka Holding BV)の株式40％を取得した(IOD, 2005/12/16)。石油探鉱開発ライセンスを保有するのはこの100％子会社で事業オペレーターとなるKamchatneftegazである。対象鉱区は面積6万2400 km^2，期待埋蔵量は石油18億トン(130億バレル)，天然ガス2.3兆m^{3}とされた(IOD, 2008/8/11)。韓国側はその後，民間6社の入るK. K. Korea Kamchatka. Co. Ltd(KKC)というコンソーシアムになった。内訳は，KNOC(50％)，Kogas(10％)，GS-Caltex Corp.(10％)，SK Corp.(10％)，Daewoo International Corp.(10％)，Kumho Petrochemical(5％)，Hyundai Corp.(5％)である(Interfax, 2007/10/11)。

2008年5月下旬，韓国製掘削リグ「Dusung」が釜山を出港し，マガダンで通関を経たのち，6月に現場に到着して掘削が開始された。ただし，この結果はドライであったと報じられている(IOD, 2008/8/11)。また2003年から5年を経過しており，8月1日で鉱区期限が来て，2坑目の掘削は実現しなかった。3坑掘削の義務のところが2坑未達となっており，ロスネフチとKNOCはライセンスの延長を申請したが，地下資源利用局(Rosnedra)は，ライセンスに記された義務作業の不履行を理由に延長申請を却下した。探鉱費は韓国側の負担となっており，この時点で既に約1億ドルを支出していた(IOD, 2008/8/26)。

その後，2009年2月に西カムチャツカ鉱区のライセンスが，ガスの賦存の可能性が高いとしてロスネフチでなく，ガスプロムに与えられることとなった。ただし，ガスプロムはKNOCと改めて合弁企業を組む方針と伝えられる(IOD, 2009/2/23)。ガスプロムへは，2009年7月にライセンスが付与さ

れた。試掘は 2012 年の予定である。

7.7　おわりに

　西シベリアにおける石油・天然ガス生産量が漸減に向かう中で，ロシアの次なる生産地域として東シベリア・極東の石油開発が急がれている。「2030年までのロシアのエネルギー戦略」によれば，現在主力となっているロシアの西シベリア・チュメニ州の占める石油生産のシェアは，2008 年の 65%から 2030 年には 55%に下落する。一方で，東シベリアはほぼ 0%から 13%へとロシア第 2 位の石油地帯となり，サハリンを含む極東も 2.8%から 6%へと倍増する見通しとなっている。

　開発スケジュールに載っているものとしては，ガスではサハリン大陸棚にあるサハリンⅢのキリンスキー鉱区が 2012 年から，また東シベリア・サハ共和国のチャヤンダ・ガス田が 2016 年から石油生産を開始する計画である。次いで近年発見が続く東シベリア・イルクーツク州の油田群がある。JOGMEC の発見した油田に関しても，近隣の発見油田とともに全体的な開発が実現する可能性がある。フロンティア地域としてカムチャツカ半島近隣のオホーツク海のガス田も加わろうとしている。

　日本にとっても，今後参画の余地は拡大していくものと思われる。資源開発に参加することの意義は，その経済的な成果を享受するとともに，エネルギー安全保障上の我が国の基盤を築くことにある。そしてそれだけに止まらず，資源開発の行われている地域に資金と技術を携えて参加していくことには，その地域での秩序構築の一翼を担うという，さらなる意義がある。資源開発は，資源国，投資家，ユーザー(消費者)の緊密な連携の所産であり，基本的には地域的に安定した社会秩序をもたらすものである。オホーツクの周辺は，これまで資源開発を通じて，インフラ整備，雇用確保，経済的な安定が進められてきた地域と言える。この地域の地質ポテンシャルから見て，その流れは今後さらに拡充していくものと思われる。

〈注〉
1) Stephan (1971) の記述に主によった。
2) 参加企業は久原鉱業，三菱鉱業(各25％)，日本石油，高田石油，大倉鉱業(各16.6％)。
3) 他にヤクーチャの天然ガス開発が勧告された。
4) ガスプロムの参加に至る経緯の当否に関しては論争あり。本村(2007；2009a)参照。
5) Sakhalin Energy, Annual Review 2009.
6) 2009年12月28日ロシア連邦首相府 website(http://premier.go.ru./eng.visits/ru/8759/events/8758/)。
7) 当時のレートで1バレル当たり 7.28 ドル(IOD, 2009/12/29)。
8) 産業エネルギー省省令第340号(http://www.minprom.gov.ru/docs/order/87/print)。
9) ロシア産業エネルギー省 website, Vedomosti, 2007/9/07, Interfax, 9/10。
10) 外務省 website 参照(http://www.mofa.go.jp/mofaj/area/russia/kodo_0301.html)。
11) 外務省 website 参照(http://www.mofa.go.jp/mofaj/kaidan/s_abe/g8_07/jr_kki.html)。
12) JOGMECニュースリリース 2010年10月25日(http://www.jogmec.go.jp/news/release/docs/2010/pressrelease_101025.pdf)。

〈参考文献〉

本村真澄(2007)「ロシア：サハリン-2問題をどう見るか？」『石油・天然ガスレビュー』Vol. 41, No. 1, pp. 51-62 [http://oilgas-info.jogmec.go.jp/report_pdf.pl?pdf=200701_051a％2epdf&id=1602]。

本村真澄(2008)「生産と流通」田畑伸一郎編著『石油・ガスとロシア経済』北海道大学出版会，pp. 3-32。

本村真澄(2009a)「日露間のエネルギー協力はどこまで来ているか？」『ロシア NIS 調査月報』5月号，pp. 7-15。

本村真澄(2009b)「ロシア：サハリン―ハバロフスク―ウラジオストク・パイプラインの将来展望」8月19日，JOGMEC [http://oilgas-info.jogmec.go.jp/report_pdf.pl?pdf=0908_out_i_Vladivostok％2dPipeline％2epdf&id=3396]。

村上隆(2004)『北樺太石油コンセッション 1925-1944』北海道大学図書刊行会。

Putin, Vladimir (2004) Annual Address to the Federal Assembly of the Russian Federation, May 26, [http://www.kremlin.ru/eng/speeches/2004/05/26/2021_64906.shtm]。

Stephan, John J. (1971) *Sakhalin, A History*, Oxford University Press. (邦訳，ジョン・J. ステファン『サハリン：日・中・ソ抗争の歴史』(安川一夫訳)，原書房，1973年)

第 8 章　オホーツク海の水産資源と漁業

西内修一

　北海道からサハリンのオホーツク海沿岸では，謎多き民族といわれるオホーツク人が残した古代文化の遺跡が数多く見つかっている．オホーツク文化と呼ばれる古代文化の遺跡であり，網走市のモヨロ貝塚が特に有名である．遺跡からはアザラシやトドなどの海獣，クジラ，様々な魚の骨や貝殻が見つかっており，オホーツク海が古代から人々に豊かな海の恵みをもたらしていたことが容易に想像できる．近代になると，漁労技術の発達，漁船の動力化，缶詰工業の発達，人口増などを背景に，この豊穣の海であるオホーツク海における水産資源の利用が日本とロシア（旧ソ連）により急速に進んだ．同時に，資源の乱獲問題や日ロ（日ソ）間の漁業問題の発生，最近では地球温暖化問題などにより，水産資源の持続的利用への懸念が広がっている．

　オホーツク海の水産資源は北海道およびロシア極東地域の経済にとって極めて重要である．ここでは，北海道沖のオホーツク海における水産資源の利用実態を整理し，ロシア水域における水産資源の利用状況に関する情報も含めて，オホーツク海における水産資源の持続的利用に向けた課題について検討する．

8.1　オホーツク海の漁場と漁業の特徴

　オホーツク海は千島列島沖から北海道東部の知床半島沖にかけて急峻である．一方，カムチャツカ半島沖，シェレホフ湾，オホーツク海北部，サハリンスキー湾，サハリン東岸沖，北海道北部沖では，200 m 等深線の位置に現

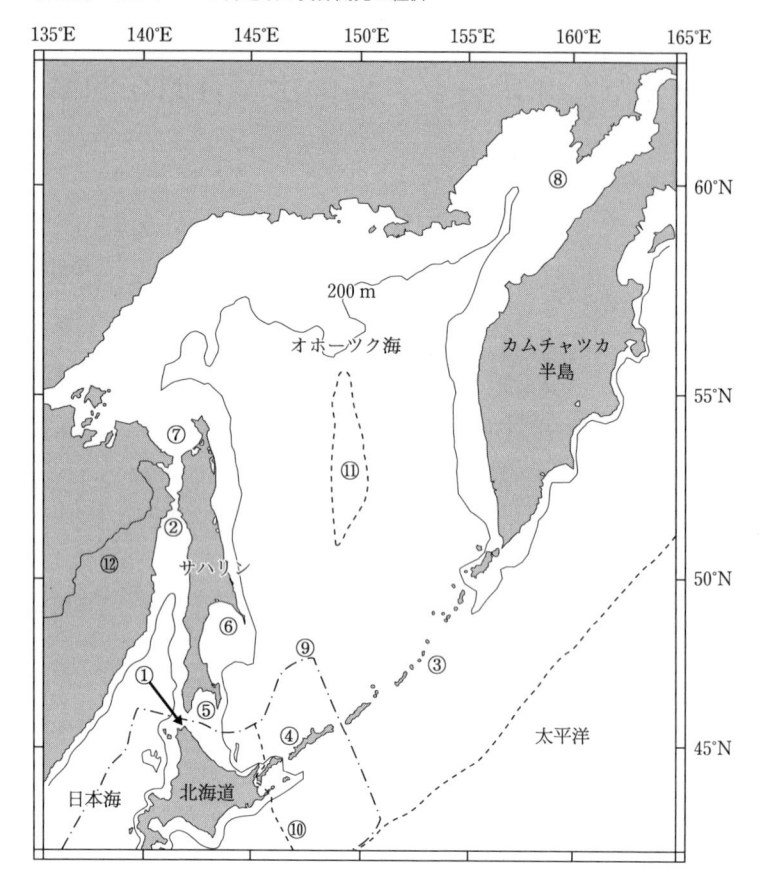

196　第2部　環オホーツク海地域の資源開発と経済

図 8-1　オホーツク海における排他的経済水域と公海

①宗谷海峡，②タタール海峡，③千島列島，④北方領土，⑤アニワ湾，⑥タライカ湾，⑦サハリンスキー湾，⑧シェレホフ湾，⑨日本の排他的経済水域ライン，⑩ロシア主張の排他的経済水域ライン，⑪オホーツク公海，⑫アムール川

れているようによく発達した大陸棚がリング状に連続している(図8-1)。その面積は，オホーツク海の面積153万km²のほぼ40%を占め，北部での最大幅(距岸距離)は400 kmに達する(Radchenko et al., 2010, p. 272)。大陸棚は陸域からの栄養塩供給，海水の鉛直混合が多く，植物光合成が盛んなため生物分布密度が多いことが知られている。オホーツク海の大陸棚はタラ類，カレ

イ類，甲殻類，ホタテガイなどの好漁場となっている。また，オホーツク海沿岸には大小様々な海跡湖が存在し，北海道のサロマ湖，アニワ湾に面するブッセ湖などは，ホタテガイやマナマコなどの増養殖場として重要である(Brovko, 2009, p. 192)。

ロシアの研究者によると，1980年代のオホーツク海における魚類の総資源量は5500万トン以上，そのうちスケトウダラが1560万トンと報告されている(Radchenko et al., 2010, p. 286)。1980年代の日本全国の海面漁業・養殖業生産量(魚類以外の生産量も含む)が1200万トン前後であることと比較すると，オホーツク海における魚類資源量の多さとスケトウダラの優勢という特徴が見えてくる。

オホーツク海は季節海氷の冷たい海であり，スケトウダラ以外にもマダラ，ニシン，サケ類，タラバガニなど，水産業にとって重要な冷水性の種が多数分布している。同時に，オホーツク海南西部に位置する北海道沿岸域では夏から秋にかけてマグロやブリなどの暖水性魚類の回遊が見られる。これは，日本海を北上してきた対馬暖流を起源とする宗谷暖流が北海道沿岸を南下しているためと考えられる。また，太平洋を北上してきたサンマやスルメイカの一部は夏に千島列島の海峡を通じてオホーツク海南部へ回遊することが知られている。このようにオホーツク海の水産資源は，冷水性の種から暖水性の種まで多様である。

オホーツク海では，大陸棚の広がり，水産資源の多様性と季節変化，そして資源量の多さを反映し，底曳き網，ほたてがい桁網，さけ定置網，底刺し網，さんま棒受け網，いか釣り，延縄，かにかご，たこ箱など多様な漁業が季節変化に伴って盛んに営まれている。しかし，海氷に覆われる冬の期間は，ほとんどの漁業が自然のルールにより休漁となる。

制度面から見ると，1977年のソ連および日本の200海里漁業水域実施およびその後の国連海洋法条約の発効(日本：1996年批准，ロシア：1997年批准)を経て，現在，オホーツク海は日本の排他的経済水域，ロシアの排他的経済水域および公海に区分される(図8-1)。図8-1からも明らかなように，海域面積の大部分はロシアの排他的経済水域である。日本の排他的経済水域

のうち北方領土沖の水域については，ロシアによる北方領土の実効支配のため，日本は主権的権利を行使できない状況が続いている。オホーツク海の中央部にある公海は，その形から通称ピーナッツ・ホールと呼ばれており，スケトウダラやカラスガレイの漁場となっている(依田ほか，1989；Kotenev and Bulatov, 2009, p. 291)。

8.2 オホーツク海における漁業生産

まず，北海道のオホーツク海沿海地域(猿払村～斜里町)における漁業生産の状況を，属地統計により見てみよう。この地域には現在12の漁業協同組合がある(図8-2)。漁獲量は1950年代から1970年代にかけて増加し，ピーク時の1976年には45万トンに達している(図8-3)。この間の漁獲量の増加には，新漁場開発などにより北方海域へ漁場を拡大した沖合底曳き網漁業が貢献している。漁獲金額は魚価の上昇も相まって，同時期に指数関数的な増

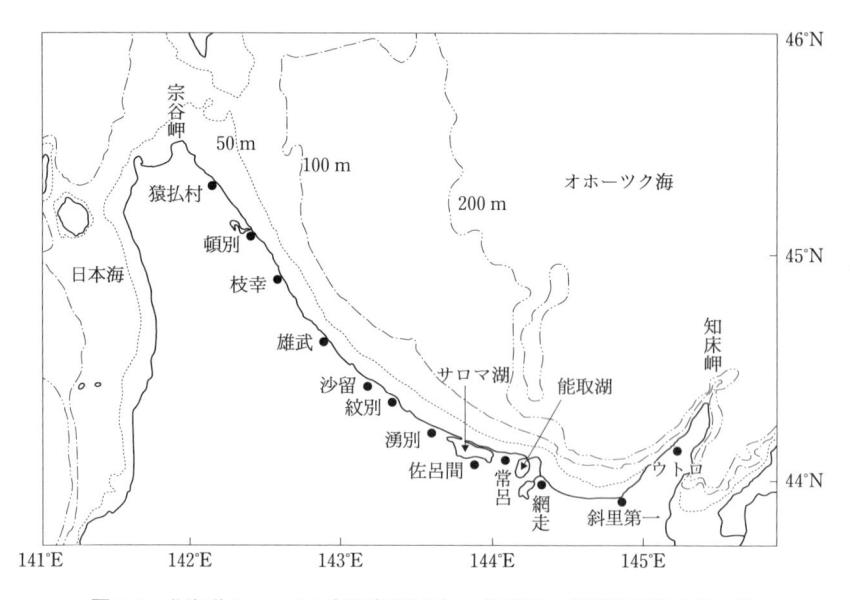

図8-2　北海道オホーツク海沿海(猿払村～斜里町)の漁業協同組合所在地

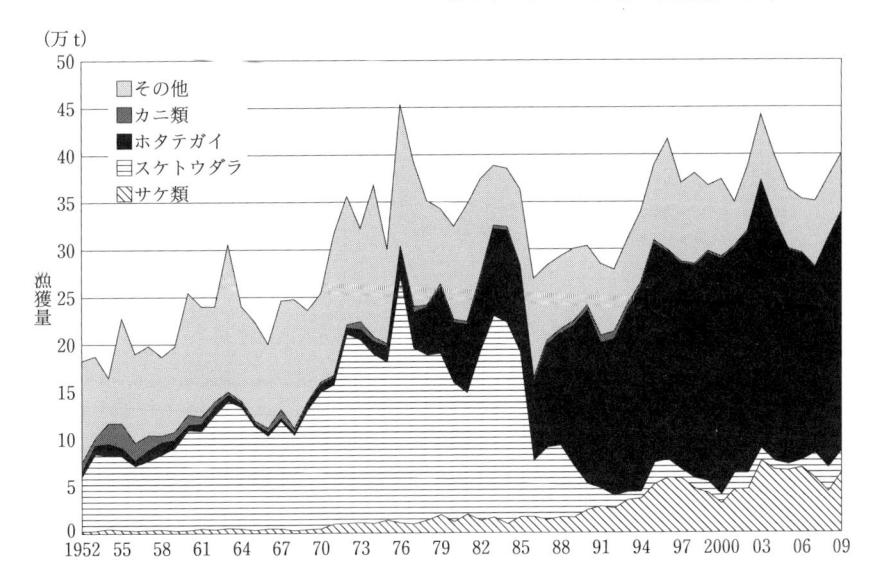

図 8-3 北海道オホーツク海沿海地域(猿払村〜斜里町)における漁業生産量
出所) 北海道水産現勢より作成。

加を示し，1977年には550億円に達している。その後，漁獲量は1980年代後半にかけてやや減少するが，1990年代に入ると再び増加し，1995年以降30万トン台後半から40万トン台の高い水準を維持している。一方，漁獲金額は増減があるものの，1977年以降ほぼ500億円台〜600億円台の高い水準を維持している。

　1970年代後半以降，漁獲量，漁獲金額ともに高い水準が維持されているが，漁業生産の内容を見ると，劇的な変化が起きていることが分かる。すなわち，スケトウダラ漁獲量の激減とホタテガイ漁獲量の急増である(図8-3)。スケトウダラ漁獲量の激減の主な原因は，1977年のソ連による200海里漁業水域の実施にある。一方，ホタテガイ漁獲量増加の主な原因は，資源を増殖して漁獲する栽培漁業の成功にある。これらの変化に加えて，1970年代に入ってからのサケ類の漁獲量の増加も顕著である。漁業種類別漁獲量も，200海里漁業水域実施前の1976年には，1位：沖合底曳き網，2位：遠洋底曳き網，3位：ほたてがい桁網であったが，2009年には1位：ほたてがい桁

表 8-1　北海道における海域別の漁業生産比較(2009 年)

項　目	日本海	太平洋	オホーツク海	全　道
海域生産量(t)	262,535	791,501	403,377	1,457,413
海域生産額(百万円)	51,974	141,066	58,738	251,778
組合員1人あたり生産量(t/人)	40	85	201	81
組合員1人あたり生産額(万円/人)	784	1,519	2,924	1,405
海域生産量に占める栽培漁業生産量の比率(%)	28.2	41.5	81.9	50.3
海域生産額に占める栽培漁業生産金額の比率(%)	33.5	53.3	81.7	55.9

日本海は稚内市〜函館市(旧椴法華村)，太平洋は函館市(旧南茅部町)〜羅臼町，オホーツク海は斜里町〜猿払村．栽培漁業の対象種はサケ・マス(沿岸のみ)，ヒラメ，ホタテガイ，コンブ，ウニ，アワビ，カキ．
出所）北海道(2011)『北海道水産業・漁村のすがた2011――北海道水産白書』．

網，2位：さけ定置網，3位：沖合底曳き網へと大きな変化を見せている．

　北海道のオホーツク海沿海地域では，栽培漁業の海域生産に対する寄与率が高まり，2009 年には数量，金額ともに 80％に達している(表8-1)．栽培漁業の成功は漁業の生産性を大きく向上させ，オホーツク海沿海地域における漁協組合員1人当たりの生産量 201 トン，生産金額 2924 万円は全道平均の2倍以上と際立って高い．このような高い生産性は，漁業を志す動機付けとして働くと考えられる．北海道では漁業就業者の高齢化が続いているが，オホーツク海では 39 歳以下の階層がおよそ 40％を占め，日本海や太平洋に比べ，若年の漁業就業者が多い(図8-4)．栽培漁業の成功による高い生産性が，漁業就業者の高齢化に一定の歯止めをかけていると言える．

　次に，情報はかなり限られるが，ロシアのオホーツク海における漁業生産について見てみよう．近年，オホーツク海は，ロシア極東地域の漁業生産の50％以上を生み出す重要な海となっている．スケトウダラの漁獲量が最も多く，各年の漁獲物の中心となっているほか，ニシン，カレイ類，サケ類，タラ類(マダラ，コマイ)，カニ類も重要な漁獲対象資源となっている．ロシアのオホーツク海における年間漁獲量はスケトウダラ漁獲量の変動によって大きく変動しており，1980 年代後半から 1990 年代には 150 万トン以上(多い年には 200 万トン以上)であったが，2000 年代には 100 万トンを下回る年も

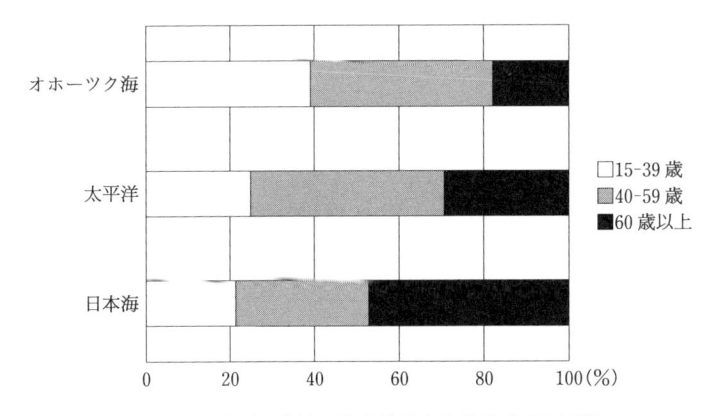

図 8-4　北海道の海域別漁業就業者年齢構成（男女計）
出所）農林水産省統計部「漁業センサス」（平成 20 年）[http://www.maff.go.jp/j/tokei/census/fc/2008/report/index.html]

見られる（Radchenko et al., 2010, p. 287, Fig. OK-20, 21）。ロシア（旧ソ連）でも，サケ類の孵化放流など栽培漁業の取り組みが進められているが，豊富な天然資源と圧倒的な排他的経済水域の広さを背景に，依然として天然資源への依存度が非常に高い。

このように，オホーツク海の沿海地域を構成する日本とロシアの間で，水産資源の利用形態は，現在，大きく異なっている。

8.3　オホーツク海の主要な水産資源

先に述べたオホーツク海における漁業生産を踏まえ，主要な水産資源であるスケトウダラ，サケ類，ホタテガイ，カニ類の利用状況と持続的利用をはかる上での問題点を検討してみる。

8.3.1　スケトウダラ

スケトウダラ（*Theragra chalcogramma*）は冷水性の魚類であり，オホーツク海の大陸棚に沿って広く分布している。スケトウダラはオホーツク海で最も漁獲量の多い魚種であり，主にトロール網や底曳き網で漁獲されている。

漁獲されたスケトウダラは，日本では主にすり身やタラコ製品に加工されるほか，最近では韓国や中国へ大量に輸出されている。一方，ロシアでは切り身，すり身が国内に供給されるとともに輸出されているほか，魚卵の輸出も行われている。

　オホーツク海におけるスケトウダラの利用の歴史は比較的新しく，北海道では 1932 年に網走底曳きでの利用開始の記録がある。量産が始まるのは，第 2 次世界大戦開始から戦後にかけて，日本が食料増産に迫られた時期である。その後，「沿岸から沖合へ，沖合から遠洋へ」の漁業政策のもと，1950 年代にはタライカ湾やカムチャツカ半島西岸など，スケトウダラの新漁場が開発される。この時期スケトウダラの漁獲量は年々増加するが，スケトウダラは鮮度低下が速く，その用途が限られたため供給が過剰気味となり，新たな利用方法や価格維持が課題となっていた。ほぼ同時期の 1961 年に北海道立水産試験場が確立したスケトウダラの冷凍すり身製法は，長期間の冷凍保管を可能とする画期的な技術となり，ソーセージや蒲鉾の原料としてのスケトウダラに大量の需要を生み出すことになる。このような背景の中，主産地の 1 つであるオホーツク海南西部における日本漁船による漁獲量は，1970 年代に急増し，ピーク時の 1976 年には 28 万トンに達する（図 8-5）。

　一方，ロシアのスケトウダラ漁業は日本よりもやや遅く，1960 年代に始まる。それまで，漁獲の主体となっていたカレイ類の獲りすぎによる生産性の低下が，スケトウダラ利用の背景にあると考えられる（北野，1978，p. 88）。1965 年からは大規模開発が始まり，1975 年には 130 万トンの水揚げを記録している（Kotenev and Bulatov, 2009）。

　日ソによる 200 海里漁業水域実施後の漁獲量の推移は，両国で対照的である。日本ではソ連による漁業規制の強化と沖合底曳き網漁船の減船により，1977 年から漁獲量は一転して減少し始める。1977 年に日ソ・ソ日漁業暫定協定が，1978 年に日ソ漁業協力協定がそれぞれ締結され，相互に相手国の 200 海里水域における漁獲ができるようになるが，ソ連水域における日本漁船に対する漁獲割当量は減少の方向に向かう。特に削減率の大きかった 1986 年には，日本水域内の漁獲も低調となり，漁獲量は 5 万トンを下回っ

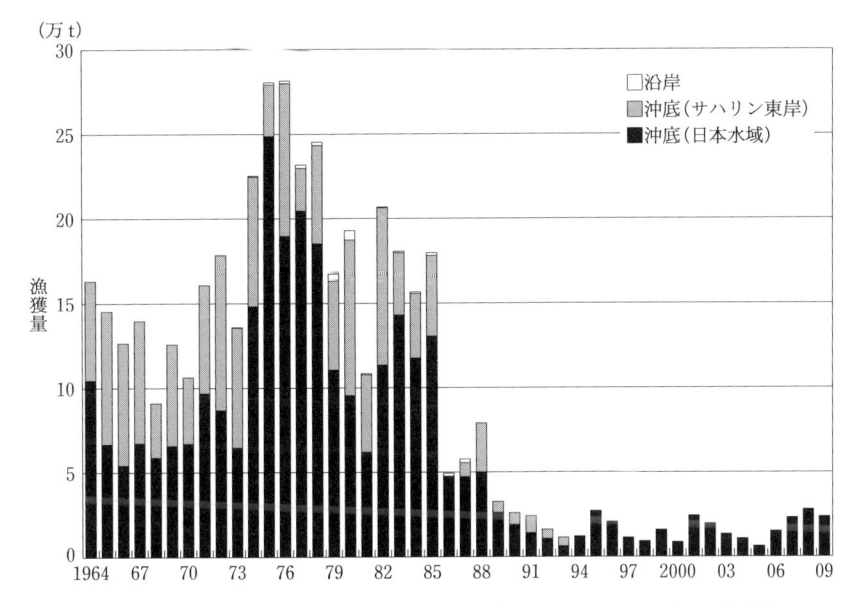

第8章 オホーツク海の水産資源と漁業　203

図8-5　オホーツク海南西部における日本漁船によるスケトウダラの漁獲量
出所）田中(2010)より作成。

ている。その後，沖合底曳き船の大幅減船もあり，1990年以降は3万トン未満の低水準の漁獲が続いている（図8-5）。このような漁獲量の減少は，国内産すり身原料の不足と輸入すり身の増加を招き，安定した原料供給と価格を希望する水産加工業界にも大きな影響を及ぼしている。

　これに対してロシア（旧ソ連）では，オホーツク海北部の新漁場発見などにより1985年から1997年まで150万トン以上の漁獲量を記録している。しかし，漁獲量はその後減少し，2004年には39.4万トンとなっている。このような大きな漁獲量の変動は，スケトウダラ漁業の計画と管理に大きな不確実性をもたらしている（Kotenev and Bulatov, 2009）。

　日本は1996年に批准した国連海洋法条約に基づき，1997年からオホーツク海南部の日本水域におけるスケトウダラについて，許容漁獲量（TAC: Total Allowable Catch）を設定して，資源の管理を目指している。この資源は北海道沖からサハリン東岸にかけて分布し，現在の分布の中心はロシア

水域にあると考えられているため，資源評価のためにはロシア水域における漁獲状況などのデータが必要不可欠である．しかし，ロシア水域の情報が不足していることなどから，本来，TAC 設定の科学的ベースとなるべき生物学的許容漁獲量（ABC: Allowable Biological Catch）の推定が困難な状況が続いている．このため，日本水域の漁獲動向とロシアからの限られた情報により，資源の水準や動向を判断している（森・山下，2010）．一方，ロシアもこの資源の分布域であるサハリン東岸海域で，独自に TAC を設定して資源管理を行っている．すなわち，同一資源に対して，日ロに別々の管理方策が存在しているのである．国際水域における資源管理を具体的にどう進めるかが，この資源の持続的利用をはかる上での大きな問題となっている．

スケトウダラに関しては，持続的利用を考える上でもう 1 つの問題がある．それは，温暖化が進行した場合の資源減少の懸念である．北西太平洋およびその隣接海域では，1976〜1977 年の温暖レジームから寒冷レジーム期へのシフト，1988〜1989 年には再び温暖レジーム期へのシフトが知られており，スケトウダラ資源量（漁獲量）は，1990 年代以降の温暖期に減少に転じているためである（桜井ほか，2007）．

8.3.2　サ　ケ　類

近年，オホーツク海で漁獲量の多いサケ類（サケ属の魚類）は，カラフトマス（*Oncorhynchus gorbuscha*），シロザケ（*O. keta*），ベニザケ（*O. nerka*）の 3 種である．ただし，北海道沿岸で漁獲量の多い種は，シロザケとカラフトマスの 2 種であり，ベニザケはほとんど漁獲されない．

北海道の漁獲物は，これまで主に国内市場で流通していたが，近年，欧米において食の安全・安心への関心の高まりから，天然ものへの需要が増加し，輸出が増加している．日本の輸出量のうち大部分は中国に輸出され，フィレなどに加工された後，欧米各国に輸出されている．同様の輸出形態がロシアでも見られる．

オホーツク海のサケ類は，日本とロシアの双方にとって，古くから産業上重要な資源であり，歴史上，漁場を巡る軋轢が数々見られる．日本は第 2 次

世界大戦後に公海におけるサケ・マス沖取り漁業を再開し，オホーツク海にも出漁する。しかし，公海での漁業規制強化，200海里体制とサケ・マスの母川国主義の定着といった漁業環境の変化を経て，1993年の「北太平洋における溯河性魚類の系群の保存のための条約(NPAFC条約)」発効により，サケ・マス沖取り漁業は終焉を迎えている。これ以降，日本の漁場は国内の沿岸域に縮小し，サケ・マス沖取り漁業は日ロ政府間交渉による日本およびロシア200海里水域内の流し網漁業を残すのみとなっている。

北海道のオホーツク海沿海地域におけるサケ類漁獲量は，1970年まで1万トン未満と低水準であったが，1971年以降，顕著に増加し(図8-3)，最近5年間(2005〜2009年)の平均漁獲量は7.1万トンである。このうち，約6万トンがシロザケである。シロザケ来遊数は，1993年以降1000万尾を超えている(図8-6)。1991年以降には，カラフトマスの漁獲量も急増している(口絵2，図8-7)。

一方，ロシアのオホーツク海沿岸における漁獲量も，近年，増加し，2009年には34.5万トンの過去最高に達している。最も漁獲量の多いカラフトマスは，奇数年，偶数年ともに増加し続け，2009年に過去最高の27.5万トンを記録している。このほか，シロザケの主要グループやベニザケでも漁獲量の増大が見られている(Radchenko et al., 2010, pp. 290-292)。

北海道における漁獲量増加は，シロザケの放流尾数の増加および回帰率の増加によるところが大きいと考えられる。北海道では1969年以降シロザケの放流数が急増し，1980年には全道で約11億尾，オホーツク海区で約3億尾に達している(図8-6)。現在のシロザケ放流事業は，126万尾の親魚を確保して，10億尾の稚魚を生産し放流することが目標となっており(永田，2009, p.23)，近年，放流数は安定している。北海道では1888年に本格的な孵化事業が始まり，その後，技術改良が重ねられているが，特に，給餌飼育技術と適期放流技術の開発が回帰率の向上につながったと考えられている(帰山，2002, p.100；永田，2009, p.20)。しかし，日本系シロザケ幼魚の回遊経路の推定(浦和，2000)や海洋環境とシロザケ幼稚魚の成長・生残との関係に関する研究，北太平洋におけるサケ類の環境収容力(carrying capacity)に関する

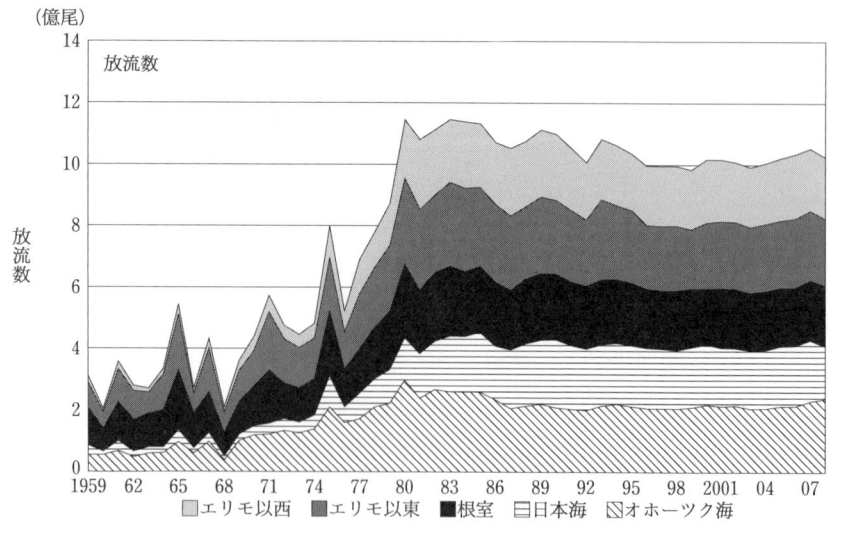

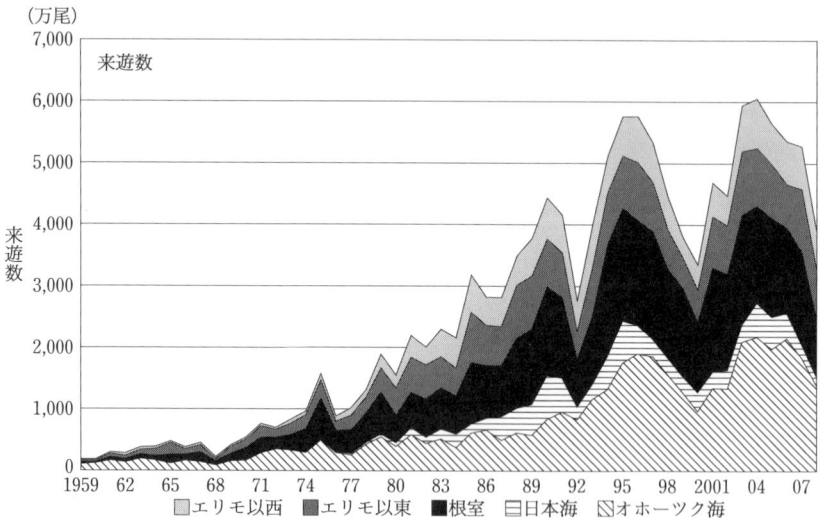

図 8-6 北海道におけるシロザケの放流数と来遊数

放流は採卵した年，来遊は回帰した年を示す。
出所）1966 年以前：北海道鮭鱒ふ化放流事業百年史統計編；1967〜2008 年：北海道さけ・ます増殖事業協会ホームページ[http://sake-masu.or.jp/pdf/0703_tigyo.pdf]；2009〜2010 年：（独）水産総合研究センター，さけますセンターホームページ[http://salmon.fra.affrc.go.jp/zoushoku/river/river.htm]より作成。

図 8-7　オホーツク海(紋別)におけるカラフトマスの漁獲風景
　　　　ます小定置網の網おこし
出所)　北海道の漁業図鑑。

　研究が進み，近年の北太平洋における海洋環境の好転も北海道のシロザケ漁獲量の増加に大きく影響していると考えられている(帰山，2002，p.85；2009，p.51)。日本系シロザケは春から初夏にかけて沿岸を離脱後，多くがオホーツク海に入り晩秋まで生活すると推定されており(浦和，2000，p.7)，オホーツク海でどれだけ成長できるかが，その後の生残を決定すると考えられるためである(帰山，2009，p.39)。現在のところ，温暖化がオホーツク海に生息する北海道シロザケの成長と生残にプラスの影響を及ぼしていると考えられているが，IPCC(気候変動に関する政府間パネル)のSRES-A1Bシナリオに基づくシロザケの分布予測では，北海道系シロザケは2050年までにオホーツク海への回遊ルートを失い，2100年までには生存が困難になるとの予測がある(帰山，2009，p.54)。このため，温暖化の進行を視野に入れて，サケ類資源の維持をどのようにはかるかが大きな問題となっている。
　それでは，ロシア沿岸での漁獲量増加の原因はどうであろうか。ロシア沿岸におけるサケ類(シロザケ，カラフトマス，ベニザケ)の放流数も近年，増

加傾向にあり，高い資源量への寄与が示唆されている(Radchenko et al., 2010, p.292)。しかし，放流規模は北海道に比べて小さく，寄与の度合いは明らかでない。ロシア沿岸におけるサケ類の漁獲量増加に関しては，北太平洋における海洋環境の好転が，より大きく影響していると考えられる。もう1つ，ロシアの沿岸漁獲量の増加に関し，記憶に留めなければならないのが，北太平洋で行われてきた日本漁船によるサケ・マス沖取り漁業の縮小，消滅である。サケ・マス沖取り漁業の対象となった資源は，その大部分が旧ソ連極東地方の河川起源のものであり，サケ・マス沖取り漁業による途中漁獲が，1950年代後半から1960年代にかけて，ソ連沿岸でのサケ類資源減少の原因となったと考えられているためである(佐野，1998, p.22)。

　北海道沿岸，ロシア沿岸ともに過去に例のないほど漁獲量が増加しており，ロシアではサハリンとエトロフ島の孵化場を57カ所まで増加させる計画がある(Radchenko et al., 2010, p.292)。各地域で持続的な漁業生産を得るためには，北太平洋の限られた環境収容力の中で，放流魚を含む様々な地域の母川に由来するサケ類の生息数を，どのように調整するのかが問題となるであろう。

8.3.3　ホタテガイ

　オホーツク海沿岸におけるホタテガイ(*Mizuhopecten yessoensis*)は，大部分が北海道沿岸で生産されている。サハリンのアニワ湾やタライカ湾でも生産があるが，規模は小さい。北海道沿岸での生産は，大部分が「八尺」と呼ばれるホタテガイ専用の桁網を用いた漁業によるものである(図8-8)。残りは，サロマ湖における垂下式養殖によるものである。オホーツク海のホタテガイは冷凍貝柱への使用が最も多く，香港向けの乾貝柱にも加工されている(蔵田，2003, p.294)。

　オホーツク海沿岸でのホタテガイ漁業は，明治時代から行われている。当時の漁業は天然資源に依存しており，卓越年級群の発生に支えられていたと考えられている(西浜，1994, p.50)。卓越年級群は加入量の極端に多い年級群のことであるが，一般に発生頻度が少なく，発生予測がつかない。卓越年級

図 8-8　オホーツク海(紋別)におけるホタテガイの漁獲風景
出所) 北海道の漁業図鑑。

群が発生すると集中的に漁獲が行われ，短期間に乱獲状態に陥ったと思われ，たびたび禁漁が行われている。1950年代に入ると，資源管理の取り組みに多くの努力が払われるようになるが，資源は回復せず，長期間低迷することになる。このことから，資源管理の努力は，資源をしばらくの間持続的に利用することには役だったが，ホタテガイの再生産を約束するものではなかったと言われている(西浜，1994，p.66)。1970年代に入ると，ホタテガイ漁業は天然資源依存の漁業から栽培漁業へと変貌し，不安定な漁獲状況が一変する。栽培漁業を可能にしたのが，生残率の高い大型種苗(越冬種苗)を安く安定的に，かつ大量に生産する技術の開発である。この技術は，幼生時代に足糸という糸を出して周りの物に付着するというホタテガイの生態を巧みに利用している。生産された越冬種苗(1年貝の種苗)は，4区画に分けられた漁場の1つに放流され，3年後に4年貝として漁獲される。年ごとに放流と漁獲の区画を移動し，4年で一巡する方式の漁業は，「4輪採制」の「地まき放流漁業」と呼ばれている。

　常呂と猿払を中心に始まったこの漁業は，その後，オホーツク海沿岸に急

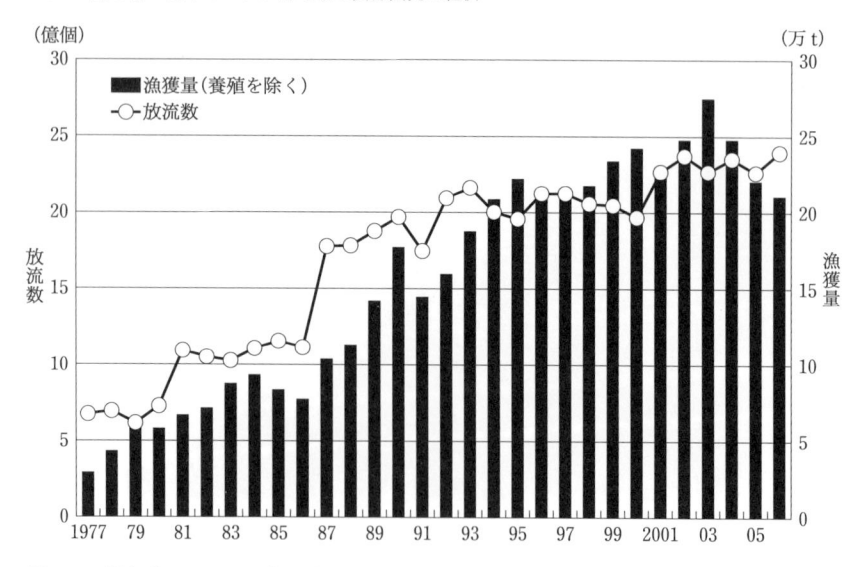

図8-9 北海道オホーツク海沿岸(猿払村から斜里町)におけるホタテガイの放流数と漁獲量(養殖を除く)
出所) 放流数:栽培漁業種苗生産,入手・放流実績(全国);漁獲量:北海道水産現勢より作成。

速に普及し,放流数の増加に伴い漁獲量も急激に増大する(図8-9)。放流数は1981年に10億粒を超え,1992年には20億粒に達している。漁獲量は1987年に10万トンを超え,1994年以降20万トン以上の高水準が続いている。ホタテガイの地まき放流漁業の成功が,オホーツク海沿海地域の漁業経営の安定に大きく貢献している。

　地まき放流漁業におけるホタテガイの持続的利用を考える時,最も重要なのが放流種苗の安定確保である。オホーツク海では地場産の種苗の他に,日本海や噴火湾で生産された種苗も放流されるが,全てが天然採苗由来のものである。当然,幼生の発生時期や発生量には年変動があり,採苗成績も年によって良し悪しがある。極端な場合には,2008年春の日本海のように,採苗不振という状況に陥る場合もある。種苗の安定確保をはかる上で見逃せない存在が,オホーツク海の海跡湖である。サロマ湖と能取湖は,ホタテガイ漁業にとって天与の湖と言われ,その種苗供給基地としての価値が強調され

ている(西浜，1994，p.96)。反面，これらの湖は，水深が浅く半閉鎖的な環境のため，外海に比べ気象条件の影響を受けやすく，水温や塩分が大きく変動する。さらに，流入河川からの負荷と湖内での生物生産(養殖業も含む)による負荷の双方が蓄積しやすく，環境悪化に注意を要する。ホタテガイの付着稚貝は高水温に弱く，水温22度では8日で10％余りが，24度では8日で全数が斃死するという実験結果が得られている(丸，1985，p.59)。温暖化の進行，海水温の上昇が予想される中，サロマ湖と能取湖の環境をいかに維持・改善していくかが大きな問題である。

　種苗放流後のホタテガイの成長段階で問題となっているのは，年により発生する貝柱の成長不良と経年的な貝の小型化の現象である。貝柱の成長不良の主たる原因は春季の餌不足と考えられており，制御が困難なことから，その発生確率を推定する研究が続けられている(品田，2006)。貝の小型化は1989年以降問題となっており，ホタテガイの生息密度増加に伴う餌不足と，もともと成長の悪い沖側への漁場拡大が原因と考えられている(蔵田，2003，p.295)。こちらの方は，貝の密度調整や漁場の選定など，人為的制御が可能な問題と言える。貝柱の成長不良と貝の小型化は，ともに価格下落の原因となり，漁業経営を困難にする危険性がある。

　このほか，貝毒発生問題や大時化による貝の斃死や消失なども，生産に大きな影響を及ぼす問題である。また，実際の被害は出ていないが，サハリン油田や積み出し基地などで油流出事故が起きた場合の被害について，漁業関係者は強い懸念を抱いている。

8.3.4　カ　ニ　類

　オホーツク海の大陸棚および大陸棚斜面には，タラバガニ(*Paralithodes camtschaticus*)，アブラガニ(*P. platypus*)，イバラガニモドキ(*Lithodes aequispina*)，ズワイガニ(*Chionoecetes opilio*)，ケガニ(*Erimacrus isenbeckii*)など，産業的価値の高いカニ類が多数分布しており，専用のかご，刺し網，底曳き網で漁獲されている。一般に高価格で取引されるため，密漁や不正漁獲の対象になりやすく，乱獲に陥りやすい資源である。

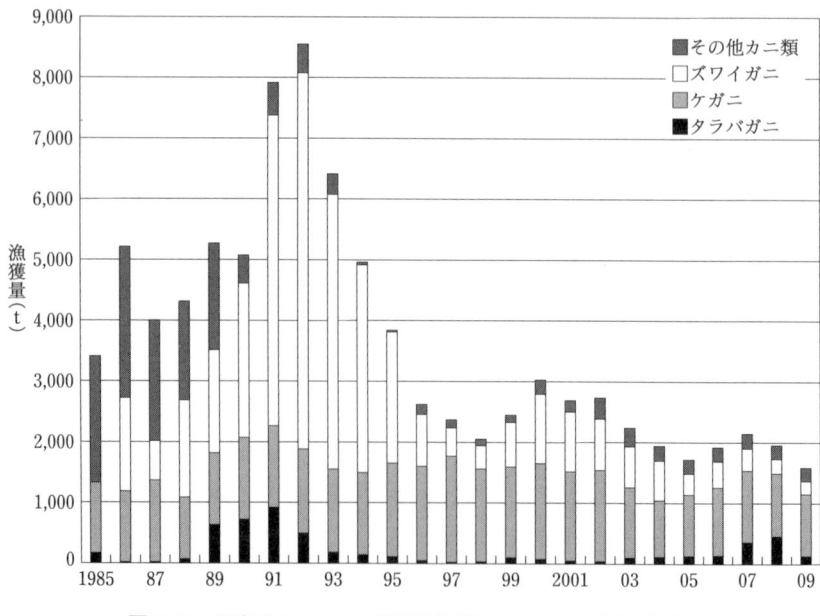

212　第2部　環オホーツク海地域の資源開発と経済

図8-10　北海道オホーツク海沿海地域におけるカニ類の漁獲量
出所）北海道水産現勢より作成。

　2001年にPICES（北太平洋海洋科学機構）の作業グループが出版した報告書では，ホッコクアカエビを除くエビ・カニ類資源の状態は，過去に比べ低水準または同等，ほとんどのタラバガニ類資源の長期的傾向は減少または不明で，いくつかの資源は周期的に変動と評価されている（PICES, 2004, p. 107）。大陸棚のカニ類の多くは，現在も回復の見通しがつかず，極めて低水準と評価されており，乱獲された西カムチャツカ大陸棚のタラバガニについては，禁漁が検討されているという（Radchenko et al., 2010, p. 295）。カニ類はオホーツク海の水産資源の中で，持続的利用が最も危ぶまれる水産資源と言える。
　北海道沿岸においても，カニ類資源は低水準の状態にある。最近20年のオホーツク海沿海地域におけるカニ類漁獲量は，1992年の8600トンをピークに2009年の1600トンまで減少している（図8-10）。主たる原因は1990年代前半に多獲されたズワイガニの漁獲量減少である。北海道沖のズワイガニ

第 8 章　オホーツク海の水産資源と漁業　213

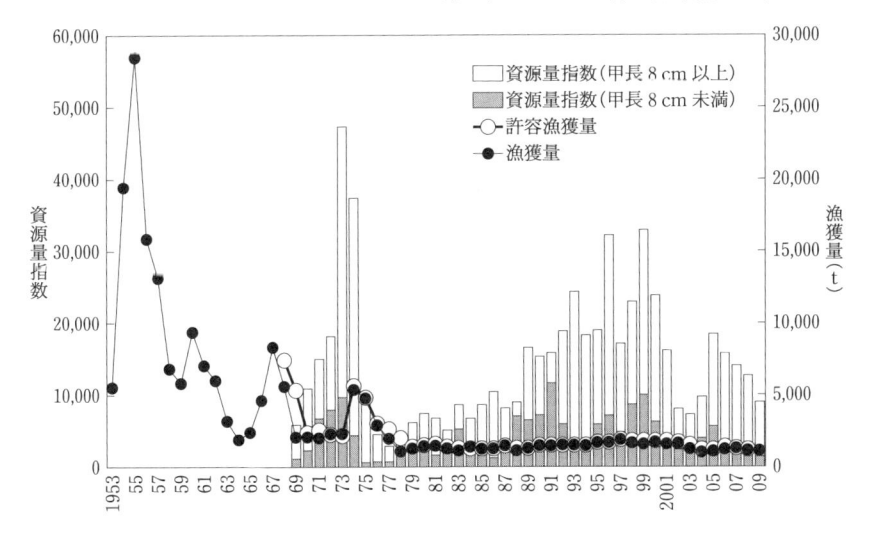

図 8-11　北海道オホーツク海沿岸におけるケガニの漁獲量と資源量指数
出所）稚内水産試験場事業報告書，網走水産試験場事業報告書より作成。

(オホーツク海系群)については，国連海洋法条約に基づく TAC が 1997 年から設定されているが，資源の回復は見られていない。ズワイガニのオホーツク海系群もスケトウダラと同様，分布が北海道のオホーツク海側からサハリン東岸の大陸棚および大陸棚斜面上に連続しており，我が国単独の管理に限界が生じているのである(濱津，2010)。

　カニ類資源が低水準の中にあって，北海道オホーツク海沿岸のケガニの漁獲量は，過去 20 年以上にわたって 1000 トン台が維持されている(図 8-10)。オホーツク海沿岸のケガニ資源もかつて乱獲を経験し，長い漁業管理の歴史の中から，ようやく資源の持続的利用に光明を見出しつつある。ケガニの漁業管理の歴史の中で，管理技術として特筆すべきことは，1968 年に許容漁獲量(TAC)制度がいち早く導入されたことである。しかし，TAC 制度の導入にもかかわらず，1970 年代初めに増加した資源は有効に利用されず，短期間のうちに資源は最低水準まで減少している(図 8-11)。科学データ不足による管理技術の未熟さも一因であるが，各種漁獲規制の不徹底さ，管理体制の不備，過剰な許可隻数，刺し網による混獲などにより，許容漁獲量がほと

んど守られなかったためである(渡辺, 2001)。その後,「けがに刺し網」の廃止,「かれい刺し網」から「けがにかご」への転換,「けがにかご」目合いの拡大などの対策が進み, 1989年から資源の回復が見られ始める。しかし, 2000年代前半の資源減少のように, 親の資源水準を高く保てたとしても, 必ずしも高い加入は保証されない(図8-11)。このような資源の性質が漁業者に理解されるとともに, 漁業経営の安定方策がなければ, 再び乱獲に陥る危険性は否めない。

8.4 オホーツク海の水産資源の持続的利用に向けた課題

先述の主要魚種ごとの持続的利用における問題点をもとに, 今後の課題を検討する。

8.4.1 漁業と資源の実態に即した自主的管理と順応的管理

オホーツク海域では, 乱獲が商業的に価値の高い水産資源の持続性を脅かしており, 世界市場で需要のあるウニやタラバガニが, 海域から完全に消失する危険があるとの指摘がある。その直接原因として, (1)過大な漁獲努力量と漁船の能力, (2)過度の混獲(by-catch)と投棄(discard), (3)違法な漁獲, (4)産卵場(サケ類などの河川の産卵場)の喪失が挙げられている(UNEP, 2006, p.36)。(1)〜(3)の原因は, これまで多くの漁業について指摘されており, 対策も立てられている。問題は対策が適切に実施されたかどうかである。先述のケガニ資源についても, 数多くの管理方策が採られているが, 初期には適切に実施されていない。行政主導のトップダウンによる管理から, 漁業者主体のボトムアップの管理への移行が進んでいることが, 適切な実施に貢献していると考えられる。すなわち, 漁業者が資源の特徴や管理方策の効果とリスクを理解し, 管理方策を選択することのできる自主的管理システムの構築が重要と考えられる。オホーツク海のけがにかご漁業では, 2005年の許容漁獲量決定から, より自主性の高い決定システムを導入している。そのシステムの実効ある運用には, 漁業者の資源管理に対する高い意識と協議会,

行政，水産試験場間の相互の意思疎通と合意形成がよりいっそう必要になる（三原，2005，p.12）と指摘されている。

　ここで注意が必要なのは，漁業管理が適切に実施された場合，新たに加入した資源を十分に成長させ有効に利用すること，すなわち成長乱獲の回避が期待できるが，必ずしも将来の高い加入量が保証されない点である。これは，水産資源では一般に親子関係が不明瞭で，定常状態を仮定できず加入乱獲の状態を判断しづらいためである。逆に，天然資源時代のホタテガイやケガニの例のように，悪化した資源から卓越年級群が発生する場合もあり，資源の将来予測には不確実性がつきまとう。このような水産資源変動の非定常性や将来予測の不確実性に対して頑健な，順応的管理（Adaptive management）が注目されている。知床世界遺産の海域管理計画でも用いられている管理方法である。順応的管理は，計画を立案し，実施しながら結果を評価し，必要に応じて計画を改善する「フィードバック制御」と管理を実施しながら未実証の仮説を検証し，必要に応じて仮説を改める「順応学習」の過程を含む（松田，2008）。水産資源に定常状態を仮定する管理方法よりも資源の実態に即しており，漁業現場で受け入れられやすい方法と考えられる。順応的管理ではフィードバック制御をうまく機能させるために，迅速で精度の高い資源状態のモニタリングが必要になるであろう。

　それでは，スケトウダラやズワイガニのように日ロ両国の排他的経済水域にまたがって分布する資源の場合はどうであろうか。国連海洋法条約では，最大持続生産量（MSY）の実現を目標としてTACを決定することとなっており，スケトウダラとズワイガニについては，日ロがそれぞれTACを設定している。しかし，個別の管理に限界があるのは自明であり，協調した管理が必要である。資源管理の点から見れば，日ロで統一したTACを設定すべきであるが，TACの配分は経済問題であり，多くの困難が予想される。そもそも，目標とされているMSYは定常状態を仮定しており，一般に推定が困難と言われている。推定が困難なMSYを目標にしなければならない背景には，漁業に関する法律や経済条件などが異なる国の間では，経済問題である資源問題をそのまま解決できず，MSY実現といった利害を超越した理念

が合意されやすいという事情があると言われる(北原, 2003, p.53)。推定が困難な基準を目標にするという矛盾を抱えたままでは、協調した管理は難しい。日口の排他的経済水域にまたがって分布する資源の協調管理、持続的利用は、現在、進められている両国の専門家や科学者による情報交換、意見交換を通じて、資源と漁業の実態を踏まえた共通の管理目標を見出すことができるか否かにかかっていると考えられる。

8.4.2 環境変化に対応できる栽培漁業の確立

北海道のオホーツク海沿海地域では、ホタテガイとサケ類の生産が漁業経営の基盤となっており、これら資源の持続的利用が、漁業者の最大関心事である。

両資源とも冷水性であり、地球温暖化の進行などにより生息水域の水温が著しく上昇した場合、持続的な栽培漁業が危ぶまれる。今後、種苗生産技術や放流技術などの改良と、環境変動への適応力が高いと言われる自然集団(野生集団)の保全の重要性が増すと考えられる。放流資源では、種苗生産や漁獲における効率性や経済性が重視され、選別や移出入が繰り返されており、遺伝的多様性の低下による環境変化への適応力の低下が懸念されている。最近の研究により、北海道海域のホタテガイはサハリン海域のホタテガイに比べ遺伝的多様性が高く、狭い海域で遺伝的分化が生じていることが明らかになっている。この要因は、種苗の移出入などの人為的操作による遺伝的撹乱が有力と考えられており、元来北海道集団が有していた海域単位の分集団が破壊された可能性が示唆されている(栗原・多田, 2009)。遺伝的多様性が高いことが必ずしも重要なのではなく、自然集団の遺伝資源が保存されていることが重要である。サケ類の野生魚の保全に向けては、劣化した河川環境の改善や自然河川の復活が不可欠であるが、同時に、野生魚と孵化場魚が共存できるような孵化放流事業が求められている(帰山, 2002, p.108)。

栽培漁業では気候変動などに関係した環境収容力の変化にも注意を要する。ホタテガイでは生息密度の増加などによる小型化、シロザケでも個体数の増加に伴う小型化と成熟年齢の高齢化(帰山, 2002, p.88)が観察されている。こ

のことから，現在のホタテガイとシロザケの栽培漁業は，環境収容力に近い規模まで拡大していると考えられる．持続的な漁業を実現するためには，良質な水産物の生産による価格安定が重要である．対象生物の成長や海洋環境のモニタリング結果を踏まえ，環境収容力に見合った放流事業の展開が求められる．

8.4.3 水域環境の保全

漁業は自然環境に大きく依存する産業である．栽培漁業において重要な役割を果たす河川や海跡湖，沿岸域の環境は，気象条件や人間活動の影響を受けやすく脆弱である．また，一旦環境が悪化すると，回復させるためには多大な労力，経費，時間を必要とする．水域環境を保全するためには，普段から環境と生物のモニタリングを行い，流域住民，沿海住民，国や地方自治体関係者などが情報と問題意識を共有することが重要である．しかし，モニタリングは地道な作業であり，普段，その重要性は認識されづらい．このため，問題が起こってから調査を始め，対策が後手に回ることも多い．国や地方の財政が悪化する中で，水域のモニタリング体制が弱体化しつつあるように思われる．モニタリングの重要性を再認識し，体制を充実させることが望まれる．

〈参考文献〉

浦和茂彦(2000)「日本系シロザケの回遊経路と今後の研究課題」『さけ・ます資源管理センターニュース』第5号，pp.3-9．

帰山雅秀(2002)『最新のサケ学』成山堂書店．

帰山雅秀(2009)「サケ類は海からの贈りもの」阿部周一編著『サケ学入門』北海道大学出版会，pp.35-57．

北野裕(1978)「カムチャッカ周辺漁業の歴史的経過」北海道機船漁業協同組合連合会・北海道立中央水産試験場編『北海道沖合底びき網漁業』北海道機船漁業協同組合連合会，pp.88-98．

北原武(2003)『水産資源管理学』成山堂書店．

蔵田護(2003)「ホタテガイ」水島敏博・鳥澤雅監修，上田吉幸・前田圭司・嶋田宏・鷹見達也編『漁業生物図鑑　新北のさかなたち』北海道新聞社，pp.290-295．

桒原康裕・多田匡秀(2009)「ホタテガイの遺伝子解析」『平成20年度事業報告書』北海

道立網走水産試験場，pp. 49-58.
桜井泰憲・岸道郎・中島一歩(2007)「スケトウダラ，スルメイカ」『月刊海洋』第 39 巻，第 5 号，pp. 323-330.
佐野蘊(1998)『北洋サケ・マス沖取り漁業の軌跡』成山堂書店.
品田晃良(2006)「水温と餌濃度が地まきホタテガイの成長に及ぼす影響」『北水試だより』第 73 号，pp. 8-10.
田中伸幸(2010)「スケトウダラ」『平成 21 年度事業報告書』北海道立網走水産試験場，pp. 35-37.
永田光博(2009)「サケ類増殖事業の歴史と将来展望」阿部周一編著『サケ学入門』北海道大学出版会，pp. 19-34.
西浜雄二(1994)『オホーツクのホタテ漁業』北海道大学図書刊行会.
濱津友紀(2010)「平成 21 年度ズワイガニ　オホーツク海南部の資源評価」『平成 21 年度我が国周辺水域の漁業資源評価』水産庁増殖推進部・独立行政法人水産総合研究センター，pp. 457-477.
松田裕之(2008)「順応的管理の理念と生態系管理の課題」『日本水産学会誌』第 74 巻，第 2 号，pp. 287-288.
丸邦義(1985)「ホタテガイの発育初期における温度と比重耐性」『北海道立水産試験場報告』第 27 号，pp. 55-64.
三原行雄(2005)「オホーツク海海域けがにかご漁業の許容漁獲量制の新たな試み」『北水試だより』第 69 号，pp. 7-12.
森賢・山下夕帆(2010)「平成 21 年度スケトウダラ　オホーツク海南部の資源評価」『平成 21 年度我が国周辺水域の漁業資源評価』水産庁増殖推進部・独立行政法人水産総合研究センター，pp. 386-406.
渡辺安廣(2001)「ケガニ」北海道立水産試験場編『北水試百周年記念誌』pp. 137-142.
依田孝・井上卓・下田隆利・晴山義範(1989)「オホーツク公海のカラスガレイについて」『釧路水試だより』第 62 号，pp. 1-6.
Brovko, P. F. (2009) The Okhotsk Sea lagoons: Types, evolution and use of resources, *PICES Scientific Report*, No. 36, pp. 191-193.
Kotenev, B. N., and O. A. Bulatov (2009) Dynamics of the walleye Pollock biomass in the Sea of Okhotsk, *PICES Scientific Report*, No. 36, pp. 291-295.
PICES (2004) *Marine Ecosystems of the North Pacific*, PICES Special Publication 1, Sidney: North Pacific Science Organization c/o Institute of Ocean Science.
Radchenko, V. I., E. P. Dulepova, A. L. Figurkin, O. N. Katugin, K. Oshima, J. Nishioka, S. M. McKinnell, and A. T. Tsoy (2010) Status and trends of the Sea of Okhotsk region, 2003-2008, in S. M. McKinnell, and M. J. Dagg, eds., *Marine Ecosystems of the North Pacific Ocean, 2003-2008*, PICES Special Publication 4, Sidney: North Pacific Science Organization c/o Institute of Ocean Science, pp. 268-299.

UNEP (2006) A. V. Alekseev, P. J. Baklanov, I. S. Arzamastsev, Yu. G. Blinov, A. S. Fedorovskii, A. N. Kachur, F. F. Khrapchenkov, I. A. Medvedeva, P. A. Minakir, G. D. Titova, A. V. Vlasov, B. A. Voronov, and H. Ishitobi, Sea of Okhotsk, *GIWA Regional assessment 30*, Kalmar: University of Kalmar.

第9章　環オホーツク海地域における木材の生産と貿易

封安全

9.1　はじめに

　ロシア極東地域は，ロシア森林総面積の約3分の1を占め，木材備蓄総量の4分の1を占めている。森林産業(主に森林伐採業と木材加工業)は極東地域の基幹産業の1つとなり，その地域経済発展にとって重要な役割を果たしている。ソ連崩壊後，極東地域の森林産業は危機状況に陥り，これまでのところまだ完全には回復していない。極東地域における需要が減少したため，この地域の森林産業はほとんど輸出市場を指向している。木材の輸出増加に伴い，極東地域の森林産業は回復基調にあったが，2007年からの丸太の輸出関税引き上げ政策はロシア森林産業，特に極東地域の森林産業に大きな影響を与えている。
　黒竜江省は，ロシア極東地域に隣接しており，中国における木材生産と加工の基地である。1998年に天然森林保護プロジェクトが実行されてから木材生産は減少しつつあるが，対ロシア木材輸入は増加している。黒竜江省は中国の対ロシア木材輸入の先頭に立っている。輸入増加に伴い，黒竜江省森林産業のロシア木材に対する依存度も高くなった。ロシアの丸太輸出関税の引き上げは黒竜江省の木材加工業に大きな打撃を与えた。これらの企業は生き残りをはかるため，今後ロシア極東地域の木材加工分野に投資する可能性が高い。本章では，ロシア極東地域の森林資源について分析し，森林産業発展に関する政策を整理した上で，極東地域の森林産業の潜在力と今後の発展の趨勢について検討する。本書第5章で論じられているように，極東地域の

森林産業はアムール川の環境保全に対して大きな影響を及ぼすからである。

9.2 ロシア極東の森林資源と林業

9.2.1 ロシア極東全体の状況

　ロシア極東の森林面積は3億 ha であり，ロシア森林総面積の 37.1% を占める。森林被覆率は 48.0% であり，木材蓄積が 209 億 m³，ロシア木材蓄積総量の 24.8% を占めている。極東の森林は主にサハ共和国(50.1%)，ハバロフスク地方(18.5%)，アムール州(8.5%)，マガダン州(6.8%)，沿海地方(4.5%)に分布している。表 9-1 から分かるように，この 20 年間，森林面積，木材蓄積量ともに増加しており，森林面積が 4812 万 ha，木材蓄積量が 5 億 m³ 増えている。

　極東地域は森林が豊富であるにもかかわらず，森林産業は発達しておらず，森林が豊富である他の地域と比べると，はるかに立ち遅れている。森林産業は主に森林伐採と木材加工である。ソ連崩壊前，この地域において合板，パルプ，紙などの高価値の木材製品が生産されたが，ソ連崩壊以降，極東経済が危機に陥り，合板，パルプ，紙の生産がほとんど止まっている(表 9-2 参

表 9-1　ロシア極東の森林資源

(1月1日現在，単位：万 ha，100万 m³)

	1993			2008		
	森林面積	被覆率(%)	木材蓄積	森林面積	被覆率(%)	木材蓄積
極東	24,815	45.3	20,450	29,627	48.0	20,947
サハ共和国	13,426	47.4	9,229	15,803	51.3	9,161
沿海地方	1,123	75.4	1,769	1,267	76.9	1,916
ハバロフスク地方	4,359	61.4	4,994	5,239	66.5	5,210
アムール州	2,185	62.3	1,954	2,348	64.9	2,050
カムチャツカ地方	889	56.6	1,194	1,972	42.5	1,213
マガダン州	1,684	38.3	423	1,756	38.0	481
サハリン州	485	64.7	623	578	66.4	633
ユダヤ自治州	155	44.2	174	166	45.7	197

*いずれの年次もコリャーク管区のデータは含まない。
出所）*Regiony* (2002; 2009).

表 9-2 極東の木材製品の生産量

(単位：1000 m³，1000 トン)

	1990	1995	2000	2003	2004	2005	2006	2007	2008	2009
丸太	29,598	10,521	10,161	13,370	14,337	14,478	15,511	16,237	13,116	11,099
挽材	5,414	972	673	1,009	1,146	1,233	1,317	1,341	1,152	1,252
合板	25.3	1.0	—	—	0.5	—	0.001	—	—	—
パルプ	539.9	60.0	11.3	0.4	—	—	—	—	—	—
紙	215.5	14.2	9.5	0.3	—	—	—	—	—	—
板紙	240.6	13.1	32.8	26.5	21.2	22.5	24.0	21.4	23.5	22.3

出所）*Regiony* (2005; 2010).

表 9-3 極東の連邦構成主体別の丸太生産 (単位：1000 m³)

	1990	1995	1998	1999	2000	2004	2005	2006	2007	2008	2009
極東	29,598	10,521	6,514	6,138	10,161	14,337	14,478	15,511	16,237	13,116	11,099
サハ共和国	3,401	868	252	213	518	538	567	685	631	434	392
沿海地方	4,789	1,830	1,061	983	2,218	3,807	4,041	4,481	4,738	3,822	3,210
ハバロフスク地方	11,593	4,564	3,413	3,632	5,479	7,891	7,928	8,194	8,489	6,883	5,936
アムール州	5,571	1,536	881	686	896	1,220	1,168	1,391	1,572	1,509	1,045
カムチャツカ地方	718	181	47	45	151	178	188	180	182	168	150
マガダン州	244	6	2	6	1	6	8	11	15	—	14
サハリン州	2,926	1,479	817	560	870	570	385	339	405	168	237
ユダヤ自治州	341	54	38	10	25	125	189	227	200	127	111

*いずれの年次もコリャーク管区のデータは含まない。
出所）*Regiony* (2002; 2010).

照）。木材生産も急減した。丸太生産は1990年の2960万 m³ から1999年の614万 m³ まで減少し，挽材生産は1990年の540万 m³ から1999年の65万 m³ まで減少した。2000年以降，極東地域の木材生産は輸出の増加により回復しており，2007年に丸太生産は1620万 m³，挽材生産は134万 m³ に増加した。両者ともに生産量が近年最高になった。しかし，2007年以降，後述のように，丸太輸出関税引き上げ政策が極東の森林産業に大きな影響を与えており，2008年の経済危機により極東木材工業の状況はさらに悪化した。2008～2009年に極東の木材生産量は大きく減少して，2000年代前半の水準に戻った。

　極東地域の森林の半分以上は永久凍土上にあり，インフラ基礎が弱く，開発が困難である。そのため，極東地域の森林開発は主に南部のアムール州，

ハバロフスク地方，沿海地方で行われている。以下ではこの3地域の森林資源と開発状況について説明する。

9.2.2 アムール州の森林資源と生産状況

2008年のアムール州の森林面積は2348万ha，森林被覆率は64.9%，木材蓄積は20.5億m³であり(表9-1)，主に針葉樹林である。針葉樹林と広葉樹林の比重は72%対28%である。針葉樹種は主にカラマツ，マツであり，広葉樹種は主にシラカバ，タモである。カラマツは森林面積の66.2%を占め，シラカバは24.3%を占めている。2008年のアムール州の森林の齢級別の構成については，表9-4のとおりである[1]。森林面積に占める若齢林の比重が20.0%と高いことに特徴がある。

2009年の時点で，アムール州における木材企業は約300社であり(*Regiony*, 2010)，その大半は木材伐採企業である。表9-3から分かるように，2000年以降，アムール州の丸太生産は不況を脱し，2007年に近年最高の157万m³に達した。2008年以降，丸太の輸出関税引き上げおよび経済危機により，丸太生産は減少し，2009年に105万m³にまで下がった。2008年のアムール州森林計画によると，アムール州の森林の年間許容伐採量は500万m³であり，実際の伐採量は年間許容伐採量の3分の1に満たない。これらの数字から，アムール州の森林開発の潜在力はまだ大きいと言える。

表9-4 アムール州の森林面積と蓄積量の齢級別構成(2008年1月1日)

(単位 万ha，100万m³)

	森林面積	比重	木材蓄積量	比重
総量	2,066	100.0	1,958	100.0
若齢林	414	20.0	110	5.6
中齢林	588	28.5	503	25.7
成熟移行林	266	12.9	328	16.8
熟林・過熟林	798	38.6	1,017	51.9

注) 表9-1とは出所が異なり，数字が一致しない。
出所) Ministerstvo prirodnykh resursov Amurskoi oblasti (2008).

表9-5 ハバロフスク地方の森林面積と蓄積量の齢級別構成（2010年1月1日）

（単位　万ha，100万m³）

	森林面積	比重	木材蓄積量	比重
総量	5,127	100.0	5,067	100.0
若齢林	845	16.5	227	4.5
中齢林	1,600	31.2	1,182	23.3
成熟移行林	460	9.0	557	11.0
成熟林・過熟林	2,222	43.3	3,101	61.2

出所）Obshchaia informatsiia (2010)

9.2.3 ハバロフスク地方の森林資源と生産状況

2008年のハバロフスク地方の森林面積は5239万ha，木材蓄積量は52.1億m³であり，森林被覆率は66.5％に達した（表9-1）。ハバロフスク地方はロシア最大の木材産地の1つとなっている。この地域においては針葉樹林が総面積の85.0％を占め，広葉樹林が15.0％を占めている。針葉樹林は主にカラマツ，シベリアマツ，マツであり，広葉樹林は主にシラカバ，タモである。ハバロフスク地方の森林の齢級別の構成については，表9-5のとおりであり，成熟移行林の比重が，アムール州や沿海地方と比べて小さい。

　森林産業はハバロフスク地方経済の基礎産業である。2009年時点で，ハバロフスク地方における登録された木材企業は597社，主に伐採と挽材の加工を行っている（Regiony, 2010）。ハバロフスク地方の木材生産量は極東全体の半分以上を占めている（表9-3参照）。1998年から丸太生産は回復しつつあり，生産量は1998年の341万m³から2007年の849万m³まで増え，ソ連崩壊前の7割程度にまで戻った。しかしながら，化学パルプ，木質繊維板など高付加価値の木材製品は工場・機材への投資不足から未だ回復しておらず，製材の生産量も以前の半分にも達していない。2010年のハバロフスク地方森林計画によると，森林の年間許容伐採量は2400万m³であり，実際の伐採量は年間許容伐採量の3割しかない。

9.2.4　沿海地方の森林資源と生産状況

2008年の沿海地方の森林面積は1267万ha，木材蓄積は19.2億m³，森林

表 9-6 沿海地方の森林面積と蓄積量の齢級別構成（2010年1月1日） （単位　万 ha，100 万 m³）

	面積	比重	蓄積量	比重
総量	1,148	100.0	1,757	100.0
若齢林	61	5.3	25	1.4
中齢林	389	33.9	522	29.7
成熟移行林	210	18.3	343	19.5
成熟林・過熟林	488	42.5	867	49.3

出所）Upravlenie lesnym khoziaistvom Primorskogo kraia (2010).

被覆率は極東において最も高く，76.9％である（表9-1）。その中で針葉樹林は56.1％を占め，広葉樹林は43.9％を占めている。針葉樹林は主にシベリアマツ，カラマツであり，広葉樹林は主にタモ，ナラ，シラカバなどである。針葉樹林と広葉樹林が混交するのがこの地域の特徴である。沿海地方の森林の齢級別の構成については，表 9-6 のとおりである。若齢林の比重が小さいことに特徴がある。

　沿海地方の森林産業は極東地域において最も発達している。2009 年時点で，沿海地方における登録された木材企業は 550 社，主に伐採と挽材の加工，家具生産を行っている。2000 年代半ばに沿海地方の丸太生産は約 400 万 m³ であったが，丸太の輸出関税引き上げと経済危機により，2009 年の丸太生産量は 2007 年と比べて 153 万 m³ の減少となった。しかし，近年挽材生産は増えており，2009 年に挽材生産量は 30 万 m³ を超えた。

　沿海地方の丸太生産は主に北部，西部に集中しているが，木材加工企業は主にウラジオストク市，ナホトカ市，ウスリースク市などの周辺に位置している。2009〜2018 年の沿海地方森林計画によると，森林の年間許容伐採量は 800 万 m³ であり，実際の伐採量は年間許容伐採量の 2 分の 1 に満たない。

9.3 黒竜江省の森林資源と木材生産

9.3.1 黒竜江省の森林資源の概況

黒竜江省は中国の東北部にあり，ロシア極東地域と隣接している。黒竜江省は中国最大の林業省の1つであり，中国の木材生産基地である。2008年時点で，黒竜江省の森林面積は2007万ha，木材蓄積量は16.5億 m^3，被覆率は44.2%である(表9-7)。その中で，天然林は90.4%，人工林は9.6%を占めている。森林の所有権別に見ると，国有林が97.7%，集団所有林が2.3%を占めている。黒竜江省の樹木の種類は100以上に達し，利用価値の比較的高いものが30以上ある。最も主要な種類はマツ，カラマツ，シラカバなどである。森林資源は主に大興安嶺山脈，小興安嶺山脈，張広才嶺山脈などの山地に集中している(図9-1)。

李(2007)によると，1896年に黒竜江省の森林面積は3310万ha，木材蓄積量は40.1億 m^3，森林被覆率は72.8%，1ha当たりの蓄積量は121 m^3 に達した。1948年に，森林面積と木材蓄積量は1896年と比べて半分となった。1986年に至って森林面積と被覆率は史上最低となり，それぞれ1577 ha，34.7%であった。その後，伐採量の調整と人工林の増加により森林面積と被覆率は上昇しているが，森林の質は劣化しつつある。1998～2007年の10年間，黒竜江省の森林の質は改善されず，1ha当たりの蓄積量は80 m^3 しかなかった。この数字から分かるように，天然森林保護プロジェクト政策により，伐採量が制限されたにもかかわらず，実際の伐採量は許容伐採量より多

表9-7 黒竜江省の森林資源

	森林面積(万ha)	木材蓄積量(億 m^3)	被覆率(%)	1ha当たり蓄積量(m^3)
1896	3,310	40.1	72.8	121
1948	1,670	19.7	35.6	117
1986	1,577	14.5	34.7	92
1998	1,755	14.1	38.6	80
2008	2,007	16.5	44.2	82

出所) 李(2007)，p.70，黒竜江省林業庁のウェブサイトより筆者作成。

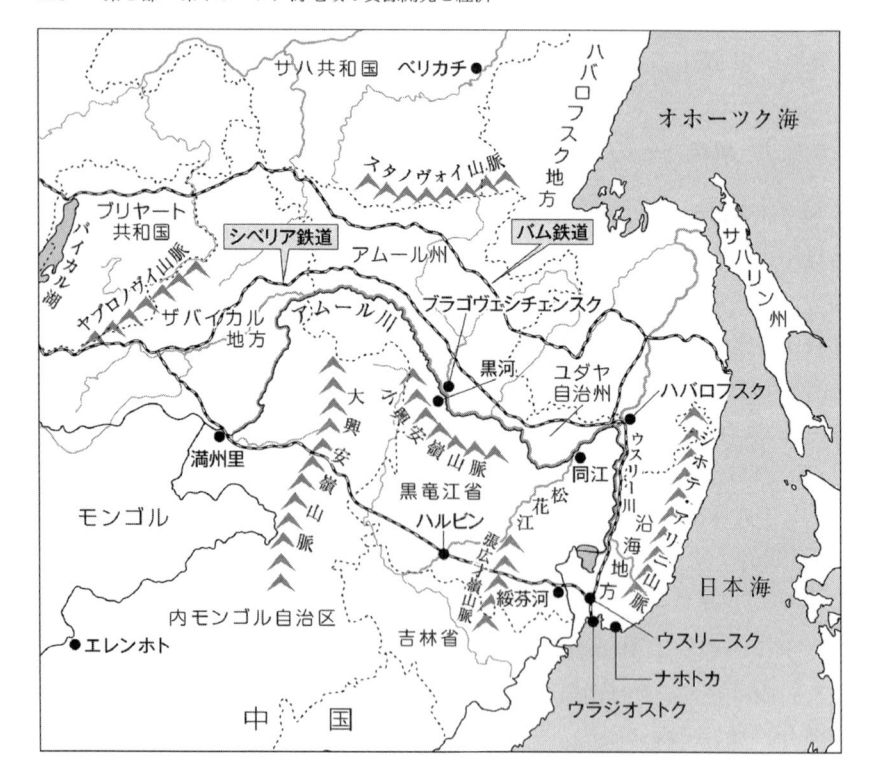

図 9-1　ロシア極東・黒竜江省の森林産業

かったと見られる。

　黒竜江省の森林の齢級別の構成は非常にアンバランスである。近年，若齢林，中齢林の比重が上昇しており，成熟林・過熟林の比重が下がっている。2005年の黒竜江省の森林構成は図9-2のとおりである。成熟移行林や成熟林・過熟林の比重が低く，このような森林構成では持続的な発展は期待できない。

9.3.2　黒竜江省の森林資源の管理

　黒竜江省は森林を利用するとともに，森林保育を行っている。1978年から黒竜江省は人工造林について3つのプロジェクトを始めた。

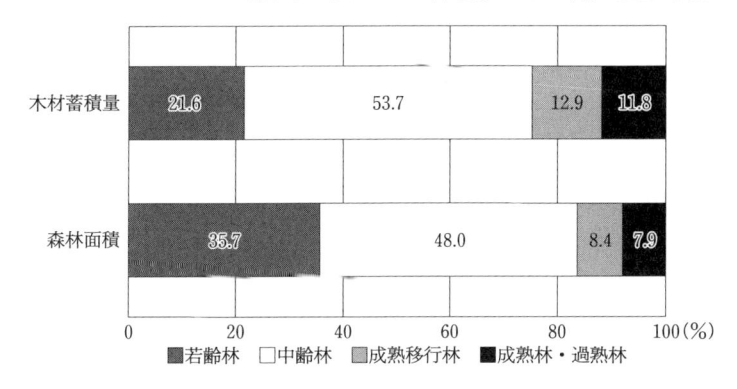

図9-2 黒竜江省の森林齢級別の構成(2005年)
出所）李(2007)，p.70．

(1) 三北防護林プロジェクト

三北防護林プロジェクトとは，中国の西北，華北，東北地域の水土流失と砂漠化を防いで整備するために，1978年から始められた大型プロジェクトである。黒竜江省の三北防護林プロジェクトも1978年から始まった。第1段階は1978～2000年で，人工育林面積は163万haであった。第2段階は2001～2010年で，計画育林が77.5万ha，そのうち人工育林が66.5万haとされた。2010年にこの目標は基本的に達成された。

(2) 天然森林保護プロジェクト

天然森林保護プロジェクトでは，1998年から長江と黄河の源流の地域および中下流地域における木材伐採が禁止され，東北地区における原始森林の伐採が制限された。このプロジェクトは2期に分けられ，1期は1998～1999年(試行期)，2期は2000～2010年(実行期)である。

黒竜江省の天然森林保護プロジェクトも試行期と実行期に分けられ，実行期はさらに2000～2003年と2004～2010年に分けられた。主要内容は木材伐採量の調整と育林である。木材伐採量の調整により，1998年の丸太生産量は818万m³となり，1997年と比べて，94万m³減少した。その後，さらに減少して，2002年に612万m³まで減少した。2003年以降生産量は少しず

つ回復し，近年約750万m³である(黒龍江省統計局，2010)。育林については，2000〜2010年の10年間に，人工育林は10万ha，封山育林は43万ha，天然林更新は7万haである(李，2007，p.77)[2]。

(3) 退耕還林プロジェクト

退耕還林政策は，1999年に四川，陝西，甘粛の3省を試点(実験地)として行われ，2000年以降全国で展開された。黒竜江省の退耕還林プロジェクトは2002年から始まり，2007年時点で約63万haの耕地が森林等に戻された。

9.4 ロシア極東地域の木材生産と輸出

9.4.1 概　　況

森林産業はロシア極東地域の基幹産業の1つとなり，経済において森林産業の比重は非常に大きい。丸太および木材製品の輸出による収益はこの地域経済にとって重要な収入源となっている。その中でハバロフスク地方の生産量が最も多く，沿海地方，アムール州が続いている。この上位3地域の木材生産量は極東全体の9割以上を占めている。ソ連時代には，極東地域の木材消費は地域内の消費，中央アジア諸国への輸送，日本をはじめとする東アジアへの輸出であった。このうち，ロシアから中央アジアの連邦構成共和国への木材輸送は年間3000〜3500万m³であり，その大半は極東地域から調達された(封，2009)。ソ連崩壊後，中央アジアへの木材供給は運賃などのコスト高騰によりほとんど止まってしまった。また，1990年代のロシア経済は危機に陥り，国内の木材消費が激減した。1998年の金融危機以降，輸出増加に伴い，極東の木材生産の回復が始まった。極東地域の木材輸出について詳しいデータはなかなか入手できないが，本節ではロシア全体の中国と日本向けの木材輸出データにより，極東地域の木材輸出を分析する。現在，極東地域の木材生産量の半分以上は輸出され，輸出製品は主に丸太であり，輸出

先は主に中国と日本である。

9.4.2 中国への輸出

ロシアは，中国にとって最も重要な木材輸入相手国である。1982年に，中ソ貿易が回復してから中ソ木材貿易が急速に発展した。ソ連の対中国木材輸出は1982年の45万m³から1986年の254万m³に増加した。ソ連崩壊まで，対中国丸太輸出は230万m³前後であったが，ソ連崩壊後，ソ連に代わったロシアの対中国丸太輸出は激減した。輸出量は年々減少し，1995年に最低の35万m³となった。1996年以降，中国のロシアからの丸太輸入は増加に転じ，1998年からは急増している。ここでは，中国側の統計を見てみると，ロシアからの丸太輸入量は2001年の874万m³から2007年の2539万m³にまで増加した(図9-3)。しかし，2007年の木材の輸出関税引き上げ，また，2008年の経済危機により中国の対ロシア丸太輸入は減少しつつある。2007年までの輸入増加の結果，中国の丸太総輸入に占めるロシア産丸太の比重は，1996年までは十数％であったが，2001年には50％を超え，2007年には68.5％となった。

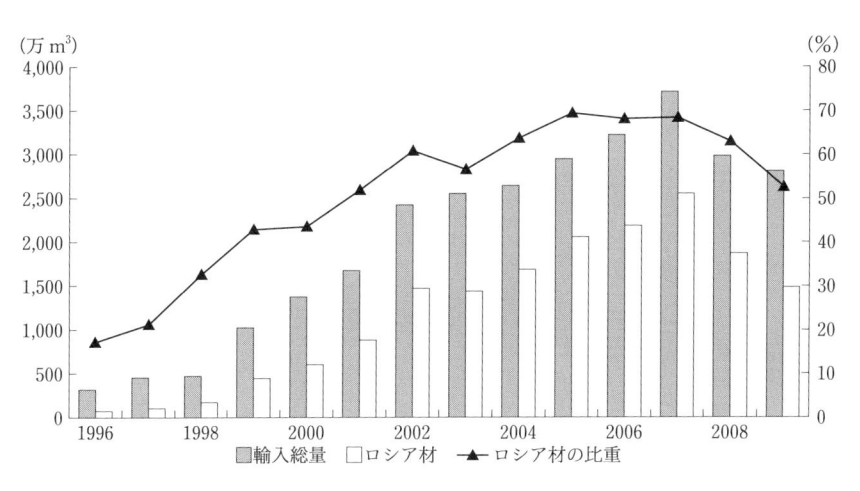

図9-3 中国の対ロシア丸太輸入

出所）中国海関総署(各年版)。

中国の対ロシア丸太輸入の中で3割以上はロシア極東地域から輸入されていると推測される。その根拠は次のとおりである。中国の対ロシア木材輸入は主に3箇所の通関ポイント，すなわち，満州里，綏芬河（すいふんが），エレンホトを通過して輸入される（図9-1）。綏芬河は黒竜江省とロシア極東地域の3000 km余りの国境線で唯一の鉄道通関ポイントである。綏芬河通関統計によると，ロシアからの木材輸入量は2005年に644万m³，2006年に647万m³，2007年に769万m³であり，それぞれの年の対ロシア輸入量の31.0%，29.6%，30.3%を占めた。これらの木材は全て極東地域の木材だと言える。

9.4.3 日本への輸出

ソ連の対日木材輸出は1954年に始まり，1960年代に入って本格化した。1960年代後半から1980年代にかけて日ソは極東森林開発を巡り，5つのプロジェクトに調印した（表9-8）。これらのプロジェクトはバーター貿易の形式で行われ，日本から森林開発，木材加工などの機械設備がロシアに輸出され，見返りとして，極東地域から木材が輸入された。これらのプロジェクトにより，日本の対ソ連木材輸入は1960年代後半から盛んになり，1973年に

表9-8　日ソ極東森林資源開発協力プロジェクト

	プロジェクト名	日本の輸出	日本の輸入
1	第1次極東森林資源開発（KS）プロジェクト（1968年）	建設機械，車両，木材伐採・輸送用の設備，消費物資等（1969～1971年）	用材760万m³，製材42万m³（1969～1973年）
2	第1次パルプ材，チップ開発プロジェクト（1971年）	チップ材・パルプ材生産用の設備，消費財500万ドル（1972～1974年）	広葉樹パルプ長材470万m³，工業用チップ300万m³（1972～1981年）
3	第2次極東森林資源開発プロジェクト（KS）（1974年）	設備，資機材，消費物資（1975～1979年）	用材1750万m³，製材90万m³（1975～1979年）
4	第3次極東森林資源開発（KS）プロジェクト（1981年）	極東およびバム鉄道沿線の森林資源開発用設備，資機材など（1981～1985年）	木材1200万m³，製材124万m³（1981～1986年）
5	第2次パルプ材，チップ開発プロジェクト（1985年）	機械，設備，資材を供給（1986～1995年）	工業用チップ820万m³，広葉樹パルプ長材300万m³（1986～1995年）

出所）小川（1979），pp. 90-93；吉田（2000）。

図 9-4　日本の対ロシア木材輸入

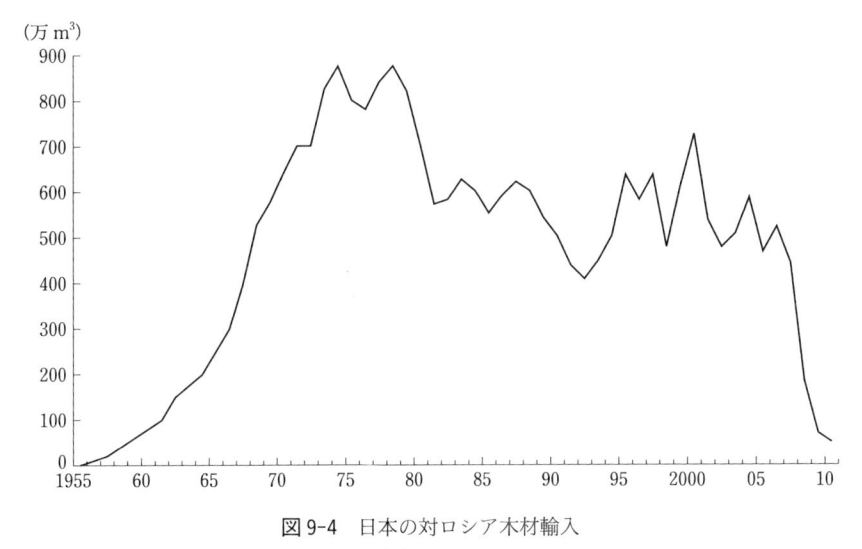

出所）柿澤・山根(2003)，p.154；FTS(各年版)。

ピークの 901 万 m³ に達した(図 9-4)。その後，ソ連からの木材輸入はほぼ 700 万 m³ を維持してきた。

　ソ連崩壊後，日本の対ロシア木材輸入は激減し，1992 年に 406 万 m³ にまで落ち込んだ。しかし，ロシアが木材を含む資源の輸出関税を撤廃したこともあって，日本の対ロシア木材輸入は回復し，1997 年に 635 万 m³ となった。その後，1998 年の金融危機の影響で，輸入量は 470 万 m³ に落ち込んだが，ルーブルの切り下げに伴う交易条件の改善により，2000 年には 726 万 m³ に達した。2001～2007 年にはほぼ 1998 年以前の水準を維持した。2007 年以降，ロシアの木材輸出関税の引き上げおよび 2008 年の世界経済危機により，対ロシア木材輸入は激減した。すなわち，2008 年の輸入量は 186 万 m³ となり，2007 年と比べて 280 万 m³ 減少した。2009 年と 2010 年には，さらに減少して，それぞれ 70 万 m³，51 万 m³ の輸入しかなかった。

9.5 ロシア極東地域の森林産業に存在する問題点

9.5.1 生産設備の立ち遅れ，加工能力の低下

ロシア極東地域では，森林の豊かさにもかかわらず，森林産業が立ち遅れている。この地域の森林産業は主に森林伐採と木材加工（挽材加工）であり，高付加価値の木材生産はあまりない。近年，ロシア政府は国内の木材加工業を振興し，高付加価値製品の輸出を奨励し，丸太輸出を抑制するため，一連の措置を打ち出した。たが，今までのところ期待された効果は出ておらず，逆に回復したばかりの極東森林産業にマイナスの影響を与えた。さらに，2008年の世界経済危機は森林産業にいっそう悪い影響を与えた。現在，極東地域の森林産業には以下に述べるような様々な問題が存在している。

まず，先進国と比べてロシア森林産業がはるかに立ち遅れているという問題がある。実際には，極東地域の森林産業はロシア国内で最も立ち遅れている。木材輸出は主に丸太と簡単に加工された挽材であり，高付加価値の木材製品の輸出はかなり少ない。逆にロシアは毎年外国から数十億ドルの高付加価値の木材製品を輸入する。極東地域の木材輸出の9割以上は丸太である。1990年代の初め頃，極東地域では，合板，紙，パルプなどの高付加価値製品がまだ生産されていたが，2000年以降，これらの工場はほとんど閉鎖された。なぜならば，計画経済時代には国家が各企業に投資資金を与えていたが，民営化に伴い，国家からの資金提供がなくなった。このため，民営化された企業による林業への投資は大きく減少することになった。このように，企業の財務状況悪化の中で，生産設備の更新ができず，機械・設備が老朽化しているために，生産された商品のコストが高く，商品が国際市場で競争力を持つことができなかった。

9.5.2 森林産業への投資不足

極東地域の森林産業の立ち遅れの主因は投資不足である。近年，ロシア政府は林業分野への投資に力を入れているが，依然として少ない。ロシア統計

局のデータによれば，2003〜2005年にはある程度の投資の増加が見られた。外国からのロシアの木材加工分野への投資は，2004年には6億8000万ドルまで増加したが，2005年以降，減少している。また，外国からの投資の中で直接投資はあまり大きくなく，「その他の投資」が半分以上を占めている。2007年に，木材加工分野への外国投資額は5億2800万ドルであり，その中で，直接投資は2億3400万ドル，「その他の投資」は2億9400万ドルであった (SEP, 2007, No.1, p.175)。極東地域の木材輸出先から見ると，極東地域の森林分野への投資に関心を持つ国は中国，日本，韓国である。しかし，この3国，特に日本の対ロシア木材加工分野への投資は非常に少ない。2007年に，日本の対ロシア木材加工分野への投資は900万ドルに過ぎず，2007年末の投資残高は5600万ドルに過ぎなかった (封, 2009)。現在，多くの日本木材企業が中国国境地域において木材加工企業を設立して，ロシアから輸入した丸太の加工を行っている (2007年8月の筆者の現地調査による)。日本がロシアへ積極的に投資しない理由は，ロシアの法律や政策が頻繁に変化して，投資環境が悪いためであると考えられる。

9.5.3　交通インフラ施設の立ち遅れ

極東地域の森林開発は，主に鉄道沿線，道路沿線，都市周辺などの交通が便利な地域で行われてきた。しかし，過去100年間，交通が便利な地域の森林はほとんど開発されてしまった。さらなる開発のために，伐採条件が悪く，より奥地での伐採が必要となっている。

面積が621万 km^2 である極東地域には，主要な鉄道が2本，すなわちシベリア鉄道とバム鉄道しかない (図9-1)。極東地域の鉄道の密度は非常に低い。1万 km^2 当たり13 km しかなく，ロシア全国平均指標の3分の1に過ぎない。カムチャツカ地方，マガダン州，サハ共和国には鉄道がほとんどない。道路についても，極東地域の道路密度は1万 km^2 当たり60 km であり，ロシア全国平均指標の6分の1である。表9-9から分かるように，ソ連崩壊後の20年間，極東地域の交通状況はあまり変化しなかった。交通インフラの弱さは極東森林開発の大きな障害である。

表 9-9 極東の鉄道と道路の状況

(単位：1万 km² 当たり km)

	鉄道			道路		
	1990	2000	2009	1990	2000	2009
ロシア全体	51	50	50	230	310	380
極東	14	13	13	41	55	60
サハ共和国	0.5	0.5	0.5	11	24	26
沿海地方	98	94	95	430	430	500
ハバロフスク地方	32	29	27	47	57	71
アムール州	82	83	81	160	190	230
カムチャツカ地方	na	na	na	26	28	36
マガダン州	na	na	na	17	48	46
サハリン州	123	110	92	210	95	130
ユダヤ自治州	…	86	141	440	450	440

*いずれの年次もコリャーク管区のデータは含まない。
出所) *Regiony* (2010).

9.5.4　違法伐採と違法輸出

　ロシア，特に極東地域では，違法伐採が非常に深刻である。違法伐採量について詳しいデータは存在しないが，政府と民間機関の間で大きく異なっている。世界自然保護基金(World Wide Fund for Nature，以下WWFと略す)のロシア支部によると，違法伐採量は1900～2800万 m³ と推測されている[3]。違法伐採は，言うまでもなく，経済的利益を求めて行われるが，ロシアでは木材の国内価格が輸出価格と比べてかなり低いので，違法伐採の大半は，輸出を目的として行われていると考えられる。ロシアの丸太輸出の20～50%は違法輸出であるという推測もなされている(Pisarenko and Strakhov, 2004, p. 274)。

　ロシア政府は，違法伐採を削減するため，国内では木材認証システムの導入，監視システムの強化，管理機関による管理強化などの措置を取ってきた。また，輸入国と連携して違法伐採された木材の輸出を抑制するなどの策も取ってきた(山根，2008)。

　さらに，2007年10月29日付ロシア税関訓令第1327号により，2008年3

表 9-10　極東南部地域の森林火災の発生状況

(単位：件，ha)

	アムール州		ハバロフスク地方		沿海地方	
	件数	面積	件数	面積	件数	面積
2000	597	192,768	508	64,458	151	838
2003	744	192,816	1025	176,753	699	35,775
2004	192	9,459	201	3,975	295	11,053
2005	332	226,801	641	226,801	137	10,737
2006	483	437,579	465	65,083	222	11,437
2007	583	229,796	585	167,276	166	4,088
2008	506	620,529	574	218,933	360	48,744
2009	359	267,097	336	417,422	598	97,086

出所）RSE（各年版）。

月11日から木材輸出手続きを行うことのできる通関ポストが688箇所から128箇所に削減された。違法伐採された木材の輸出は，輸出業者とロシア側の税関機関との癒着に関係していると考えられるので，この措置はそれへの対策であると見なされる。

9.5.5　森林火災

極東地域では毎年，1100〜3800件の森林火災が発生しており，被害面積は40万〜160万haである。火災がよく発生した地域は人口密度の高いアムール州，ハバロフスク地方，沿海地方である。火災の原因は人為的要因によるものが約65％，落雷による自然発火が約15％，火山などの原因が20％を占めている。

2000〜2009年の10年間における年平均火災件数と年平均被害面積は，アムール州では450回で約15万ha，ハバロフスク地方では440回で約13万ha，沿海地方では260回で約22万haであった(表9-10)。

9.5.6　木材輸出政策の調整

近年ロシア政府は木材工業を発展させるため，一連の措置を出した。その中で最も重要な政策は2007年から実行された丸太の輸出関税引き上げである(ロシアの木材輸出関税の引き上げについて詳しくは封，2009参照)。引き上げは，

3段階で実施されることになっていた。針葉樹丸太の輸出関税は，それまでは輸出価格の6.5％(あるいは1m³当たり4ユーロ)であったのが，第1段階の2007年7月から，同じく20％(10ユーロ)とされ，第2段階の2008年4月から，同じく25％(15ユーロ)，第3段階の2009年1月から，同じく80％(50ユーロ)にまで引き上げられるとされた。しかしながら，第3段階の実行時期は1年ずつ，3年連続して延長され，まだ実行されていない。この政策の背景と狙いは少なくとも2つある。1つは，丸太輸出を制限することにより，国内外の資金を誘致して，ロシアの森林産業を振興することである。もう1つは，違法伐採と違法輸出の防止である。上述のとおり，ロシア，特に極東地域では，違法伐採と違法輸出が蔓延しているので，木材の輸出関税引き上げは，違法伐採を抑える手段の1つとなると考えられる。

9.6 ロシア極東地域の森林産業の潜在力と今後の発展趨勢

9.6.1 極東地域の森林資源の潜在力

世界の経済発展に伴い，世界の木材市場，特に北東アジア諸国のロシア極東地域に対する木材の需要はますます強くなることが予想され，これは，極東地域の森林産業の発展を促進すると考えられる。今後，極東地域の森林産業については次のような発展が想定される。

木材資源は石油，石炭などの資源と違って，再生可能な資源である。合理的に利用すれば，森林資源は取っても使っても尽きることがない。極東地域の森林資源は約3億haであり，木材蓄積は約209億m³である。現在，この地域の齢級別構成は大まかに若齢林が5％，中齢林が25％，成熟移行林が25％，成熟林・過熟林が45％である。このような齢級別構成は持続的な森林開発に有利である。極東地域の森林開発は，理論上の年間許容伐採量が9000万m³であり，実際の伐採量はその6分の1に満たない。発展の余地はまだ大きい。

極東地域の木材製品の大部分は外国に輸出されている。すなわち，木材の

極東市場と国際市場の関係は非常に緊密である。中国，日本，韓国は極東木材の主要輸出先であり，この3国の木材需要は極東地域の木材工業の発展に大きな影響を与えている。長期的には，中国，日本，韓国の極東地域の木材に対する需要がますます大きくなると見られる。特に中国の経済発展に伴い，木材需給ギャップはますます大きくなる。中国の関係機関の予測によると，2020年までに中国の木材需給ギャップは1〜1.5億 m^3 となる。経済の安定発展のため，木材輸出国としてのロシアは，安定的，長期的で，支払い能力を有する市場を必要とし，同様に，木材輸入国としての中国，日本，韓国は，安定的，長期的で供給能力を有する市場を必要とする。木材分野におけるこれら4カ国間の協力は双方の利益になる。

9.6.2 森林分野への投資誘致

2007年以降，ロシア政府は段階的に丸太の輸出関税を引き上げている。現時点でこの政策の効果は出ていないが，丸太輸出を制限して，国内木材工業を振興する目標は変わらないと考えられる。林業分野への投資を促進するため，ロシア政府は一連の政策を打ち出した。林業の振興策としては，新しい森林法典が2006年に採択され(この法典は1997年森林法典を改正したものである)，2007年1月から施行された。これにより，森林管理の権限が地方へ移譲され，森林管理権限の分散化が進められるなど，様々な措置が導入されている。また，2007年6月30日付ロシア政府決定第419号により，林業分野における優先的投資プロジェクトに関する優遇政策が定められた。この政府決定によると，森林開発および木材加工インフラの建設に関する投資プロジェクトは，1件当たり投資総額が3億ルーブル以上の場合，林業分野における優先的投資プロジェクトとして申請することができる。優先的投資プロジェクトとして認定されると，森林区画の利用料が半減されるなどの優遇措置を受けられる。2010年時点で，ロシア連邦工業・商業省によって承認された極東地域の森林産業分野における優先投資プロジェクトは7件である。予定投資額は655億ルーブルである。このうち，ハバロフスク地方が5件[4]，アムール州が1件，沿海地方が1件である。

9.6.3 中国との協力緊密化

上述のように，極東森林工業の立ち遅れの1つ要因は機械設備の老朽化である。ソ連崩壊後，国内外ともに極東地域の森林分野に対する投資が少なかった。近年極東地域への外国投資はかなり増えているが，主にエネルギー分野へ投資され，林業分野への投資は非常に小さい。ロシア政府は丸太の輸出関税引き上げとともに，外資誘致の優先政策も打ち出した。たとえば，森林産業に関わる機械設備の輸入関税が免除されている(封，2009)。

近年，中国，特に黒竜江省によるロシア極東地域の森林分野への投資が増えている。この原因としては，第1に，ロシア材の通過ポイント地域に木材加工区が作られていることが挙げられる。これらの木材加工区は主に製材加工，建築内装材加工，家具生産などに従事しており，生産された製品が中国の国内市場に供給され，海外にも輸出されている。たとえば，綏芬河木材加工区には2006年時点で，木材加工企業が410社あり，その加工能力は年間450万m³であった。満州里市には2003年に18.5 km²の木材加工区が設立され，その加工能力は300万m³であった。これらの企業は主にロシアからの輸入材を加工しており，ロシアの丸太輸出関税引き上げによる丸太輸入の減少は，これらの木材加工企業に深刻な影響を与えた。これらの企業は生き残るためにロシアへの進出をはかっている。

第2に挙げられるのは，地理的優位である。黒竜江省と極東地域は3000 km余りの国境で隣接している。同省には25の通商港と3箇所の貿易区がある。黒竜江省の対ロシア木材輸入量は中国の対ロシア木材輸入量の3割以上を占めている。2006年末までに，木材分野への投資金額が1億4000万ドルで，全体の33.3％を占めた(黒龍江省商務庁，2006)。同時期にロシアに進出した黒竜江省の企業は，13箇所の森林伐採プロジェクトで，合計80万haの森林伐採権を取得した。2007年以降，進出が加速化している。2007年に黒竜江賓西国際貿易加工有限公司とサハ共和国のベリカチ森林工業有限会社は森林伐採ならびに木材加工の共同実施に関する協力合意書に署名した(図9-1)。黒竜江省木材協会によると，同プロジェクトでは，両社がサハ共和国

に合弁企業を設立し，投資額2.9億ドルを投入し，4.96億m³にのぼる森林資源の伐採(年間伐採580万m³)ならびに木材加工を行うこととしている。同プロジェクトは中ロ最大の木材加工協力プロジェクトである。2009年に，黒竜江省のロシアの森林分野に対する投資は合意ベースで6億8500ドルとなり，主に極東に集中している。

　第3に，中ロ中央政府が両国の森林分野の協力を重視していることが挙げられる。中国商務部の情報によると，商務部，国家林業局，国家林業局調査計画設計院の責任者からなる中国林業計画代表団は2007年12月上旬，ロシアのアムール州，ユダヤ自治州を訪問した。訪問の目的はロシア極東地域における「中ロ森林資源開発利用協力計画」の第2期プロジェクトの実行について，ロシア側の地方政府と協議することであった。同年11月に調印された第1期プロジェクトとしての「中ロトムスク州森林資源協力開発利用総合計画」は，ロシア側に高く評価されている。ズプコフ首相(当時)は，トムスク州(西シベリア)における第1期プロジェクトの経験と協力モデルをロシア国内に広げ，中国の木材加工の技術と能力を活用した森林資源の合理的利用を行うべきとの考えを示している。また，2009年に両国政府が調印した「中国東北地域とロシア極東・東シベリア地域の協力計画要綱(2009～2018年)」の中で，極東林業開発に関するプロジェクトが13件ある。その内訳は，ハバロフスク地方が7件，サハリン州が2件，アムール州，ユダヤ自治州，カムチャツカ地方，マガダン州が各1件である。現在，これらのプロジェクトは完全には実行されていないが，これが今後の中ロ協力の基礎となると期待されている。

〈注〉
1) 齢級とは樹木を齢によって分けたものである。一般的に，森林の成長プロセスは若齢林，中齢林，成熟移行林，成熟林，過熟林の5つの段階に分けられる。ロシアにおいて齢級の幅は樹種ごとに定められており，50～70年で成熟に達する樹種は10年，80～140年の樹種は20年，それ以上の樹種は30年とされている。
2) 封山育林とは，森林保護のために山を封鎖して，育林措置以外の一切の人為活動(放牧，柴刈り，焼畑など)を禁止する育林方式である。天然林更新とは，森林の伐採後

植栽を行わず，自然に落下した種子から樹木を育成させることで森林の再生をはかる方法である。
3) WWF はロシアを含めて 100 を超える国々で活動する世界最大の自然保護 NGO（非政府組織）である。WWF のロシア支部のホームページにロシア森林，木材貿易に関する論文がいくつかある。ここで引用した論文は Kriushkin (2006) である。
4) ①ダリレスプロム社による高度な木材加工センター（年間 30 万 m³ の単板，乾燥製材 23 万 m³，MDF ボード（中密度繊維板）30 万 m³ の生産予定）の建設。②化学パルプコンビナート（年間 30 万 m³ の生産見込み）。③アルカイム社による木材加工施設（第 1 段階として，パーティクルボード年間 14 万 m³ の生産を予定し，第 2 段階に，乾燥製材および合板製品の生産に着手する）。④アムールフォレスト社による製材工場（乾燥度と加工度において市場競争力のある製材商品の生産，年間 15 万 m³ を予定）。⑤リンブナンヒジャウ社による MDF 工場（年間 15 万 m³ 生産）。

〈参考文献〉
小川和男(1979)『日ソ貿易の実情と課題』教育社．
柿澤宏昭・山根正伸(2003)『ロシア森林大国の内実』日本林業調査会．
黒龍江省商務庁(2006)『黒龍江省商務報告書』黒龍江省商務庁(中国語)．
黒龍江省統計局(2010)『黒龍江統計年鑑』黒龍江社会科学院出版(中国語)．
中国海関総署『中国海関統計』中国海関出版社(中国語)．
封安全(2009)「ロシアの木材輸出の新展開：対中国貿易を中心に」『スラヴ研究』第 56 号，pp. 179-196.
吉田進(2000)「ロシア経済の回復は本物か？　日ロ経済・貿易関係の展望」『ロシア研究』第 31 号，pp. 36-51.
李文華主編(2007)『東北地区有関水土資源配置，生態与環境保護和可持続性発展的若干戦略問題研究』科学出版社(中国語)．
山根正伸(2008)「転換期を迎えた北東アジアの木材市場：ロシア，中国の最近の動き」『森林環境』第 2 号，pp. 138-146.
FTS (Federal'naia tamozhennaia sluzhba), *Tamozhennaia statistika vneshnei torgovli Rossiiskoi Federatsii*. Moscow: FTS, various years.
Kriushkin, M. (2006) *Rossiisko-kitaiskaia torgovlia lesom i nelegal'naia zagotovka drevesiny v Sibiri i na Dal'nem Vostoke*. [http://www.wwf.ru/resources/publ/book/234]（2011 年 7 月 14 日閲覧）．
Ministerstvo prirodnykh resursov Amurskoi oblasti (2008) *Lesnoi plan Amurskoi oblasti*［http://amurleshoz.ru/lesnoy_plan.html］（2011 年 7 月 20 日閲覧）．
"Obshchaia informatsiia o sostoianii i zapasakh lesnykh resursov" (2010)［http://lesportal.biz/obshchaya-informatsiya-o-sostoyanii-i-zapasakh-lesnykh-resursov］（2011 年 7 月 21 日閲覧）．
Pisarenko, A., and V. Strakhov (2004) *Lesnoe khoziaistvo Rossii: ot pol'zovaniia k*

upravleniiu. Moscow: Iurisprudentsiia.

Regiony Rossii. Sotsial'no-ekonomicheskie pokazateli. Moscow: Rosstat, various years.

RSE (Rossiiskii statisticheskii ezhegodnik). Moscow: Rosstat, various years.

SEP (Sotsial'no-ekonomicheskoe polozhenie Rossii). Moscow: Rosstat, monthly.

Upravlenie lesnym khoziaistvom Primorskogo kraia (2010) *Lesnoi plan Primorskogo kraia na 2009-2018 gg.* [http://www.primorsky.ru/content/?s=2704] (2011年7月21日閲覧)。

第 10 章　ロシア極東の人口減少問題

田畑朋子

10.1　はじめに

　地域の持続可能な経済発展にとって，その人口の再生産は重要な条件の1つである。本章で対象とするロシア極東では，ソ連崩壊後の20年間に人口が2割減少した。特に，チュコト自治管区では7割，マガダン州では6割，カムチャツカ地方とサハリン州では3割減少した。このような減少は，欧露部をはじめとする他地域への人口流出によるものであった。極東からの人口流出は，特に1990年代において著しかったが，2000年代においても続いている。これは，この地域では持続可能な経済発展が不可能であることを示しているのであろうか。しかも，本書第6章や第7章で論じられているように，この地域ではエネルギー開発などに基づいてこれまでに見られなかったような経済発展が生じているのである。本章では，この地域における今後の人口動態を検討するために，このような人口減少問題についてその実態と要因を分析する。これは，この地域の持続的経済発展を考察するうえでの基礎的作業と位置づけられる。

　次節では，極東の人口構成の特徴について概説し，ソ連崩壊までの人口動態の概要について記す。3節において，ソ連崩壊以降の人口減少の実態とその要因についての分析を行う。4節では，人口減少と就業構造の変化との関係について検討する。5節では，極東の人口について若干の展望を述べる。

10.2　極東の人口構成・人口動態の概要

10.2.1　人口構成の特徴

極東の人口は，1989年のセンサスの際に795万人，2010年のセンサスでは629万人であった[1]。ロシアの極東連邦管区には，表10-1に示すように，9つの連邦構成主体がある。2010年センサスによれば（括弧内は1989年センサス），沿海地方が極東の人口の31.1％（28.4％），ハバロフスク地方が21.4％（20.1％），サハ共和国が15.2％（13.8％），アムール州が13.2％（13.2％），サハリン州が7.9％（8.9％）を占め，以上の5つの地域で極東の人口の88.8％（84.4％）を占めた。

次節で詳しく見るように，極東はロシアの中の開拓地であり，中央の開発政策，移住政策により，人口が増えてきた。このことに関係する人口構成の特徴の1つは，年齢別構成において若い年齢層が多く，平均年齢が若いことである。1990年における極東の年少人口，生産年齢人口（男性16～59歳，女性16～54歳），老齢人口の比重は，それぞれ27.8％，61.6％，10.6％で，ロシア全体では同じく24.4％，56.8％，18.7％であったのと比べて，年少人口，生産年齢人口の比重がかなり大きかった（ロシア統計局ウェブサイト）。7つの連邦管区の中でも生産年齢人口の比重が最も高く，老齢人口の比重が最も低かった。また，極東の平均年齢は，2010年において36.7歳であり，ロシアの平均38.9歳よりも2.2歳若く，連邦管区の中で最も若かった（*DER*, 2010）。

このことに関連して，極東は出生率がロシアの中で高く，死亡率が低い連邦管区である。1990年の出生率はロシア全体で人口1000人当たり13.4人であったのに対し，極東では15.4人であった。2010年においても，ロシア全体の12.5人に対して，極東では13.2人となっている。極東の中で出生率がずば抜けて高いのはサハ共和国である。1990年における出生率は19.4人，2010年においても16.8人であった。ロシアの中で出生率が高いのは，コーカサスやシベリアの民族共和国であるが，2002年センサス時点でヤクート人が全人口の45.5％を占めていたサハ共和国は，1990年以降，出生率の高

第10章 ロシア極東の人口減少問題　247

表 10-1　環オホーツク海地域のセンサス人口

(単位：1,000 人)

	1926	1939	1959	1970	1979	1989	2002	2010
ロシア連邦	92,735	108,377	117,534	129,941	137,410	147,022	145,167	142,857
中央連邦管区	32,014	35,748	33,455	35,609	36,656	37,940	38,001	38,428
北西連邦管区	8,538	11,173	11,476	12,850	14,059	15,237	13,974	13,616
南連邦管区	11,609	12,969	14,342	17,697	19,050	20,536	22,907	23,283
沿ヴォルガ連邦管区	24,261	26,497	27,679	29,776	30,705	31,765	31,155	29,900
ウラル連邦管区	4,947	6,307	9,116	10,077	10,851	12,526	12,374	12,081
シベリア連邦管区	9,794	12,707	16,632	18,152	19,244	21,068	20,063	19,256
極東連邦管区	1,572	2,976	4,834	5,780	6,845	7,950	6,693	6,293
サハ共和国	287	414	487	667	852	1,094	949	959
カムチャツカ地方	19	109	221	288	383	472	359	322
沿海地方	637	888	1,381	1,719	1,976	2,256	2,071	1,956
ハバロフスク地方	147	549	979	1,170	1,369	1,598	1,437	1,344
アムール州	414	634	718	793	937	1,050	903	830
マガダン州	7	152	189	253	337	392	183	157
サハリン州	12	100	649	614	662	710	547	498
ユダヤ自治州	36	109	163	173	189	214	191	177
チュコト自治管区	13	21	47	103	140	164	54	51
中国			601,938	723,070	1,031,883	1,160,017	1,295,330	1,339,725
黒竜江省			11,897	20,118	32,666	35,215	36,890	38,312
吉林省			11,290	15,669	22,560	24,659	27,280	27,462
日本	59,737	71,933	93,419	103,720	117,060	123,611	126,926	128,057
北海道	2,499	3,273	5,039	5,184	5,576	5,644	5,683	5,506

注)
1) 中国の人口は、1953 年、1964 年、1982 年、1990 年、2000 年、2010 年のセンサスによる人口。
2) 日本の人口は、1925 年、1940 年、1960 年、1970 年、1980 年、1990 年、2000 年、2010 年のセンサスによる人口。
3) ロシアの南連邦管区の 2010 年の人口は、南と北カフカス両連邦管区の合計値である。

出所）
総務省統計局ウェブサイトから作成、中国統計局ウェブサイトから作成、RSE (2003)；ロシア統計局ウェブサイトから作成。

さで常にロシアの上位10地域(連邦構成主体)に入っている。

死亡率については，1990年にロシア全体で人口1000人当たり11.2人であったのに対し，極東では8.2人であった。2000年代には極東の死亡率も相当悪化したが，2010年の死亡率はロシアの14.2人に対し，極東では13.8人であった。死亡率は低いものの平均寿命は短い。2009年においてロシア全体では男性62.8歳，女性74.7歳であったのに対し，極東では男性60.1歳，女性72.2歳であり，7つの連邦管区の中で最も平均寿命が短かった(ロシア統計局ウェブサイト)。これには乳児死亡率の高さが影響していると見られる。2009年の乳児死亡率は，ロシア全体では1000人当たり8.1人であったが，極東では10.5人であり，連邦管区の中で最も高かった(*DER*, 2010, pp. 195-200)。

極東の人口構成の第2の特徴として，男性の比率が最も高い連邦管区であることが挙げられる。1989年センサスにおいては，極東は唯一男性の比重が女性を上回る連邦管区であった(50.1%対49.9%)。2010年センサスにおいても，ロシア全体では男女比が46.3%対53.7%であったのに対し，極東では48.1%対51.9%であった。

第3に，都市と農村に分けた人口で見る時，極東は都市人口の比率が最も高い連邦管区である[2]。1989年センサスにおいては，ロシア全体では都市と農村人口の比率が73.4%対26.6%であったのに対し，極東では75.8%対24.2%であった。2010年センサスにおいても，ロシア全体の73.7%対26.3%に対して，極東では74.8%対25.2%であった。

10.2.2　1989年までの人口動態

極東の人口は，1926年には157万人に過ぎなかったが，1989年には795万人となり，この63年間にほぼ5倍に増えたことになる(表10-1)。この期間の増加率では，他の連邦管区を凌駕している。とりわけ，増加率が高かったのは，1926〜1959年の時期であり，この時期に3倍以上に増えている。年平均3.5%の増加である。その後の1960年代，70年代，80年代においても，10年間にほぼ100万人ずつ人口が増えており，この30年間の年平均人口増加率は1.7%となっている。ロシアの人口に占める極東の比重は，セン

サスで見ると，1989年にピーク(5.4%)となっている。

　地域別に見ると，1926年から1989年にかけての増加率が10倍を超えたのは，サハリン州(59倍)，マガダン州(56倍)，カムチャツカ地方(25倍)，チュコト自治管区(13倍)，ハバロフスク地方(11倍)の5地域である。このうち，チュコト自治管区を除く4地域は，直接オホーツク海に接する地域であるが，その4地域の人口は，1926年のわずか19万人から1989年には317万人へとほぼ300万人増え，17倍に拡大している。オホーツク海を囲むロシア領でこの60年余りの間にこれだけの人口増加が生じたわけである[3]。

　このような人口増加がソ連の他地域からの移民によるものであることは言うまでもない。エネルギー，非鉄金属，貴金属，森林，水産物などの資源開発のために，様々な経済的その他の優遇策を与えることによって，極東への移住が促進されたわけである。

　ここで，環オホーツク海地域ということで，北海道について見ると，その人口は1884年の23万人から年平均6.7%増加して，1920年に236万人となった。その後，北海道の人口が特に大きく増加したのは1944〜1950年で，この6年間に104万人，年平均4.7%増加している。日本の人口に占める北海道の比重は1956〜1962年頃にピーク(5.4%)となっており，その頃までは，ロシア極東の人口を上回っていた。1960年代以降は，それほど目立った人口増加となっていない。ロシア極東よりも30年くらい前に，日本の中での移住先としての役割は終えてしまったと見なされる。1996年以降，北海道の人口は減少している(総務省統計局ウェブサイト)。

　また，黒竜江省と吉林省の人口は，1954年の時点で既に2300万人を超えていた。特に，黒竜江省の人口は，1954〜1964年に年平均5.4%，1964〜1982年にも同2.7%増加し，1982年には両省合わせて5523万人に達した。中国の総人口に占める両省の比重も1982年に最大の5.4%となった。1978年からの改革開放政策の中で，両省は経済発展の面で中国南部の沿岸地域などに後れを取ることになるが(本書第6章参照)，人口の増加率も年率1%以下に下がるようになり，中国の総人口に占める両省のシェアは若干低下していくことになった。中国の中での移住先としての役割は，ロシア極東よりも

250　第2部　環オホーツク海地域の資源開発と経済

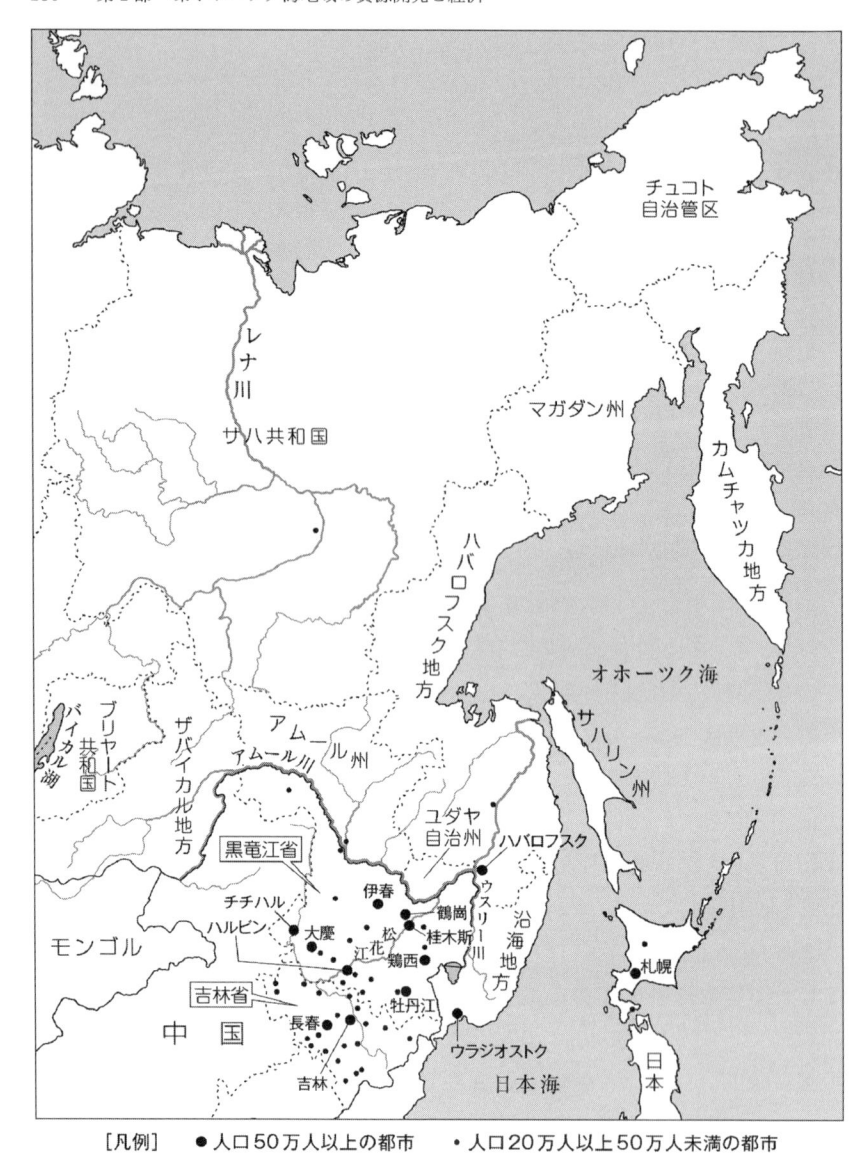

[凡例]　●人口50万人以上の都市　・人口20万人以上50万人未満の都市

図 10-1　環オホーツク海地域の大都市・中都市

出所）ロシア統計局ウェブサイトおよび中国統計局ウェブサイトなどに基づいて作成。

10 年ほど前に終えてしまったことになる。環オホーツク海地域において，中国の人口が傑出して多いことは，図 10-1 からも明らかである。

10.3 1990 年代以降における人口減少とその要因分析

10.3.1 1989～2010 年の変化

ロシアでは，1989 年と 2010 年のセンサスの間に人口が 417 万人，率にして，2.8％減少した(表 10-1)。これに対して，極東連邦管区では，同期間に 166 万人(20.8％)の減少となった。人口減少数では，沿ヴォルガ，シベリアの両連邦管区の方が多かったが，減少率では，2 番目に大きかった北西連邦管区において 10.6％であり，極東の減少率は群を抜いている。1989 年から 2002 年と，2002 年から 2010 年に分けて見た場合に，前者の期間における減少率が圧倒的に大きいことも，極東の特徴である。

極東の中で人口減少数の多かったのは，人口の多い沿海地方(30 万人の減少)，ハバロフスク地方(同 25 万人)などであったが，減少率で見ると，チュコト自治管区で 69.2％，マガダン州で 59.9％の急減となっており，カムチャツカ地方でも 31.8％，サハリン州で 29.9％の減少となっている。

次に，1990 年から 2010 年までの人口増加数を自然増加数(出生数－死亡数)と社会増加数に分けてみよう(図 10-2)[4]。極東連邦管区は，自然減少数がわずかであり，人口減少の大半が社会減少，すなわち，人口流出によるものであったことが分かる。これを極東の連邦構成主体別に見ると，3 つのパターンが観察される(図 10-3)。第 1 は，自然増加数がプラスあるいはわずかなマイナスであり，人口減少のほぼすべてが，社会減少によって説明される地域で，カムチャツカ地方，マガダン州，チュコト自治管区がこれに該当する。第 2 は，人口減少の大半は社会減少によって説明されるが，自然減少もある程度人口減少に寄与した地域であり，沿海地方，ハバロフスク地方，アムール州，サハリン州，ユダヤ自治州である。第 3 は，サハ共和国であり，ある程度の自然増加があったものの，社会流出が大きくて，人口減少となっ

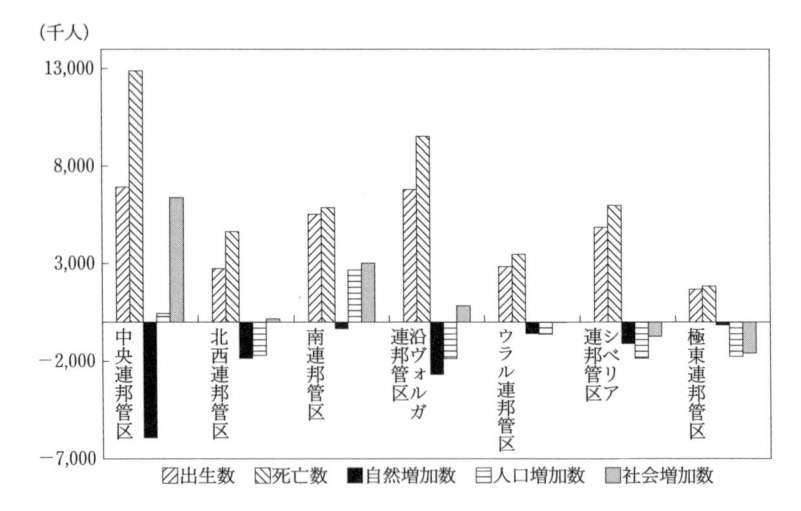

252　第2部　環オホーツク海地域の資源開発と経済

図 10-2　1990〜2010 年のロシアの人口動態

注）2010 年の南連邦管区の人口増加数は，南と北カフカス両連邦管区の人口増加数の合計値。
出所）ロシア統計局ウェブサイトから作成。

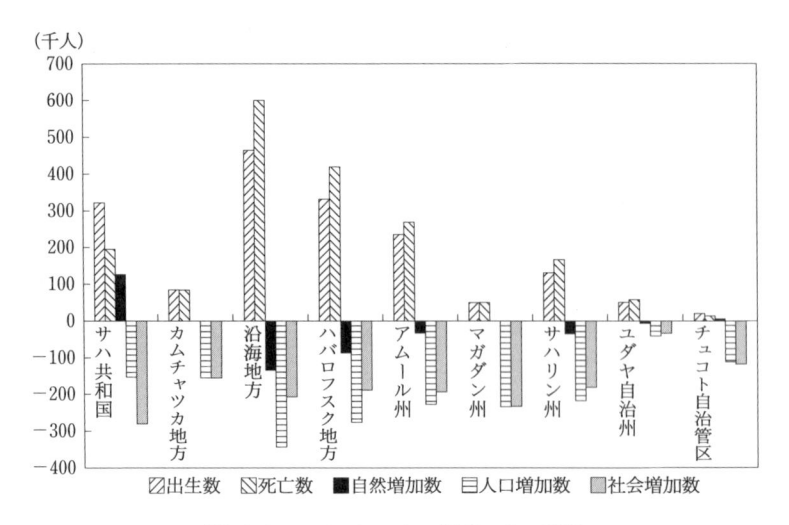

図 10-3　1990〜2010 年の極東の人口動態

出所）ロシア統計局ウェブサイトから作成。

た。

1990 年代と 2000 年代では極東の人口動態に大きな相違が見られたので，次項以下で，それぞれの時期についてより詳しく見ることにする。

10.3.2　1989〜2002 年の変化

1989 年と 2002 年のセンサスの間に，ロシア極東の人口は，減少率で見てロシアの中で最も大幅に減少した(表10-1)。人口減少数は，ロシア全体では 186 万人(減少率は 1.3%)であったが，極東では 126 万人(同 15.8%)であった。人口減少数では北西連邦管区の方が 5000 人ほど多いが，減少率では極東が連邦管区の中で，ずば抜けて大きかった。極東の中で減少数が多かったのは，マガダン州(21 万人)，沿海地方(19 万人)，サハリン州(16 万人)，ハバロフスク地方(16 万人)などであった。減少率で見ると，チュコト自治管区(67.2%)とマガダン州(53.3%)が突出しており，カムチャツカ地方(24.0%)，サハリン州(23.0%)が続いている。極東の中の東部地域で人口減少率が大きかったことになる。

この期間のロシア極東の人口減少は，ほぼすべてが社会減少(人口流出)によっている(図10-4)。1990〜2002 年において，極東の 137 万人の人口減少に対して，社会減少は 130 万人であり，人口減少のほとんど(95.3%)が人口流出によるものであることが分かる。このような連邦管区は他にはない。

連邦構成主体別に見ても，人口減少の大半が社会減少によるものであった(図10-5)。とりわけ社会減少数が多かったのは，サハ共和国(25 万人)とマガダン州(21 万人)であった。この 2 つの地域のほか，チュコト自治管区とカムチャツカ地方においても自然増加率がプラスになっており，これら 4 地域の 1990〜2002 年の人口減少は，全て人口流出によるものであったことになる。他方，沿海地方とハバロフスク地方では，自然減少数もそれぞれ 7 万人，5 万人となっており，自然減少数が人口減少数の 3 分の 1 から 4 分の 1 くらいの大きさとなっている。極東の地域におけるこの時期の人口動態がロシアの中で際立っていることについては，1992〜2001 年の人口増加率，自然増加率，社会増加率，出生率，死亡率を変量として行った主成分分析・クラス

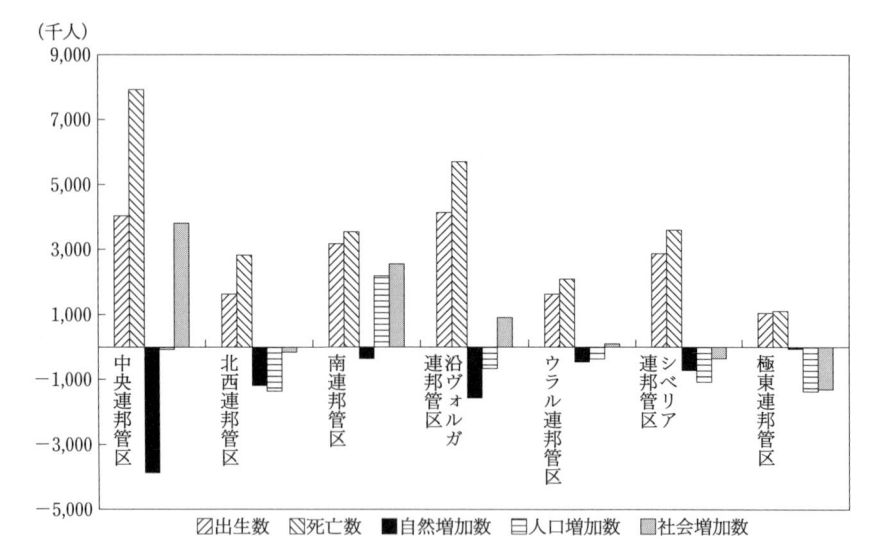

254　第2部　環オホーツク海地域の資源開発と経済

図 10-4　1990～2002 年のロシアの人口動態

出所）ロシア統計局ウェブサイトから作成。

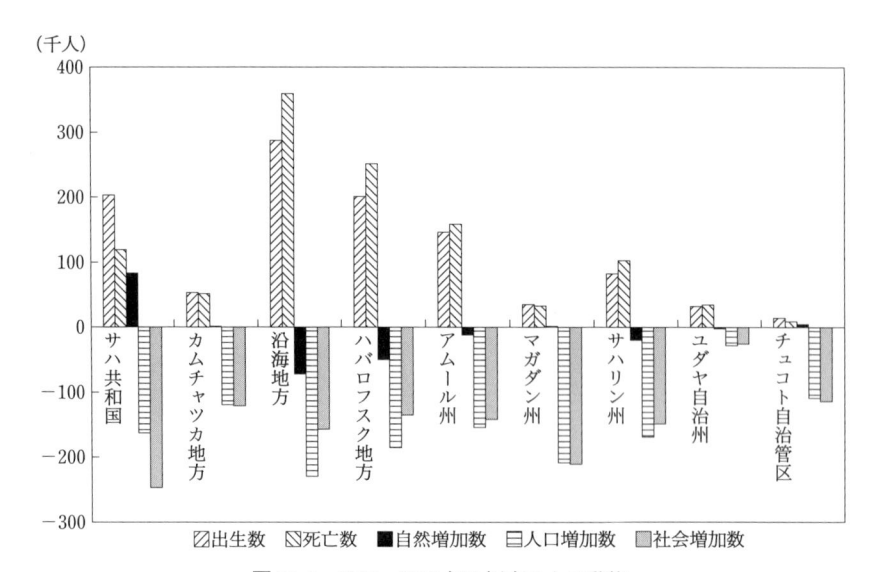

図 10-5　1990～2002 年の極東の人口動態

出所）ロシア統計局ウェブサイトから作成。

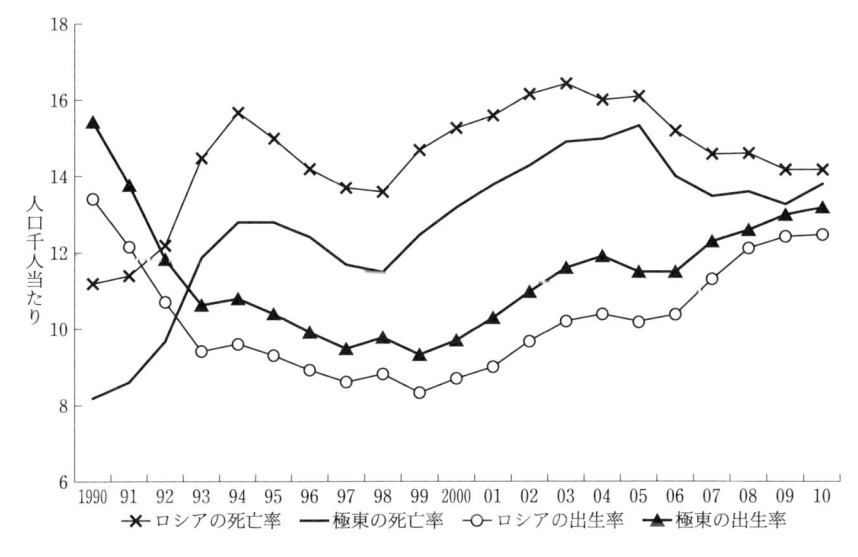

図10-6 ロシアと極東の出生率と死亡率
出所）ロシア統計局ウェブサイトから作成。

ター分析でも明らかになっている(田畑, 2004, pp. 33-35)。そこでは, 当時87存在したロシアの連邦構成主体が4つのグループに分けられたが, 社会減少が特に大きかったうちの1つのグループに, マガダン州とチュコト自治管区が分類され[5], 社会減少が大きかったものの自然増加も生じたもう1つのグループに, この他の極東の地域全てが含まれたのである。このグループには, 極東以外の8地域が入っているが, それは北西連邦管区北部のムルマンスク州やアルハンゲリスク州などであった。

1990〜2002年の自然減少数は, 連邦管区の中で極東が最も少ないが(図10-4), これは, 極東ではロシアの平均と比べて出生率が人口1000人当たり1人程度高く, 死亡率が同じく2人程度低いことによっている(図10-6)。1990年代においては, 人口構成が若いことによって, 極東はロシアの中で最も自然人口動態が良かったと言えよう。特に, 1999年までは, 死亡率が連邦管区の中で最も低かった。1990〜2002年の死亡率については, 極東の9つの地域は明瞭に2つのグループに分かれる。サハ共和国, チュコト自治管

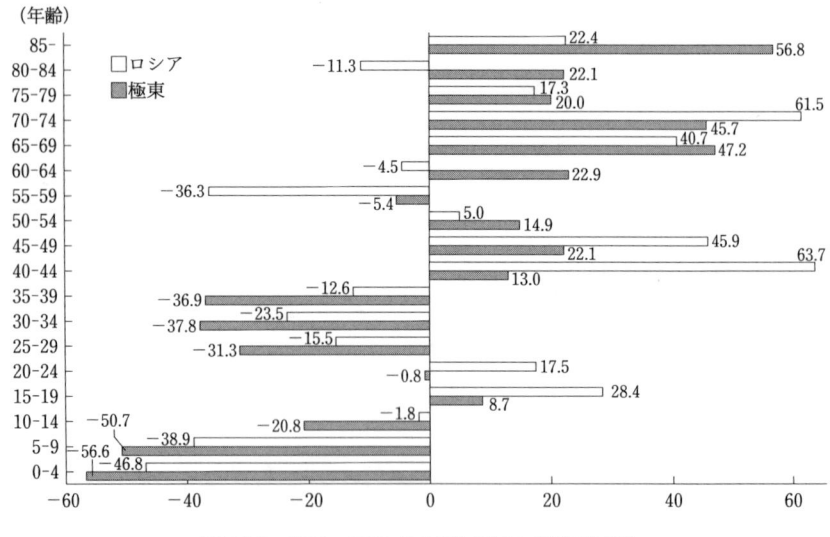

256　第2部　環オホーツク海地域の資源開発と経済

```
(年齢)
85-       ロシア              22.4          56.8
80-84     極東       -11.3    22.1
75-79                         17.3
                              20.0          61.5
70-74                              45.7
65-69                         40.7
                              47.2
60-64              -4.5       22.9
55-59        -36.3
50-54              -5.4   5.0
                          14.9
45-49                         22.1
                                   45.9     63.7
40-44                         13.0
35-39        -36.9  -12.6
30-34        -37.8  -23.5
25-29        -31.3  -15.5
20-24              -0.8   17.5
15-19                         28.4
10-14   -50.7  -20.8  -1.8  8.7
5-9    -56.6  -38.9
0-4    -46.8
      -60   -40   -20    0    20   40   60
```

図10-7　1998〜2002年の年齢別人口増加率(%)
出所）*1989 USSR* (1996); *Vserossiiskaia* (2002)；ロシア統計局ウェブサイトから作成。

区，カムチャツカ地方，マガダン州の死亡率は，常に極東の平均を下回っていたのに対し，残りの5つの地域の死亡率は極東の平均を上回る年が多かった(ロシア統計局ウェブサイト)。

1989年センサスから2002年センサスまでの年齢別人口増加率をロシアと極東で比較すると(図10-7)，49歳以下の年齢層では，いずれの層においても，極東の人口減少率が大きいか，極東の人口増加率が小さくなっている[6]。特に，10〜49歳の層におけるロシアの動向との差が際立っており，これらの年齢層を中心として，極東からの人口流出が生じたことが示唆される。この結果，人口に占める50歳以上の年齢層の比率は，極東では1989年の17.5％から2002年の24.8％に上がった(ロシア全体では，同時期に27.6％から29.1％に上昇した)。

10.3.3　2002年から2010年の変化

2002年と2010年のセンサスの間に極東の人口は40万人減少した(表10-1)。

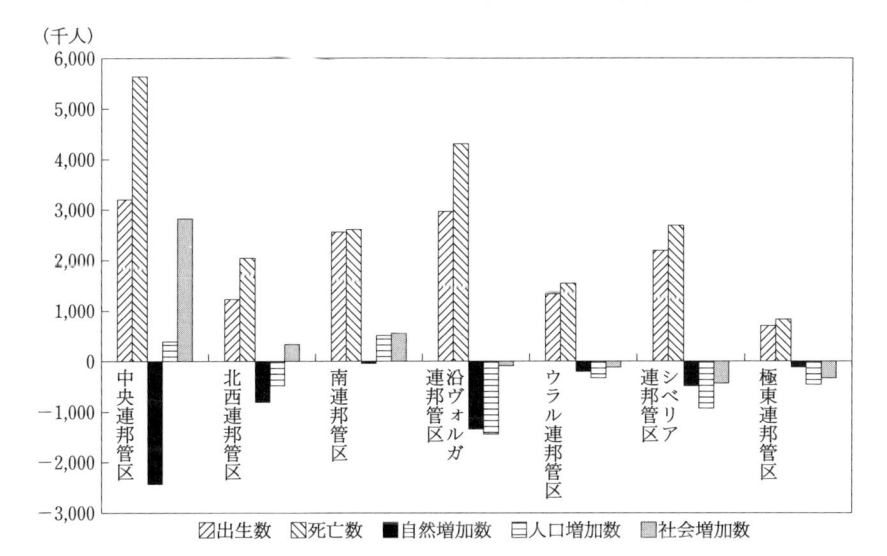

第 10 章　ロシア極東の人口減少問題　　257

図 10-8　2002〜2010 年のロシアの人口動態

凡例：出生数　死亡数　自然増加数　人口増加数　社会増加数

地域：中央連邦管区、北西連邦管区、南連邦管区、沿ヴォルガ連邦管区、ウラル連邦管区、シベリア連邦管区、極東連邦管区

注）2010 年の南連邦管区の人口増加数は，南と北カフカス両連邦管区の人口増加数の合計値。
出所）ロシア統計局ウェブサイトから作成。

人口減少数では，沿ヴォルガ，シベリアの両連邦管区の方が多かったが，減少率では極東が最大であり，ロシア全体の 1.6%の減少に対して，6.0%の減少であった。しかし，極東の人口減少は，1990 年代と比べると 2000 年代にそのスピードが大きく鈍化している。これは，極東の人口減少が社会減少（人口流出）によるところが大きく，それが 1990 年代の方が大きかったからにほかならない。

極東の地域別に見ると，2002〜2010 年に人口減少数が大きかったのは，沿海地方(11 万人)，ハバロフスク地方(9 万人)，アムール州(7 万人)であった。減少率で見ると，マガダン州(14.1%)，カムチャツカ地方(10.2%)，サハリン州(8.9%)が大きかったが，いずれの地域でも，1989〜2002 年と比べると，減少率は大幅に小さくなっている。他方，サハ共和国では，2002〜2010 年にわずかながら人口が増加している。

2002〜2010 年においては，1990〜2002 年と比べて，極東の社会減少数は大幅に縮小した(図 10-8)。社会減少数は，シベリア連邦管区の方が多かった。

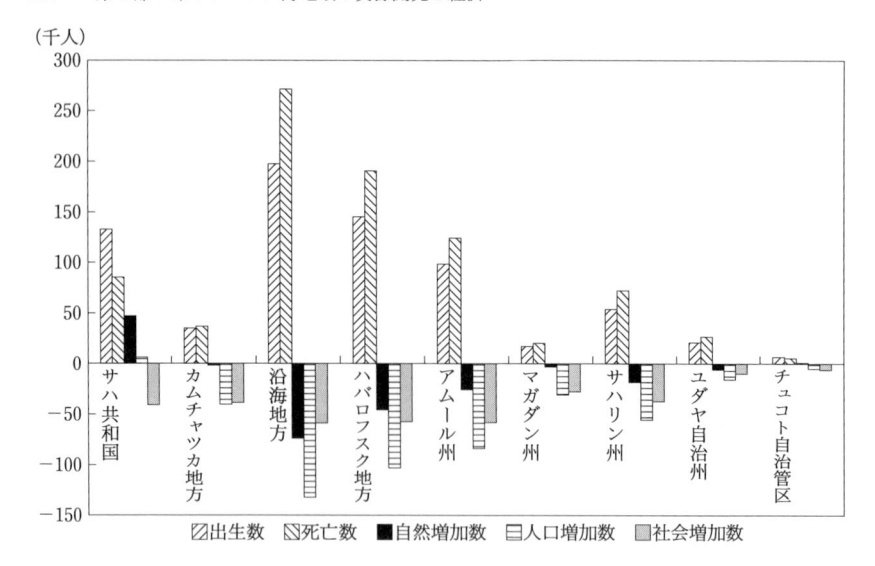

258　第2部　環オホーツク海地域の資源開発と経済

図 10-9　2002〜2010 年の極東の人口動態
出所) ロシア統計局ウェブサイトから作成。

　極東の自然減少数は 1990〜2002 年より多くなった。しかし，依然として，人口減少の大半(72.7%)は社会減少によっている。社会減少数が大きかったのは，沿海地方，アムール州，ハバロフスク地方などの人口の多い地域であり，これらの地域では，自然減少数も多かった(図10-9)。特に，アムール州の自然減少数は，1990〜2002 年の自然減少数の 2 倍余りとなった。

　自然減少の拡大は，死亡率の上昇によるところが大きいと考えられる。極東の死亡率は，1998〜2005 年に急上昇し，ロシア全体の死亡率に接近した(図10-6)。出生率も 1999〜2004 年に上昇したが，死亡率との差は拡大し，自然減少率(死亡率－出生率)は 1998 年の 1000 人当たり 1.7 人から，2005 年の 3.8 人まで拡大した。

　この期間においても，極東の 9 つの地域は死亡率の高さによって 2 つのグループに分かれており，死亡率の高いグループに属するユダヤ自治州，サハリン州，アムール州，ハバロフスク地方，沿海地方の死亡率はこの期間にさらに悪化し，2005 年にはいずれの地域においてもロシアの平均よりも死亡

率が高くなった(ロシア統計局ウェブサイト)。特に，極東の中で死亡率の高いユダヤ自治州とアムール州については，男性の地域別年齢別死亡率と地域別死因別死亡率のデータ(2002年)による主成分分析・クラスター分析により，興味深い結果が得られている(田畑, 2007)。すなわち，この分析の結果として，ロシアの中で生産年齢人口(男性16～59歳)の死亡率の高い地域として，異なる特徴を有する2つの地域グループが摘出された。その1つが，25～34歳の若年生産年齢人口の死亡率が特に高く，自殺・他殺をはじめとする事故・中毒の死亡率の高い地域である。このグループの中核は，シベリア南部のトゥヴァ共和国，イルクーツク州，アルタイ共和国，ブリヤート共和国，ザバイカル地方などであるが，隣接するアムール州とユダヤ自治州においても，これに類似する傾向が見られたのである[7]。

出生率については，ロシアでは2007年以降顕著な改善傾向が見られており(田畑, 2010a；2010b)，極東においてもそれが生じたが，ロシア全体で見られたほどは，出生率が上昇していない(図10-6)。特に，もともと出生率の低いマガダン州，サハリン州，カムチャツカ地方，沿海地方などでは，出生率の改善があまり顕著でなかった(ロシア統計局ウェブサイト)。

10.4 雇用動態と就業構造の変化

本節では，極東の雇用動態と就業構造の変化を分析するが，人口動態と雇用動態の対応関係を最初に確認しておこう。図10-10と図10-11には，人口，経済活動人口，そのうちの就業者数，産業部門別就業者数合計を示した[8]。経済活動人口は，人口から，就業していない年少人口，老齢人口が除かれるほか，生産年齢人口のうちの就学者，家事従事者などが除かれる(石川, 1999, pp. 192-199)。経済活動人口は基本的に年1回行われる労働力調査に基づいており，就業者と失業者に分かれる。この就業者統計の他に，ロシアには企業・組織からの報告などに基づく就業者統計があり，産業部門別就業構造は，後者の統計からしか得られない[9]。

図10-10と図10-11から次の点を指摘できよう。第1に，1998年までの

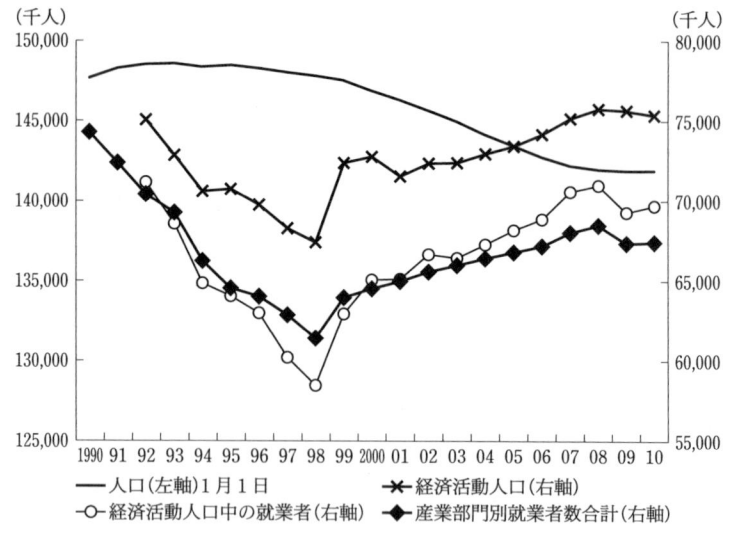

260　第2部　環オホーツク海地域の資源開発と経済

図 10-10　ロシアの人口と就業者数

出所）ロシア統計局ウェブサイト；*Ekonomicheskaia* (2006; 2010); *Trud* (1995; 2001; 2011) から作成。

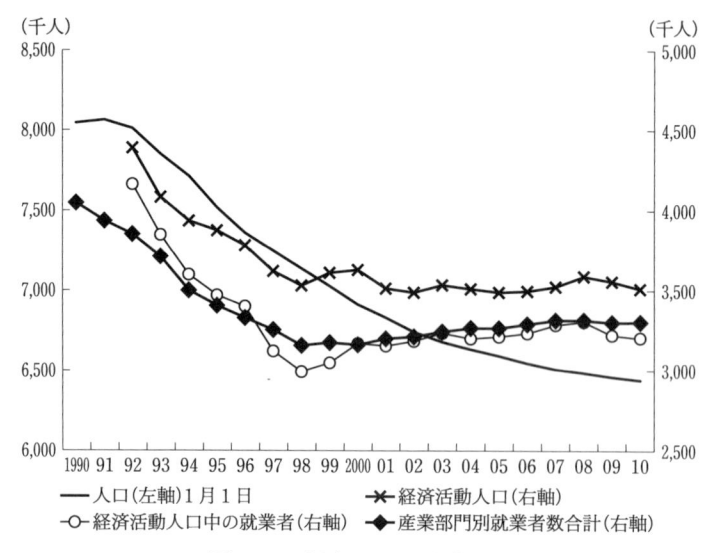

図 10-11　極東の人口と就業者数

出所）ロシア統計局ウェブサイト；*Ekonomicheskaia* (2006; 2010); *Trud* (1995; 2001; 2011) から作成。

時期において，ロシア全体では人口減少数をはるかに上回る就業者数の減少が生じたのに対し，極東では人口と就業者数についてほぼ同数の減少が生じたことである。極東では人口流出と雇用の縮小がパラレルに進んだことになる。第2に，1999年以降の時期において，ロシア全体では経済の高成長の影響を受けて就業者数が急速に回復したのに対して，極東では就業者数の回復は緩慢にしか進んでいないことである。2010年の就業者数(労働力調査)を1998年と比べると，ロシア全体では19.4%の増加であるのに対し，極東では7.2%の増加に留まった。

1992～1998年の時期を見ると，極東の人口が87万人減少したのに対し，就業者数(部門別就業者数合計)は70万人の減少となっている(表10-2)。地域別に見ると，就業者数の減少が多かったのは，沿海地方の16万人(人口減少は12万人)，ハバロフスク地方の11万人(同11万人)である。この期間の就業者数の減少率の大きい地域は，チュコト自治管区の50%(人口減少率は51%)，マガダン州の40%(同40%)，サハリン州の27%(同17%)，ユダヤ自治州の24%(同8%)となっている(*Trud*, 2003)。

上記1992～1998年の就業者数の減少を部門別に見ると，鉱工業で40万人，建設で28万人の減少となっており，この2つの部門だけで就業者数の減少の97%を占めている。この他では，農業(12万人)，輸送(9万人)，教育(5万人)の各部門の減少が大きい。こうした部門の就業者が大量に他地域に流出したことになる。これらの部門は，まさに，これまでは他地域からの移民を受け入れることで発展してきた部門であると言えよう。逆に，商業部門ではこの期間に21万人の雇用の拡大が見られた。さらに地域別に見るならば，鉱工業就業者の減少が多かったのは，沿海地方(13万人)，ハバロフスク地方(11万人)，サハリン州(4万人)であった。建設の減少では，沿海地方(9万人)，ハバロフスク地方(5万人)，サハ共和国(5万人)が多かった。商業の増加が多かったのは，沿海地方(8万人)とハバロフスク地方(8万人)であった(*Trud*, 2003)。

ロシアでは，2000年代前半に統計上の部門分類の変更(国際的に標準となっている部門分類への移行)が行われたため，1990年代と2000年代を同

表 10-2　極東の産業部門別就業構造(旧部門分類)

	ロシア 1992	ロシア 1998	ロシア 2002	極東 1992	極東 1998	極東 2002
	(単位　1,000人)					
経済全体	70,415	61,412	65,359	3,853	3,157	3,293
鉱工業	21,202	14,162	14,534	1,003	610	651
農業	8,813	6,324	7,684	316	201	238
林業	234	239	264	17	15	17
建設業	7,850	5,094	4,983	499	217	210
運輸業	5,596	4,013	4,137	457	310	303
通信業		839	883		55	58
卸売・小売業，公共食堂	5,640	9,313	10,837	366	572	617
情報・計算サービス業	117	101	126	4	2	6
その他事業サービス	207	573	771	8	19	35
住宅・公営事業，日用サービス	2,968	3,405	3,208	191	215	189
保健衛生・体育・社会保障	4,200	4,459	4,591	235	230	241
教育	9,775	5,919	5,887	466	329	328
文化・芸術		1,116	1,200		60	64
科学・科学サービス業		1,302	1,181		24	24
金融・信用・保険業	491	735	816	33	34	37
管理	1,505	2,777	2,965	106	202	209
その他の部門	1,818	1,042	1,294	153	64	67
	(構成比%)					
経済全体	100	100	100	100	100	100
鉱工業	30.1	23.1	22.2	26.0	19.3	19.8
農業	12.5	10.3	11.8	8.2	6.4	7.2
林業	0.3	0.4	0.4	0.5	0.5	0.5
建設業	11.1	8.3	7.6	12.9	6.9	6.4
運輸業	7.9	6.5	6.3	11.9	9.8	9.2
通信業		1.4	1.4		1.7	1.8
卸売・小売業，公共食堂	8.0	15.2	16.6	9.5	18.1	18.7
情報・計算サービス業	0.2	0.2	0.2	0.1	0.1	0.2
その他事業サービス	0.3	0.9	1.2	0.2	0.6	1.1
住宅・公営事業，日用サービス	4.2	5.5	4.9	4.9	6.8	5.7
保健衛生・体育・社会保障	6.0	7.3	7.0	6.1	7.3	7.3
教育	13.9	9.6	9.0	12.1	10.4	9.9
文化・芸術		1.8	1.8		1.9	2.0
科学・科学サービス業		2.1	1.8		0.8	0.7
金融・信用・保険業	0.7	1.2	1.2	0.8	1.1	1.1
管理	2.1	4.5	4.5	2.8	6.4	6.3
その他の部門	2.6	1.7	2.0	4.0	2.0	2.0

注)　1992年の教育，文化・芸術，科学・科学サービス業は，合計値である。
出所)　*Trud* (2003)；ロシア統計局ウェブサイトから作成。

表 10-3　極東の産業部門別就業動向(新部門分類)

(単位：1,000 人)

	ロシア		極東	
	2000	2008	2000	2008
経済全体	64,516.6	68,473.6	3,162.2	3,315.4
農林業	8,996.2	6,674.6	313.0	243.3
水産業	138.3	142.0	50.7	59.8
鉱業	1,109.5	1,044.3	110.3	111.9
製造業	12,297.3	11,190.9	347.2	294.3
電気・ガス・水道業	1,885.9	1,883.7	137.4	140.6
建設業	4,325.3	5,474.6	186.8	252.5
卸売・小売・修理業	8,805.6	12,020.2	480.1	591.6
ホテル・レストラン業	947.9	1,274.0	44.4	62.4
運輸・通信業	5,056.0	5,450.8	353.1	346.2
金融業	656.4	1,132.0	32.3	47.6
不動産・事業サービス業	4,489.5	5,145.6	212.8	217.8
公務・国防・社会保障	3,097.8	3,727.2	221.1	268.6
教育	5,978.7	5,980.1	332.1	315.2
保健衛生・社会事業	4,408.4	4,666.5	233.1	234.1
その他サービス	2,312.9	2,621.2	107.7	127.1

出所）　*Trud* (2007; 2009)；ロシア統計局ウェブサイトから作成。

じ部門分類で分析することができない。そこで，2000年代については，新部門分類でデータの得られる2000年から2008年の期間について見ると，極東の就業者数は15.3万人増加した(表10-3)。構成主体別では，ハバロフスク地方で5.8万人，沿海地方で3.3万人，サハリン州で2.8万人，サハ共和国で2.4万人の増加となっている(*Trud*, 2007; 2009)。増加率では，ユダヤ自治州(17.7%)，チュコト自治管区(15.9%)，サハリン州(10.4%)で10%を超える増加率となった。他方，マガダン州だけは就業者数がこの期間に1.1万人(10.7%)減っている。

　この時期には，商業，建設，公務などで雇用が増えると同時に，農林業や製造業の雇用が減るという状況になっており，極東の就業構造がかなり大きく変わることとなった。就業者が増加したのは，商業部門(卸売・小売・修理業)の11.1万人，建設の6.6万人，公務の4.7万人などとなっている(表10-3)。このうち，商業はハバロフスク地方で4.8万人，沿海地方で2.2万人，アムール州で2.1万人増加しており，建設はハバロフスク地方(1.9万人)とサハリン州(1.8万人)における増加が大きい。沿海地方では運輸も1.5万人

という大幅な増加となった。他方，農林業は極東全体で7.0万人の減少となり，特に，アムール州と沿海地方でそれぞれ1.6万人，ハバロフスク地方で1.4万人減少した。また，製造業も極東全体で5.3万人の減少となり，特に，ハバロフスク地方で1.6万人，カムチャツカ地方で1.3万人，沿海地方で1.1万人の減少となった(*Trud*, 2007; 2009)。

　極東の就業構造をパーセンテージで見るならば(表10-4)，2000〜2008年における変動の方向性は，ロシア全体と同じであることが分かる。すなわち，農業と製造業のシェアが小さくなり，商業のシェアが大きくなっている。ただし，これら3つの部門のこの期間におけるシェアの変動幅は，ロシア全体の方が大きい。2008年における極東の就業構造をロシア全体と比べるならば，ロシア全体と同様に商業が最大であるが，それに次ぐのが，運輸，教育であるという点でロシア全体とは異なっている。ロシア全体では2番目に大きな部門となっている製造業のシェアは極東では小さく，2000年代にそのシェアがさらに減少している。ロシア全体と比較してシェアが大きいのは，運輸，教育のほか，公務，鉱業，電気・ガス・水道業，水産業などである。

　2008年の就業構造を連邦構成主体別に見ると(表10-4)，商業部門はハバロフスク地方，アムール州，沿海地方で大きなシェアとなっている。運輸部門のシェアは，極東の全ての地域で，ロシアの平均(8.0％)よりも大きくなっている。教育のシェアは，サハ共和国において顕著に大きい。水産業はカムチャツカ地方で非常に高いシェアになっている。鉱業が大きなシェアとなっているのは，チュコト自治管区，マガダン州，サハ共和国である。サハリン州における鉱業のシェアはこれらの3地域よりは低く，石油・ガス産業の発展はそれほどの雇用を生み出していないことが分かる。

　概して，商業，運輸，教育，公務などのサービス業のシェアが相対的に高く，製造業や農業など定常的な生産に関わる部門の比重が低いことがロシア極東の特徴であり，前者の増加，後者の減少という傾向が2000年代に明瞭に観察される。こうした傾向が2000年代にも続いている人口流出に関係しているのかもしれない。

表 10-4　極東の産業部門別就業構造

(構成比：%)

	ロシア 2000	ロシア 2008	極東 2000	極東 2008	サハ 2008	カムチャツカ 2008	沿海 2008	ハバロフスク 2008	アムール 2008	マガダン 2008	サハリン 2008	ユダヤ 2008	チュコト 2008
農林業	13.9	9.7	9.9	7.3	8.2	4.1	7.8	5.7	11.9	1.8	3.8	14.3	5.3
水産業	0.2	0.2	1.6	1.8	0.2	9.9	2.3	0.7	—	1.7	3.7	0.2	1.3
鉱業	1.7	1.5	3.5	3.4	9.0	1.1	1.3	1.7	2.6	10.5	4.8	1.6	12.7
製造業	19.1	16.3	11.0	8.9	3.9	9.9	11.5	11.5	5.3	4.5	8.3	10.5	1.6
電気・ガス・水道業	2.9	2.8	4.3	4.2	6.0	5.2	3.6	3.1	4.6	6.0	3.8	3.9	10.3
建設業	6.7	8.0	5.9	7.6	7.9	4.4	5.8	8.0	10.2	6.0	10.7	6.1	12.9
卸売・小売・修理業	13.6	17.6	15.2	17.8	10.6	12.6	19.1	23.3	19.5	13.2	16.7	14.6	6.3
ホテル・レストラン業	1.5	1.9	1.4	1.9	1.1	2.4	2.6	1.5	1.1	1.7	2.9	1.3	1.1
運輸・通信業	7.8	8.0	11.2	10.4	9.7	8.8	11.4	10.0	10.7	10.6	10.7	9.2	10.6
金融業	1.0	1.7	1.0	1.4	1.4	1.7	1.4	1.5	1.2	1.8	1.3	1.3	1.6
不動産・事業サービス業	7.0	7.5	6.7	6.6	7.0	7.7	6.2	6.6	5.6	7.6	8.5	3.9	5.0
公務・国防・社会保障	4.8	5.4	7.0	8.1	7.3	11.8	7.6	8.0	7.0	12.7	8.1	10.4	11.9
教育	9.3	8.7	10.5	9.5	15.4	9.0	8.5	8.4	9.2	8.4	7.0	9.9	9.0
保健衛生・社会事業	6.8	6.8	7.4	7.1	8.1	6.9	6.8	6.6	7.0	8.6	6.6	8.1	7.4
その他サービス	3.6	3.8	3.4	3.8	4.2	4.5	3.9	3.4	3.8	4.5	3.1	4.6	3.7

出所）*Trud* (2007; 2009)：ロシア統計局ウェブサイトから作成。

10.5 おわりに

以上のように，ロシア極東の人口動態は，2000年代に入ってからもそれほど良くなっているとは言えない。人口流出については，2002〜2010年の社会減少数が33万人に達しており，依然として続いている。また，1990年代にはロシアの平均と比べてかなり低かった死亡率が次第に上昇し，2000年代半ばには自然減少数もかなり多くなった。ロシア統計局が発表している2030年までの人口予測によれば，このような傾向は今後も続き，ロシアの人口に占める極東の比重は，現在の4.4%から，2031年初めには4.2%に下がると見られている[10]。極東の自然減少率は，現在はロシア全体よりはかなり少ないが(図10-6)，特に死亡率がロシアの平均とほぼ同じ水準になることにより，2020年代後半には，人口1000人当たり4人以上の減少になることが予測されている。そのような中で，社会減少(人口流出)も，規模は縮小するものの，2030年まで続くという予測になっている。

雇用情勢についても，2000年代における回復は，ロシア全体と比べるとかなり後れを取った。2000年代の極東の経済発展は，必ずしも雇用を大幅に増やすことにつながらなかったと言える。極東では，経済発展が今後も続くという見通しが出されているが(本書第6章)，それが雇用増加につながるような形で進むのか否かが，極東の人口動態の鍵を握ることになる。

〈謝辞〉
　中国東北部の人口データの収集において星野真氏が協力してくださった。記して謝意を表したい。

〈注〉
1) ロシアではほぼ10年ごとに人口センサス(国勢調査)が行われている。最近のセンサスは2010年10月14日に行われたが，まだ一部のデータしか発表されていない。2011年10月24日時点において地域別の暫定データが公表されているのは，総人口，男女別人口，都市・農村別人口だけである。
2) 都市人口の定義については，最近の統計集には，「法的文書によって都市あるいは

都市型集落として承認されたもの」という記載しかないが，以前の統計集，たとえば，*DER* (2002), p.12 には，「通常，都市のカテゴリーに入るのは，人口が1万2000人以上で，人口の85％を労働者・職員とその家族が占めるような居住地であるが，一部の地域では，都市の定義の規則や基準が異なっている」などと記されていた。

3) 表10-1に示された1926年のサハリン州の人口は，北サハリンのみの人口であり，当時日本領であった南樺太や千島列島の人口を含まない。南樺太の人口は，原(2011)の付表1「サハリン島の人口構成と人口動態」にまとめられている。それによると，1926年の人口は20万人であり，1941年に41万人まで増えた。

4) 図10-2，10-3，10-8，10-9における2010年までの人口増加数は，2010年10月のセンサスの結果を受けて公表された2011年1月1日の人口に基づいている。この1年前の2010年1月1日の人口については，2010年10月のセンサスの結果により，センサス前に発表されていた統計数字が大幅に修正されている。ロシア全体の人口は，105万人上方に修正された。連邦管区別に見ると，中央，南，北カフカス，北西では上方に修正され，極東，ウラル，シベリア，沿ヴォルガでは下方に修正された。極東では13万人下方修正された。このような修正は，2002年センサスの際にも行われ，その時のロシア全体の人口の修正数は170万人であった。この修正は，地方自治体への登録などに基づいて統計が取られている社会的増加数(国外・国内他地域からの移住者数)の把握が不十分であるために生じている。たとえば，極東の人口の下方修正は，極東からの国外あるいは国内他地域への流出が，センサス前の統計で把握されていたよりも多かったことを意味する。このような修正は，今後，2003～2009年の人口についても行われることになる。したがって，現時点では，同期間について，2010年のセンサスを踏まえた人口動態分析をすることができない。

5) このグループは4地域から構成され，他には，東シベリア北部のエヴェンキ自治管区とコリャーク自治管区が含まれた。この2つの自治管区はその後廃止され，現在は，それぞれ，クラスノヤルスク地方とカムチャツカ地方に含まれている。

6) ロシア全体として，40～49歳の年齢層において著しい人口増加となっているのは，1989年において，25～39歳の人口が多く，40～49歳の人口がかなり少なかったことに依っている。15～24歳の層における人口増加や25～39歳の層における人口減少も同様の原因に依るものである。

7) もう1つの地域グループは，35～44歳の男性死亡率が高く，狭心症などの循環器系の疾患による死亡率の高い地域で，中央や北西の連邦管区の地域などを含んでいる。

8) 注4に記したように，2010年センサスの結果を受けて，今後，2002年センサス以降の年の人口の数値が修正されるが，図10-10と図10-11には，2003～2010年について修正されていない人口のデータをプロットしている。

9) 労働力調査に基づく就業者数の数字と経済全体の部門別就業者数の間で数字が異なる理由について，石川(2008, p.5)は，第1に，後者の統計では，その計算に際して，労働力調査以外の情報源(企業・組織からの報告等)も多く利用されていること，第2に，後者の統計では，1労働日を不完全にしか従業しない者(パートタイマー)に関し

ては，その時間に応じて，たとえば半日働いた者は 0.5 人として計算するなどの方法で作成される数字であるのに対し，前者の統計では，労働力調査の期間に 1 時間でも仕事を行った者は就業者 1 人分として計算されることによるとしている。すなわち，一般論としては，前者が後者を上回ることになると述べており，実際，2000 年以降のロシア(図 10-10)ではその傾向が観察される。しかし，1990 年代のロシアや 1987 年以降の極東(図 10-11)では，逆の関係も観察される。

10) *Predpolozhitel'naia* (2010)。この人口予測は，2010 年センサスの前のものであり，2010 年センサスにより，極東の人口が下方に修正されたことから，この人口予測も下方に修正されることが予想される。

〈参考文献〉

石川健(1999)「ロシアの労働統計」久保庭真彰・田畑伸一郎編『転換期のロシア経済』青木書店，pp. 189-219.

石川健(2008)「ロシアの就業構造の変化：2000〜2006 年について」一橋大学経済研究所，RRC working Paper Series, No. 7.

田畑朋子(2004)「ロシアの地域別人口動態：1990 年代を中心に」『比較経済研究』第 41 巻，第 2 号，pp. 31-48.

田畑朋子(2007)「ロシア連邦の地域別男性死亡率に関する研究：1989 年〜2002 年」博士学位取得論文.

田畑朋子(2010a)「ロシアの人口問題：少子化対策として導入された「母親資本」の影響」『昭和女子大学女性文化研究所紀要』第 37 号，pp. 1-14.

田畑朋子(2010b)「ロシアの出生率改善要因」『ロシア・東欧学会年報』第 39 号(2010 年版)，pp. 93-101.

中国統計年鑑，北京；中華人民共和国国家統計局，各年度。

原暉之(2011)編『日露戦争とサハリン島』北海道大学出版会。

DER (*Demograficheskii ezhegodnik Rossii*), Moscow: Rosstat, various years.

Ekonomicheskaia aktivnost' naseleniia Rossii, Moscow: Rosstat, various years.

Predpolozhitel'naia chislennost' naseleniia Rossiiskoi Federatsii do 2030 goda (2010) Moscow: Rosstat.

RSE (*Rossiiskii statisticheskii ezhegodnik*), Moscow: Rosstat, various years.

Trud i zaniatost' v Rossii, Moscow: Rosstat, various years.

1989 USSR Population Census (1996) Minneapolis: East View Publications, CD.

Vserossiiskaia perepis' naseleniia 2002 goda (2002) Moscow: Rosstat.

終　章

白岩孝行・庄子　仁

　序章で述べられているように，本書は，北海道大学と北見工業大学の3つの研究機関を軸として行われてきた研究をまとめたものである。各機関は，この5年間はまさに第1ステップであり，何も分からなかったところから，将来の道筋が少しずつ見えるような段階に来ているという認識を共有している。また，現時点では文理融合とまではいかないものの，文理の連携をスタートさせることができたという認識も共有している。当然ながら，3つの機関の今後の連携に関しては，まだ多くの可能性が残されている。

さらなる連携の可能性
　低温研による海洋の調査と北見工大の海底の調査についても，いろいろな連携の可能性がある。低温研の調査では水深1000 mくらいの水温を観測しているが，水温が50年間に0.4〜0.6度ほど上昇しているという結果が得られてきた。それでは，これがメタンの環境にどのくらい影響するのだろうかという疑問が出てくる。また，低温研の研究によって作成されたオホーツク海の物質循環モデルを使って，メタンについてもシミュレーションを行うことが可能ではないかと考えられる。

　メタンをベースにする生態系についても，研究が行われてきている。すなわち，メタンが放出されると，それをバクテリアが食べる。バクテリアが増えてくると，今度は貝がそれを食べて，その貝を他の生物が食べてという食物連鎖のエコシステムである。ハイドレート研究者の間では，メタンシープあるいはメタンハイドレートが採れるところは，海底で最も生物活動が活発

であるという意見がよく聞かれる。

　低温研の研究からは，アムール川の鉄が変化することで光合成によって成長する植物プランクトンの量が変化し，それが二酸化炭素のバランスに影響するという見方が出されている。鉄は，植物プランクトンが光合成を行い，二酸化炭素を吸収する際に必要不可欠な元素であるからである。大気から海洋に溶け込んだ二酸化炭素を取り込んで，それを有機物として海底に下ろす役割は，植物プランクトンにしかできない。このことは，アムール川の水が流れ込むことで鉄をもたらし，オホーツク海に氷ができることで海洋中層循環を駆動するという2つのプロセスが結び付くことで可能になっている。これは，オホーツク海とその周辺海域，さらには全球の環境変動との相補関係にもつながっていく話である。

　一方，第5章でも記されているように，2005年に発生した石油プラントの爆発による大量のニトロベンゼンの松花江への流出は，アムール川を通じてオホーツク海を汚染するのではないかという恐れを広めた。このことに関連して，大島は第1章で，オホーツク海に汚染物質が至った場合にそれがどのような動きをするのかを図解して示している。エネルギーと汚染の問題というテーマは，序章で紹介された故村上教授のプロジェクト以降，環オホーツク海地域を考える場合に避けて通れないテーマとなっている。2000年代にサハリン大陸棚で本格的な石油・ガスの生産・輸出が開始されてから，汚染のリスクはいっそう高まっていると言える。それについて文系，理系の研究者や行政が提携して研究を進め，対策を講じる必要性はますます大きくなっている。

　もちろん，これらについて何も準備がなされていないというわけではなく，日本の海上保安庁とロシア側のカウンターパートとの間の協力は以前と比べれば進展しており，また，北海道漁業環境保全対策本部やNPO法人「オホーツク環境ネット」が，サハリン・エナジー社と直接連携して，油事故の発生を日本に知らせる体制を構築しようとしているなど，進展も見られている。その一方で，知床で大量の鳥の死骸が発見された際には，その原因の究明が難しかったという問題がある。第8章に記されているように，オホーツ

ク海の水産資源保護の問題でも，日本側とロシア側との話し合いがきちんとできているとは言い難い状況である．言うまでもなく，こうした問題は，文理が連携して取り組まないことには進展が期待できない．

　文理の連携で最も期待されるのは，地球研を中心とするアムール・オホーツクプロジェクトでも最大の課題となったアムール川流域における土地利用についての研究である．第1部で描かれているように，同プロジェクトではアムール川からオホーツク海に流れ込む鉄が1つのキーとなっていた．そして，その鉄の量は，アムール川流域の土地利用，より広く見るならば，社会・経済活動の影響を強く受けており，それらを人文社会科学の研究者との協力で研究していくことが求められたわけである．とくに由々しきことは，経済発展の影響を受けて，鉄の量が減っていく可能性が生じていることである．いっそうの文理の連携が必要とされる所以である．

アムール・オホーツクコンソーシアムの設立

　我々は，今，第5章で説明されたような巨大魚附林という壮大な地球環境システムを保全するために，ロシアや中国の研究者と協力して，具体的な保全策の策定を開始した．政治的には極めて障壁の大きな3カ国の越境問題を扱うため，その実現には大きな困難が伴うであろうと考えている．歴史的に見ると，この3カ国の国境の高さに起因して，国を超えて情報やデータを交換する仕組みが発達してこなかった．このため，日中ロの研究者が中心となり，定期的にオホーツク海や親潮域の環境保全を討議するための国際連携組織としてのアムール・オホーツクコンソーシアムを2009年11月に立ち上げた．アムール・オホーツクコンソーシアムは，各国の研究者が，自国の法律の許す範囲で情報を公開し，2年に1回の会合を通じて継続的にオホーツク海の保全を議論していくネットワークである．

　コンソーシアムの理念としては，大きく分けて2つある．1つは，現在は，それぞれの国が様々なデータを個別に持っているにもかかわらず，相手にそれが見えないというところがあるので，出せるデータは極力相手に見せて，お互いがそれを有効に利用できるような体制を作りたいという点である．も

ちろん，国によって出せないデータもあるので，そういうところについては無理はできないが，出せるデータも見えていないのが現状だと思われる。データの共有化を目指して，できるだけ透明性を高めることがコンソーシアムの1つの目的になる。

さらにもう一歩進んで，これまでなかなか難しかった共同の環境研究を行っていきたいという希望もある。これに関しては少しずつ進展があり，低温研で行っているクロモフ号を使った観測も，ある意味で共同の環境モニタリングの1つであり，北見工大のハイドレートの調査にしても，資源探査という側面がある一方で，共通の目的を持って仕組みを理解する大きな試みであるとも考えられる。冷戦時代の1980年代頃までは難しかったこのような共同作業が，多くの困難を乗り越えて一歩ずつ進展しているという状況にある。これをさらに進めていきたいというのが，コンソーシアムの2つめの目的である。

我々がモデルと考えているのは，バルト海の保全を進めるための国際組織であるヘルシンキ委員会である。陸域からの大量の栄養塩供給によって富栄養化と貧酸素水塊が慢性的な状態となってしまっているバルト海の保全を進めるため，1970年代の冷戦時代に始まったこの仕組みは，当初，ソ連との間にある巨大な障壁に苦悩しつつ，過去30年間にわたって徐々に機能を強化して，バルト海に面する加盟9カ国の連携によってバルト海の環境保全に大きな役割を果たしてきた。アムール・オホーツクコンソーシアムは将来のオホーツク委員会とも呼ぶべき国際機関の小さな種子となれるだろうか。

この関係では，中国の重要性を再確認しておきたい。アムール川については，その流域面積の半分近くを占めているのが中国であり，経済的インパクトという意味では，中国はこの地域における経済の1つの軸として巨大な力を及ぼし始めている。第10章に示されているように，ロシア極東の現在の人口が600万人余り，北海道も550万人であるのに対して，中国東北部では，黒竜江省と吉林省だけで6500万人を超えている。アムール川流域を含む環オホーツク海地域の中で，中国経済の比重は間違いなく桁外れに大きい。その分，アムール川を通じて下流にもたらされる負荷も非常に大きいことにな

る。オホーツク海の保全のためには，中国の関与が必須である。

　中国で，環境への取り組みがまだまだ遅れていることは，改善する余地が大きいことを意味し，そこに日本企業などが参画する可能性が開かれている。たとえば，最近では，企業の社会的責任(CSR：Corporate Social Responsibility)が重視されるようになってきており，企業は環境に対していくばくかの投資をしないと，自らのイメージダウンにつながるという考え方が出てきている。我々は今，三井物産の環境基金によってコンソーシアムの活動を継続しているが，それは三井物産がCSRの一環として環境基金を出しているからである。民間企業のCSRの対象としては，中国が選ばれやすいという傾向がある。そうであれば，我々が中国でCSRを利用して環境を改善するような何らかの働きかけをすることによって，結果的に下流にある日本に対しても良い影響を与えることになるのではないか。この意味では，中国が極東に位置することによって，新しいつながりの可能性が現れていると言える。

　アムール川流域における中ロ市民の可能性を損なうことなく，世界に誇れるオホーツク海や親潮の豊かな海洋生態系を将来世代に引き渡すべく，我々に課された大きく重い課題を考えていく時期にきている。

索　引

あ　行

アイグン条約　117
亜寒帯域　24
アジア太平洋経済協力(APEC)　153, 161, 184
アジア・太平洋諸国　141, 157
油流出事故　30
アムール・オホーツクコンソーシアム　271-273
アムール・オホーツクプロジェクト　2, 124, 134
アムール河口　32
アムール川　16, 21, 27, 32, 81, 95, 111, 114, 117, 120
アムール川流域委員会　136
アムールリマン　126
アリューシャン低気圧　65, 84
磯焼け　124
遺伝的多様性　216
違法伐採　236
魚つき保安林　122
魚附林　122, 129, 133
海鳥　30
液化天然ガス(LNG)　152, 155, 174, 179, 190, 191
沿岸ポリニヤ　20, 21
鉛直循環　16, 26, 34, 35
塩分　20, 22
オイミャコン　16
お魚殖やす植樹運動　123
汚染物質　32, 136, 270
オホーツク海高気圧　61, 64, 66
オホーツク文化　34, 195
親潮　27, 39, 44, 51, 77, 119
音響探査　92, 94, 97, 98, 100
温室効果ガス　89, 98
温暖化　22, 35, 41, 62, 204, 207, 216

か　行

外国直接投資　158, 162, 235
海跡湖　197
開拓　143, 151, 246
海底擬似反射面　92, 105, 106, 112, 113
海底コア　93, 98, 107
海底地滑り　97, 103, 114
海底堆積物　89, 90, 95, 106, 107
海氷　14, 20, 35, 61, 69, 82, 197
海氷域の南限　13
海氷生産量　21
海氷面積　22
海洋鉄肥沃化実験　42
ガスチムニー　105, 106, 112-114
ガスプロム　173, 174, 188, 184, 189, 192
下層雲　65, 66
カニ類　211
カーボネート　100, 105, 107, 112, 114
カラフトマス　204
環境収容力　205
寒極　16
寒月　130
気候変動　27, 62, 216
気候変動枠組条約　41
季節海氷域　14
季節風　16, 30
北太平洋の心臓　13, 16
吉林省　118, 148, 150, 249
凝集作用　127
漁獲量　27, 35
極東森林開発　232
極東税関　154
巨大魚附林　35, 133, 135
許容漁獲量　203
許容伐採量　224-227, 238
金　145, 155
銀　145

係留　29
ケガニ　211
コア　94, 107, 113
高栄養塩低クロロフィル(HNLC)海域　40
鉱物資源　143, 144
高密度水　46, 69, 70
高密度陸棚水(DSW)　46
国防産業　148
黒竜江　120
黒竜江省　148, 150, 156, 227-230, 240, 249
国連海洋法条約　197, 203, 215
コジミノ　176, 179, 180, 183

さ 行

最大持続生産量　215
サイドスキャンソナー(SSS)探査　99, 100, 104
栽培漁業　199, 209
サケ類　204
里海　124
サハリンI　144, 157, 170-173, 178
サハリンII　32, 145, 174, 175, 178
サハリン石油開発協力(SODECO)　170
サハリン—ハバロフスク—ウラジオストク(SKV)パイプライン　175, 184, 190
サハリン油田　30, 34
サブボトムプロファイラー(SBP)　100, 101
サブボトムプロファイラー(SBP)探査　100, 105
三江平原　128, 133
酸素　17, 24, 129
自主的管理　214
地震探査　94, 96, 105
自動車　153, 156, 162
シベリア高気圧　61, 83
シベリア鉄道　148, 235
死亡率　246, 248, 255, 256, 258, 266
シミュレーション　32
10年規模変動　84
出生率　246, 255, 259
順応的管理　215
松花江　32, 119, 120, 128, 270
小興安嶺　120-121, 130, 227, 228
植物プランクトン　40-43, 135
知床世界遺産　34, 215

シロザケ　204
人口育林　229, 230
人口流出　251, 253, 257, 261, 266
森林火災　131, 237
森林被覆度　224-227
森林法典　239
水酸化鉄　127
綏芬河　186, 232, 240
スケトウダラ　201
ズワイガニ　211
生産年齢人口　246
生産物分与(PS)契約　170, 174
生物生産　26, 41, 55
生物生産量　35
世界自然遺産　14
石炭　145, 155
ソ連崩壊　141, 151, 222, 230, 233
松嶺　131

た 行

大気海洋結合モデル　64
大気ダスト　51-55, 46
大慶支線　179, 182, 183
大慶油田　148
大興安嶺　120, 121, 131, 227, 228
退耕還林プロジェクト　230
ダイヤモンド　145, 155
大陸棚　2, 167, 170, 197
卓越年級群　208
タラバガニ　211
男女比　248
淡水　16
千島(クリル)海盆　24, 48, 94
地まき放流漁業　209
中古車　156, 157
中層　17, 24, 47
中層循環　47, 69, 75
中層鉄仮説　27, 35
中層鉄供給システム　51
潮汐混合　48, 51, 72
対馬暖流　29
鉄仮説　41
鉄循環　79
鉄分　26, 35, 47, 54
デリューギン海盆　94, 95

索 引

天然森林保護プロジェクト　229, 230
東方ガスプログラム　186-188
都市人口　248
土地被覆・土地利用図　120
トランスネフチ　182, 183

な 行

乳児死亡率　248
熱塩循環　69, 76

は 行

排他的経済水域　197
バガロツカ　124
バクテリア　91, 92, 110, 111, 114
薄氷域　20
パラムシル　13, 93
東樺太海流　28, 29, 32, 34, 135
東シベリア＝太平洋(ESPO)原油パイプライン
　　152, 154, 176, 179, 180, 183
東日本大震災　136, 191
表層漂流ブイ　29
孵化事業　205
福島第1原子力発電所　136, 161
ブッソル海峡　29, 47, 48, 50
ブライン　46, 70
プリゴロドノエ　174, 178
フルボ酸　127
フルボ酸鉄　124
プレートテクトニクス　95
フロン(CFC)　77
平均寿命　248
閉鎖経済　141, 151
北京条約　117
ベルホヤンスク　16
放射冷却　68
補助金　151, 159, 160
ホタテガイ　208
北極海　22

ま 行

マイクロ波放射計　20, 22
丸太生産　145, 237, 238, 240
丸太の輸出関税引上げ　223-226

満州里　186, 232, 240
メタンシープ　89, 92, 95, 97, 98, 100, 105, 110, 112-114
メタンハイドレート(MH)　89-94, 96-98, 100, 104-107, 109, 113, 114
メタンプルーム　92, 93, 97-99, 101, 104, 113
木材加工　145, 234, 240, 241
目視観測　23
森里海連環学　124
森は海の恋人　123

や 行

湧出ストラクチャー　101, 103-106, 110, 111, 113, 114
溶存鉄　51, 119, 124-129, 133
溶存有機炭素　130

ら 行

ラヴレンチエフ断層(LV断層)　97, 98, 113, 114
流出油　32
流氷　14
齢級別構成　224-226, 228, 238
冷戦　17, 151
ロシア極東水文気象研究所　3, 17
ロスネフチ　170, 176, 182, 192

アルファベット順

BSR　→海底擬似反射面
CHAOS　94, 113
CNPC　173, 182, 188
IPCC　22, 36, 207
JOGMEC　190
KOMEX　93
LNG　→液化天然ガス
LV断層　→ラヴレンチエフ断層
MH　→メタンハイドレート
SBP　→サブボトムプロファイラー
SBP探査　→サブボトムプロファイラー探査
SMI深度　111, 112, 114
SSGH　94, 113
SSS探査　→サイドスキャンソナー探査

執筆者紹介(執筆順)

田畑伸一郎(たばた しんいちろう)
　　所　　属：北海道大学スラブ研究センター教授
　　専門分野：ロシア経済，比較経済体制論

江淵直人(えぶち なおと)
　　所　　属：北海道大学低温科学研究所教授，環オホーツク観測研究センター長
　　専門分野：海洋物理学

大島慶一郎(おおしま けいいちろう)
　　所　　属：北海道大学低温科学研究所教授
　　専門分野：海洋物理学，極域海洋学

西岡　純(にしおか じゅん)
　　所　　属：北海道大学低温科学研究所准教授
　　専門分野：化学海洋学，海洋生物地球化学

三寺史夫(みつでら ふみお)
　　所　　属：北海道大学低温科学研究所教授
　　専門分野：海洋物理学，地球流体力学

中村知裕(なかむら ともひろ)
　　所　　属：北海道大学低温科学研究所講師
　　専門分野：海洋物理学，海洋・大気シミュレーション

庄子　仁(しょうじ ひとし)
　　所　　属：北見工業大学未利用エネルギー研究センター長，教授
　　専門分野：応用物理学，地球環境変動

南　尚嗣(みなみ ひろつぐ)
　　所　　属：北見工業大学マテリアル工学科准教授
　　専門分野：分析化学，原子スペクトロメトリー

八久保晶弘(はちくぼ あきひろ)
　　所　　属：北見工業大学未利用エネルギー研究センター准教授
　　専門分野：雪氷学，気象学，結晶物理学

白岩孝行(しらいわ たかゆき)
　　所　　属：北海道大学低温科学研究所准教授
　　専門分野：地理学，環境学，雪氷学

本 村 眞 澄(もとむら ますみ)
　　所　　属：石油天然ガス・金属鉱物資源機構(JOGMEC)石油調査部主席研究員
　　専門分野：地球資源論，ロシア・中央アジアの石油・ガス開発

西 内 修 一(にしうち しゅういち)
　　所　　属：北海道立総合研究機構栽培水産試験場
　　専門分野：水産資源生物，水産資源管理

封　安　全(ふう あんぜん)
　　所　　属：黒龍江省社会科学院東北アジア研究所助理研究員
　　専門分野：中ロ経済関係

田 畑 朋 子(たばた ともこ)
　　所　　属：北海道大学スラブ研究センター共同研究員
　　専門分野：ロシアの人口経済統計

北海道大学スラブ研究センター
スラブ・ユーラシア叢書 11

環オホーツク海地域の環境と経済

2012 年 3 月 30 日　第 1 刷発行

編著者　　　田　畑　伸一郎
　　　　　　江　淵　直　人

発行者　　　吉　田　克　己

発行所　　北海道大学出版会
札幌市北区北 9 条西 8 丁目北大構内（〒060-0809）
tel. 011(747)2308・fax. 011(736)8605・http://www.hup.gr.jp/

㈱アイワード　　　　　　　©2012　田畑伸一郎・江淵直人

ISBN 978-4-8329-6770-0

スラブ・ユーラシア叢書について

「スラブ・ユーラシア世界」という言葉は少し耳慣れないかも知れません。旧ソ連・東欧地域と言えば、ああそうかと頷かれることでしょう。旧ソ連・東欧というと、どうしても社会主義と結びつけて考えたくなります。たしかに、二〇世紀において、この広大な地域の運命を決定したのはソ連社会主義でした。しかし、冷戦が終わり、社会主義がこの地域から退場した今、そこにはさまざまな新しい国や地域が生まれました。しかも、EU拡大やイスラーム復興のような隣接地域からの影響がスラブ・ユーラシア世界における地域形成の原動力となったり、スラブ・ユーラシア世界のボーダーそのものが曖昧になっている場合もあるのです。たとえば、バルト三国などという地域名称は冷戦の終了後急速にすたれ、その一部は北欧に吸収されつつあります。こんにちの南コーカサスの情勢は、イランやトルコの動向を無視しては語れません。このようなボーダーレス化は、スラブ・ユーラシア世界の東隣に位置する日本にとっても無縁なことではありません。望むと望まざるとにかかわらず、日本は、ロシア極東、中国、朝鮮半島とともに、新しい地域形成に関与せざるを得ないのです。

以上のような問題意識から、北海道大学スラブ研究センターは、平成一八年度より、研究成果を幅広い市民の皆さんと分かちあうために本叢書の刊行を始めました。今後ともお届けする叢書の一冊一冊は、スラブ・ユーラシア世界の内、外、そして境界線上で起こっている変容にさまざまな角度から光を当ててゆきます。

北海道大学スラブ研究センター

── 北海道大学スラブ研究センター　スラブ・ユーラシア叢書 ──

1	国境・誰がこの線を引いたのか ―日本とユーラシア―	岩下明裕 編著	A5・210頁 定価1600円
2	創像都市ペテルブルグ ―歴史・科学・文化―	望月哲男 編著	A5・284頁 定価2800円
3	石油・ガスとロシア経済	田畑伸一郎 編著	A5・308頁 定価2800円
4	近代東北アジアの誕生 ―跨境史への試み―	左近幸村 編著	A5・400頁 定価3200円
5	多様性と可能性のコーカサス ―民族紛争を超えて―	前田弘毅 編著	A5・246頁 定価2800円
6	日本の中央アジア外交 ―試される地域戦略―	宇山智彦 外編著	A5・220頁 定価1800円
7	ペルシア語が結んだ世界 ―もうひとつのユーラシア史―	森本一夫 編著	A5・270頁 定価3000円
8	日本の国境・いかにこの「呪縛」を解くか	岩下明裕 編著	A5・264頁 定価1600円
9	ポスト社会主義期の政治と経済 ―旧ソ連・中東欧の比較―	林　忠行 仙石　学 編著	A5・362頁 定価3800円
10	日露戦争とサハリン島	原　暉之 編著	A5・450頁 定価3800円

〈価格は消費税を含まず〉

── 北海道大学出版会 ──

サハリン大陸棚石油・ガス開発と環境保全	村上　隆 編著	B5・448頁 定価16000円
北樺太石油コンセッション 1925-1944	村上　隆 著	A5・458頁 定価8500円
アジアに接近するロシア ―その実態と意味―	木村　汎 袴田茂樹 編著	A5・336頁 定価3200円
森林のはたらきを評価する ―市民による森づくりに向けて―	中村太士 柿澤宏昭 編著	A4・172頁 定価4000円
持続可能な低炭素社会	吉田文和 池田元美 編著	A5・248頁 定価3000円
持続可能な低炭素社会 II ―基礎知識と足元からの地域づくり―	吉田文和 池田元美 深見正仁 藤井賢彦 編著	A5・326頁 定価3500円
持続可能な低炭素社会 III ―国家戦略・個別政策・国際政策―	吉田文和 深見正仁 藤井賢彦 編著	A5・288頁 定価3200円
地球温暖化の科学	北海道大学大学院 環境科学院 編	A5・262頁 定価3000円
オゾン層破壊の科学	北海道大学大学院 環境科学院 編	A5・420頁 定価3800円
環境修復の科学と技術	北海道大学大学院 環境科学院 編	A5・270頁 定価3000円
北海道・緑の環境史	俵　浩三 著	A5・428頁 定価3500円
環境の価値と評価手法 ―CVMによる経済評価―	栗山浩一 著	A5・288頁 定価4700円
農業環境の経済評価 ―多面的機能・環境勘定・エコロジー―	出村克彦 山本康貴 吉田謙太郎 編著	A5・486頁 定価9500円

〈定価は消費税を含まず〉

北海道大学出版会

アムール川流域の概要と観測地点名
（原図は大西健夫氏による）